U0393177

"十二五"职业教育国家规划教材

经全国职业教育教材审定委员会审定

高职高专建筑工程技术专业精品课程系列教材

建筑材料与检测

王陵茜　主编

科学出版社

北　京

内 容 简 介

本书共分 9 章,主要介绍内容包括水泥、砂石集料、混凝土、建筑砂浆、建筑钢材、墙体材料、建筑节能材料、建筑防水材料、其他材料。本书是高职教育建筑工程技术专业的专业基础课程"建筑材料"的配套教材。

本书可作为高职高专建筑工程技术、建筑材料等相关专业的教学用书,也可供从事建设相关岗位人员学习参考。

图书在版编目(CIP)数据

建筑材料与检测/王陵茜主编. —北京:科学出版社,2015

("十二五"职业教育国家规划教材·经全国职业教育教材审定委员会审定·高职高专建筑工程技术专业精品课程系列教材)

ISBN 978-7-03-043284-1

Ⅰ. ①建⋯ Ⅱ. ①王⋯ Ⅲ. ①建筑材料－检测－高等职业教育－教材 Ⅳ. ①TU502

中国版本图书馆 CIP 数据核字(2015)第 025807 号

责任编辑:李 欣 杜 晓 / 责任校对:刘玉靖
责任印制:吕春珉 / 封面设计:曹 来

科学出版社 出版
北京东黄城根北街16号
邮政编码:100717
http://www.sciencep.com
三河市骏杰印刷有限公司印刷
科学出版社发行 各地新华书店经销

*

2015 年 3 月第 一 版 开本:787×1092 1/16
2023 年 1 月第七次印刷 印张:16 1/4
字数:251 000
定价:45.00 元
(如有印装质量问题,我社负责调换〈骏杰〉)
销售部电话 010-62142126 编辑部电话 010-62138017-2025(VA03)

高职高专建筑工程技术专业精品课程系列教材
编写指导委员会

顾　问：杜国城

主　任：胡兴福

副主任：赵　研　　危道军　　范柳先　　郝　俊

委　员：（以姓氏笔画为序）

王洪健　　王陵茜　　叶　琳　　刘晓敏

孙晓霞　　李仙兰　　何舒民　　张小平

张敏黎　　张瑞生　　周建郑　　周道君

赵朝前　　郭宏伟　　陶红林

秘书长：杜　晓　　李　欣

序
Preface

就业需求是职业教育的出发点。职业教育必须以就业需求为重要依据来确定自己的培养目标，来适应社会需求与社会发展。职业教育坚持"以就业为导向"，加速了高等职业教育领域方方面面的改革，加速了高等职业教育由"学科本位"向"能力本位"的改革步伐，使"能力本位"教学思想和理论在我国高等职业教育迅速发展的同时逐步确立起来，并由此促使我国的高等职业教育事业快速走到健康发展的良性轨道。

知识结构是形成能力的基础，也是终身学习的必备条件；而能力是高职教育培养目标的核心。如何构建相互联系、相互交叉、彼此渗透、高度融合、"双轨共进"的理论课程体系和实践课程体系，以及与之相配套的师资队伍、教学组织方式、教学资源和教材建设，是高职教育在目前和今后一段时期内面临的重要任务。

遵循教材建设要以教改为先的编辑出版理念，科学出版社以国家级课题《高职高专教育土建类专业教学内容和实践教学体系研究》成果为依据，组织全国土建教育领域资深的专家和一线教育工作者，以教材作为实现"两个体系"的重要载体，开发了这套"高职高专建筑工程技术专业精品课程系列教材"。编写过程中，本套教材的编写指导委员会和编写老师多次召开研讨会，就如何推动建筑工程技术专业教学改革和促进教学质量提高，对该专业人才培养目标及培养方案、课程体系进行了研讨，确定了本套教材的课程名称、定位，并针对各门课程的性质、任务和类型确定了编写思路和编写模式。

本套教材主要有以下特点：

1) 在课程体系上，既充分考虑建筑工程技术专业核心能力课程的共性，又兼顾全国各院校对该专业办学的特色性，既能顾及我国高职教育的实际情况，又能符合高职教育的改革趋势，充分体现先进性与实用性。

2) 在内容选取上，依据建筑行业的现实和发展需要，将新的规范，标准和技术作为编写创新的第一着眼点，同时把职业标准、岗位证书要求融合贯穿于教材的内容之中，从多方面体现内容创新。

3) 在教材表现形式上，充分考虑教学对象的身心特点，除采用双色印刷外，还增加实物照片的使用量，并用图、表或框图形象地表达工艺或操作流程，真正做到图文并茂。本套教材既体系完整又形象直观，增加学生的阅读兴趣，提高教学效果。

4) 在相关配套资源上，本套教材同时配备教学课件、习题答案，以及其他助教、助学资源，教材与教学资源配套。将教材建设与精品课程建设结合起来，努力实现集成

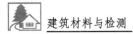

创新,真正做到方便教学、便于推广,为提高专业教学质量提供高水平的服务。

当然,我们也应该看到,高等职业教育的改革有一个不断发展和完善的过程。今天科学出版社组织出版的这套教材,仅仅是这个过程中阶段性成果的总结和推广。我们也坚信,随着课程改革的不断深入,这套教材也将不断提升和改进。

愿本套教材的出版能够为充满生机的土建类高职教育贡献一份力量。

高职高专教育土建类专业教学指导委员会

前　言
Foreword

教育是国之大计、党之大计。教育、科技、人才是全面建设社会主义现代化国家的基础性、战略性支撑。全面建设社会主义现代化国家，必须坚持科技是第一生产力、人才是第一资源、创新是第一动力，深入实施科教兴国战略、人才强国战略、创新驱动发展战略。高等教育人才培养要树立质量意识、抓好质量建设、全面提高人才自主培养质量。

本书是高职教育建筑工程技术专业的专业基础课程"建筑材料"的配套教材，适用于土建大类中土建施工类和工程管理类等专业的需求，覆盖面广，实用性强。随着我国国民经济不断发展，城市住房和基础设施建设多年来保持着持续旺盛的增长态势，这对土建类专业人才也提出了数量和质量方面的新需求。目前我国上千所高职院校中绝大部分都开设了土建类专业，如何培养更多更好的专业人才，是专业建设的根本出发点，也是课程建设的根本出发点。

本书根据全国高职高专教育土建类专业教学指导委员会土建施工类专业指导分委员会组织编撰的《建筑工程技术专业指导性教学文件》进行编写。

本书是建筑工程技术专业建设的成果之一。自 2006 年以来，我们围绕国家示范性高等职业院校建设，在建筑工程技术专业群建设方面开展了一系列教育教学改革。几年来随着专业建设的逐步深入，课程改革也进入到崭新层面，我们对原有课程重理论轻实践、重知识轻技能的教学体系进行了改革，如在保持原有理论知识深度的基础之上增加了建筑材料检测知识和操作技能培养，凸显了职业院校教育教学的特点。

在编写本书之前，我们在建筑材料课程建设方面取得了一系列成果。2007 年我们将"建筑材料"课程建设成为四川省省级精品课程，2009 年将"建筑材料质量检测与分析"课程建设成为四川建筑职业技术学院的院级精品课程。

本书编写团队实力很强。主编王陵茜从事高职教育 20 年，拥有丰富的教学经验，同时担任项目总监理工程师 11 年，具有丰富的工程实践经验。作为精品课程负责人，带领团队建设了"屋面工程与防水工程施工"省级精品课程和"建筑材料质量检测与分析"院级精品课程；作为第二主研参与的"土建类高技能人才培养模式及条件保障体系的研究与实践"课题研究获得了 2010 年四川省教学成果奖第六届高等教育教学成果奖三等奖。参与本书编写的还有黑龙江建筑职业技术学院的李晓彤，四川建筑职业技术学院的胡驰和彭佳。

由于编者水平有限，本书难免存在不足之处，敬请读者批评指正。

目　录

绪　论

0.1　建筑材料简述

建筑材料是构成建筑物和构筑物实体的各种材料的统称。

建筑材料与建筑形式、结构类型、施工技术等方面存在着密切的联系。通常一种新材料的出现，势必会促进建筑表现形式的创新、建筑结构类型的变化以及施工技术的改进。例如，从早期传统的土木结构、砖木结构，到现代的砌体结构、钢筋混凝土结构、钢结构，均是因为新型建筑材料的出现而产生的。因此，建筑材料是建筑工程领域的物质基础。

随着历史的发展、社会的进步、科技的创新，建筑材料也在历史的长河中不断地发展变化着。从最早的土、木、石，到近代的水泥、混凝土、钢材，再到现代的金属材料、高分子材料、无机硅酸盐材料，人类文明的发展史就是建筑材料发展的历史。

人类文明的初期，建筑材料还处于穴居巢处阶段，人类居住在天然山洞和树巢中，利用天然的土木石，随着人类文明不断发展，人逐渐学会了在天然土木石的基础上，利用简单工具为自己搭建窝棚。到秦砖汉瓦阶段，大约是 3000 年前，出现了大量人造建筑材料，烧制的石灰、砖瓦、陶器等被大量应用于建造各类建筑物。到 19 世纪初，出现了现代意义的建筑材料——水泥，水泥是由英国人瑟夫·阿斯普丁（J. Aspdin）在 1824 年发明的，1825 年被用于修建泰晤士河水下人行隧道，1850 年法国人建造了第一艘钢筋混凝土小船，1872 年纽约出现了第一所钢筋混凝土房屋。水泥和钢材在建筑工程领域的使用，奠定了现代高层建筑和大跨度桥梁的物质基础。

随着科学技术的不断发展，建筑材料将向着高性能、复合型、多功能、绿色环保等方向发展。高性能的建筑材料比普通建筑材料的性能更为优异，如轻质、高强、高耐久性的材料。复合型建筑材料是将多种建筑材料的优异性能集于一身，以满足不同工程对多种功能的需求，如墙体既有分隔空间、防护安全的要求，又有保温隔热、吸声隔音、防水耐火等方面的要求。绿色建筑材料又称为生态建筑材料，它采用尽量少的天然资源、大量的工业废渣，低能耗的产生工艺，以及无污染的产生环境，并且可以循环反复利用。

0.2　建筑材料的分类

建筑材料品种繁多，且性能各异。在工程中，要按照建筑物和构筑物对建筑材料功能的要求以及使用时的环境条件，正确合理地选用材料，才能做到物尽其用、材尽其能。

建筑材料可以从不同角度进行分类，常用的有三种分类方式，即按建筑材料所在建筑物的部位、功能和化学成分分类。

按所在建筑物的部位，建筑材料可分为基础、主体、地面等材料。

按使用功能，建筑材料可分为结构材料、围护材料、保温隔热材料、防水材料、装饰装修材料、吸声隔声材料等。结构材料是指使用在建筑物结构部位的材料，主要起支撑和传递荷载的作用，要求材料具有一定强度，主要有水泥、混凝土、钢材等。围护材料主要有墙体材料，起围护和分隔的作用，这类材料主要有砖、砌块、砂浆等。保温隔热材料具有良好的保温隔热性能，如泡沫混凝土砌块、有机泡沫板材、玻化微珠保温砂浆等。防水材料具有良好的防水效果，主要应用于地下防水、屋面防水，有防水卷材、防水涂料、防水砂浆、防水混凝土等。装饰装修材料主要使用在建筑物的装饰装修部位，起装饰的作用，其品种、规格很多，更新换代很快，主要有玻璃、地面装饰材料、墙面装饰材料以及顶棚装饰材料等。

按化学成分，建筑材料可分为无机、有机以及有机无机复合材料。无机建筑材料是建筑材料中的绝大部分，在建筑中很常见。有机建筑材料主要有沥青、木材、有机涂料等，其化学成分以碳、氢为主，其性能较无机材料稳定性差。有机无机复合材料是集两者优点于一身的材料，见表 0-1。

表 0-1　建筑材料按化学成分分类

无机材料	非金属材料	混凝土、砂浆
		胶凝材料：水泥、石灰、石膏
		砂石材料：天然砂石、人工砂石
		烧结材料：烧结砖、陶瓷制品
	金属材料	黑色金属：铁、铬、锰和它们的合金
		有色金属：铝、锌、铜、金、银
有机材料	天然有机材料	天然木材及其制品
		沥青及其制品
	有机合成高分子材料	塑料制品：塑料给排水管、塑料门窗
		有机合成高分子防水卷材及涂料
复合材料	金属与非金属复合材料	钢纤维混凝土、铝塑板、涂塑钢板
	无机与有机复合材料	沥青混凝土、聚合物混凝土

0.3　关　于　标　准

标准是对重复性事物和概念所做的统一规定，它以科学、技术和实践经验的综合为基础，经过有关方面协商一致，由主管机构批准，以特定的形式发布，作为共同遵守的准则和依据。

与建筑材料生产和选用有关的标准主要有产品技术标准和工程建设标准。建立产品技术标准是为了保证建筑产品的适用性，对建筑材料必须达到的某些或全部要求制定标准，其中包括品种、规格、技术性能、试验方法、检验规则、包装及标志、运输与贮存等内容。工程建设标准是对工程建设中的勘察、规划、设计、施工、安装、验收等方面所制定的标准，其中结构设计规范、施工及验收规范中均有与建筑材料选用相关的内容。

按使用范围划分，标准有国际标准、区域标准、国家标准、专业标准、地方标准、企业标准。随着我国加入世贸组织后，采用和参考使用国际通用标准和先进标准对促进我国科技进步，提高产品质量，提升标准化水平，扩大对外贸易都有着重要的作用。

本书主要依据国内标准编写。国内标准按发生作用的范围，又分为国家标准、行业标准、地方标准、企业标准四级，各级分别由相应的标准化管理部门批准并颁布。国家标准由中国国家质量监督检验检疫总局或由各行业主管部门和国家质量监督检验检疫总局联系发布，作为国家级的标准，各行各业都必须执行。国家标准和行业标准属于全国通用标准，是国家指令性技术文件，各级生产、设计、施工等部门均必须严格遵照执行。行业标准由国务院有关行政主管部门制定，并报国务院标准化行政主管部门备案。当同一内容的国家标准公布后，则该内容的行业标准即应废止。地方标准又称为区域标准，对没有国家标准和行业标准而又需要在省、自治区、直辖市范围内统一的，可以制定地方标准。地方标准由省、自治区、直辖市标准化行政主管部门制定，并报国务院标准化行政主管部门和国务院有关行政主管部门备案，在公布国家标准或者行业标准之后，该地方标准即应废止。企业标准是对企业范围内需要协调、统一的技术要求、管理要求和工作要求所制定的标准。企业标准由企业制定，由企业法人代表或法人代表授权的主管领导批准、发布。各级各类标准均有相应的代码，见表0-2。

表 0-2　各级标准代码

标准		标准代码及名称
国内标准	国家标准	GB——国家标准
		GBJ——工程建设国家标准
		GHZB——国家环境质量标准
		JJF——国家计量技术规范；JJG——国家计量检定规程
	行业标准（部分）	JC——建材行业标准
		JG——建筑行业标准；JGJ——建筑行业工程建设规程
		JT——交通行业标准；HG——化工行业标准
		SY——石油行业标准；SH——石油化工行业标准
		CJ——城建行业标准；CJJ——城建行业工程建设规程
	地方标准	DB——地方标准
	企业标准	QB——企业标准
常用国际或国外标准		ISO——国际标准化组织标准
		IEC——国际电工委员会标准
		ASTM——美国材料试验协会标准
		DIN——联邦德国工业标准

标准的表示方法由标准代码、发布顺序号、颁布年份和标准名称四个部分组成，如图 0-1 所示。

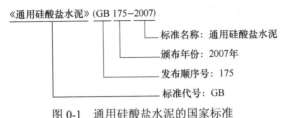

图 0-1　通用硅酸盐水泥的国家标准

0.4　学习方法建议

本书叙述了工程领域中常用的建筑材料，主要包括组成、技术性质、检测方法、应用等方面的内容；是学习土建大类专业的专业基础课程，同时也是从事工程实践和相关科学研究的专业基础。

建筑材料种类繁多，各类建筑材料的知识具有较强的独立性，有的建筑材料相互之间还存在一定的内在联系。建筑材料涉及化学、物理、力学等方面的知识。要学好它，就必须把握好理论知识学习和实践试验学习之间的关系。

在学习理论知识时，学习者应重点掌握建筑材料的组成、技术性质、特点、外界因素对材料性质的影响。通过对比不同类属、不同品种建筑材料的性质，掌握其特点，才能正确合理地选用材料。

作为一门应用技术学科，建筑材料知识的学习还要特别注意实践和实验环节的学习。学习者要注意把所学的理论知识落实到材料的检测方法、验收判断等实践性操作技能上，通过试验，掌握常用建筑材料的检测方法，学会对试验数据进行分析处理和判断，不断培养科学认真的态度和实事求是的工作作风。

第1章
水　泥

1.1　水　泥　概　述

　　水泥是建筑行业中最主要的建筑材料之一，它的发明诞生为建筑工程发展提供了强大的物质基础，使建筑物由陆地工程发展到水中、地下工程，水泥已被广泛地应用于工业与民用建筑、道路、水利和国防工程等各项建筑工程中。

　　水泥呈粉末状，与水混合后，经过一系列物理化学过程可由可塑性浆体变成坚硬的石状体，并能将散粒材料（如砂、石）或块状材料（如砖、瓷砖等）胶结成为整体，是一种性能良好的矿物胶凝材料。

　　胶凝材料是指在建筑工程中能将散粒材料或块状材料胶结成一个整体的材料。胶凝材料分为水硬性胶凝材料和气硬性胶凝材料。气硬性胶凝材料是指只能在空气中凝结硬化，并不断发展强度的胶凝材料。水硬性胶凝材料是指既能在空气中硬化，又能在湿介质或水中继续硬化，同时强度不断发展的胶凝材料。水泥属于水硬性胶凝材料，不但可在地上干燥的地方使用，也可用于水中、地下及潮湿之处。作为胶凝材料，水泥与骨料及增强材料制成混凝土、钢筋混凝土、预应力混凝土构件，也可配制砌筑砂浆、防水砂浆、装饰砂浆用于建筑物的砌筑、抹面、装饰等。

　　水泥有漫长的发展历史。大约 2000 年前，希腊和古罗马人在建筑工程中使用了一种石灰和火山灰的混合物，它们在水中缓慢反应生成坚硬的固体，这是最早应用的水泥。1756 年，英国工程师 J.斯米顿在研究某些石灰在水中硬化的特性时发现：要获得水硬性石灰，必须采用含有黏土的石灰石来烧制；用于水下建筑的砌筑砂浆，最理想的成分是水硬性石灰和火山灰。这个重要的发现为近代水泥的研制和发展奠定了理论基础。1796

年，英国人 J.帕克用泥灰岩烧制出了一种水泥，外观呈棕色，很像古罗马时代的石灰和火山灰混合物，命名为罗马水泥。因为它是采用天然泥灰岩为原料，不经配料直接烧制而成的，故又名天然水泥。天然水泥具有良好的水硬性和快凝特性，特别适用于与水接触的工程。1813 年，法国的土木技师毕加发现将石灰和黏土按 3：1 混合制成的水泥的性能最佳。1824 年，英国建筑工人 J.阿斯普丁获得了波特兰水泥的专利权。他用石灰石和黏土为原料，按一定比例配合后，在类似于烧石灰的立窑内煅烧成熟料，再经磨细制成水泥。因水泥硬化后的颜色与英格兰岛上波特兰用于建筑的石头相似，故被命名为波特兰水泥。它具有优良的建筑性能，在水泥史上具有划时代意义。1907 年，法国比埃利用铝矿石的铁矾土代替黏土，混合石灰岩烧制成水泥。由于这种水泥含有大量的氧化铝，叫做"矾土水泥"。1877 年，英国的克兰普顿发明了回转炉，并于 1885 年经兰萨姆改革成功能更好的回转炉。1889 年，中国河北唐山开平煤矿附近，设立了用立窑生产的唐山"细绵土"厂。1906 年在该厂的基础上建立了启新洋灰公司，年产水泥 4 万 t。1893 年，日本人发明了耐海水腐蚀的硅酸盐水泥。

20 世纪，人们在不断改进波特兰水泥性能的同时，研制成功了一批适用于特殊建筑工程的水泥，如高铝水泥、特种水泥等。全世界的水泥品种已发展到 200 多种，2008 年水泥年产量约 20 亿 t。

中国在 1952 年制订了第一个全国统一标准，确定水泥生产以多品种多标号为原则，并将波特兰水泥按其所含的主要矿物组成改称为矽酸盐水泥，后又改称为硅酸盐水泥至今。2008 年中国水泥年产量约 16 亿 t。

水泥工艺过程，通常简要地概括为"两磨一烧"，其生产工艺如图 1-1 所示。首先将原料粉磨成生料，然后经煅烧形成熟料，再将熟料粉磨成水泥。生产硅酸盐水泥熟料的原料主要有石灰质原料（主要提供 CaO）、黏土质原料（主要提供 SiO_2、Al_2O_3、Fe_2O_3），此外还需校正原料（如黄铁矿渣）来调整原料的化学成分。例如，在水泥的制成过程中，在熟料中加入缓凝剂以调节水泥凝结时间；加入混合材料共同粉磨以改善水泥性质和增加水泥产量。各种原料按一定的化学成分比例配制，在磨机中磨成"生料"，然后在立窑或回转窑中进行煅烧。生料中的 CaO、SiO_2、Al_2O_3、Fe_3O_4 经过复杂的化学反应，一直煅烧至 1450℃左右生成以硅酸钙为主要成分的硅酸盐熟料。为调节水泥的凝结速度，在烧成的熟料中加入水泥质量3%左右的石膏（$CaSO_4 \cdot 2H_2O$），共同磨细至适宜的细度，由此得到的粉末状产品即为硅酸盐水泥。

硅酸盐水泥生产的主要过程如图 1-1 所示。

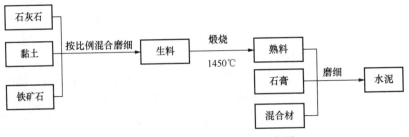

图 1-1　硅酸盐水泥生产工艺示意图

1.1.1 水泥种类

为适应不同建筑工程的需要，水泥品种繁多，可根据水泥不同方面的特点进行分类。

（1）按水泥的主要水硬性物质分

按水泥中的主要水硬性物质，水泥可分为硅酸盐类水泥（主要水硬性物质是硅酸钙）、铝酸盐类水泥（主要水硬性物质是铝酸钙）、硫铝酸盐水泥（主要水硬性物质是硫铝酸钙）、铁铝酸盐水泥（主要水硬性物质是铁铝酸钙）等。其中以硅酸盐系列水泥生产产量最大，应用最为广泛。因为它们的水硬性物质不同，所以性质也各异，如铝酸盐类水泥凝结速度快，早期强度高，耐热性能好而且耐硫酸盐腐蚀；硫铝酸盐水泥硬化后体积会膨胀等。

（2）按水泥的用途及性能分

按水泥的用途及性能水泥可分为以下几类：

1）通用硅酸盐水泥，即为一般土木建筑工程常采用的水泥，按混合材料的品种和掺量又分为硅酸盐水泥、普通硅酸盐水泥、矿渣硅酸盐水泥、火山灰质硅酸盐水泥、粉煤灰硅酸盐水泥和复合硅酸盐水泥。

2）特性水泥，某种性能比较突出的水泥，如膨胀水泥、低热水泥、彩色水泥、白水泥等。

3）专用水泥，专门用途的水泥，如油井水泥、中热硅酸盐水泥和粉煤灰硅酸盐水泥等。

水泥还可按其他方式分为不同类型，如按颜色又可分为黑色水泥、白色水泥和彩色水泥等。随着水泥科学的发展，还会有许多新品种水泥涌现。本章重点讲述通用硅酸盐水泥的相关知识。

1.1.2 水泥应用

不同特性的水泥可应用于不同的工程。按颜色划分的水泥可用于建筑装修，如黑色水泥多用于砌墙、墙面批烫、粘贴瓷砖，白色水泥大部分用于填补砖缝等修饰性的用途，彩色水泥多用于水面或墙面具有装饰性的装修项目和一些人造地面，如水磨石。

通用硅酸盐水泥中的硅酸盐水泥、普通硅酸盐水泥、矿渣硅酸盐水泥、火山灰硅酸盐水泥和粉煤灰硅酸盐水泥五种水泥是应用最多最广的品种。现将此五种水泥适用范围列于表 1-1。

表 1-1　五种水泥的适用范围

硅酸盐水泥	普通硅酸盐水泥	矿渣硅酸盐水泥	火山灰质硅酸盐水泥	粉煤灰硅酸盐水泥
地上工程，且无腐蚀作用的工程； 有快硬、早强要求的工程； 有抗冻要求的工程	一般混凝土工程； 地下和水中结构工程； 有抗冻要求的工程	有耐热要求的工程； 有硫酸盐侵蚀的工程； 大体积混凝土工程； 有耐腐蚀要求的工程； 一般混凝土构件和蒸汽养护构件	地下、水中、大体积混凝土工程； 有抗渗要求的工程； 其他同矿渣硅酸盐水泥	地上、地下、水中、大体积混凝土工程； 其他同矿渣硅酸盐水泥

1.1.3 水泥保管

水泥包装分为散装或袋装。袋装水泥的包装袋上应清楚标明：执行标准、水泥品种、代号、强度等级、生产者名称、生产许可证标志（QS）及编号、出厂编号、包装日期、净含量。包装袋两侧应根据水泥的品种采用不同的颜色印刷水泥名称和强度等级，如硅酸盐水泥和普通硅酸盐水泥采用红色，火山灰质硅酸盐水泥、粉煤灰硅酸盐水泥和复合硅酸盐水泥包装袋的两侧印刷采用黑色或蓝色。

水泥很容易吸收空气中的水分，发生水化作用凝结成块状，从而失去胶结能力，因此水泥在运输和保管中应特别注意防水防潮。不同生产厂、不同品种、不同标号和不同生产日期的水泥应分别堆放，不得混装，并要防止其他杂物混入。工地存储水泥应有专用仓库，必须注意干燥，门窗不得有漏雨、渗水的情况，以免潮气侵入，导致水泥变质。临时存放的水泥，必须选择地势较高、干燥的场地作料棚，并做好上盖下垫工作。存放袋装水泥时，地面垫板要离地 30cm，四周离墙 30cm，堆放高度一般以 10 袋为宜，水泥的储存应按照到货先后依次堆放，尽量做到先到先用。

水泥储存期不宜过长，按出厂日期起水泥的储存期为三个月，以免受潮变质或降低标号。三个月后的强度降低 10%～20%，时间越长，强度降低得越多，使用存放三个月以上的水泥，必须重新检验其强度，否则不得使用。

水泥进场以后，应立即进行检验，为确保工程质量，应严格贯彻先检验后使用的原则。水泥检验的周期一般为一个月。

1.1.4 水泥特点

水泥是水硬性胶凝材料，不仅可在空气中硬化，也能更好地在水中硬化，保持并发展强度。水泥与水混合后，经过一系列物理化学过程由可塑性浆体变成坚硬的石状体，能将散粒材料胶结成为整体。凝结硬化后的水泥浆体，是由胶凝体、未水化的水泥颗粒、毛细孔等组成的非均质体。其中包括各种水化产物和残存的熟料矿物以及凝聚于孔中的水等，具有一定的强度与孔隙率，外形及许多性能与天然石材相似，因而统称为水泥石。水泥浆体的凝结和硬化过程与水泥中矿物组分的水化反应过程密切相关。在水泥反应过程中，随着各种水化产物的增多，水泥浆体变稠失去流动性，随后产生强度并逐渐发展为坚硬的水泥石，这个过程称为水泥的凝结硬化。水泥加水拌和而成的浆体，经过一系列物理化学变化，浆体逐渐变稠失去可塑性而成为水泥石的过程称为凝结；水泥石强度逐渐发展的过程称为硬化。水泥石的硬化程度越高，凝胶体含量就越多，未水化的水泥颗粒和毛细孔含量就越少，水泥石的强度越高。

1. 硅酸盐水泥熟料的矿物组成及其性质

（1）硅酸盐水泥熟料的矿物组成

硅酸盐水泥熟料主要由硅酸三钙（$3CaO \cdot SiO_2$，简写为 C_3S）、硅酸二钙（$2CaO \cdot SiO_2$，简写为 C_2S）、铝酸三钙（$3CaO \cdot Al_2O_3$，简写为 C_3A）和铁铝酸四钙（$4CaO \cdot Al_2O_3 \cdot Fe_2O_3$，简写为 C_4AF）四种矿物组成。

（2）熟料矿物组成的性质

1）硅酸三钙：硅酸盐水泥中最主要的矿物，含量范围为 35%～65%，对硅酸盐水泥的技术性质特别是强度有重要的影响。当水泥与水接触时，C_3S 开始迅速水化，产生较大的热量，其水化产物早期强度高，且强度增长率较大，28d 强度可达一年强度的 70%～80%。按 28d 或一年的强度来比较，在四种矿物中，C_3S 的强度是最高的。

2）硅酸二钙：也是硅酸盐水泥的主要矿物，含量范围为 10%～40%，其水化速度及凝结硬化过程较为缓慢，水化热很低。它的水化产物对水泥早期强度贡献较小，但对水泥后期强度起重要作用。C_2S 有着相当长期的活性，其水化物强度可在一年后超过 C_3S 的水化物。当水泥中的 C_2S 含量较多时，水泥抗化学侵蚀性较高，干缩性较小。

3）铝酸三钙：在四种组分中是遇水反应速度最快、水化热最高的组分。因此，铝酸三钙的含量决定水泥的凝结速度和放热量，含量范围为 0～15%。其早期强度较高，但强度绝对值较小，后期强度不再增加。C_3A 含量高的水泥浆体干缩变形大，抗硫酸盐侵蚀性能差。

4）铁铝酸四钙：含量范围为 0～15%，其水化速度比 C_3A 和 C_3S 慢，其早期强度较低，但水化硬化较为迅速。在 28d 后强度还能继续增长，对水泥后期强度有利。C_4AF 耐化学侵蚀性好，干缩性小，并且其抗折强度较高，所以对水泥抗折强度和抗冲击强度起重要作用。

各种矿物单独与水作用时所表现出的特性见表 1-2。

表 1-2　硅酸盐水泥主要矿物组成与特性

性 能 指 标		熟 料 矿 物			
		C_3S	C_2S	C_3A	C_4AF
水 化 速 度		中	慢	最快	快，仅次于 C_3A
水 化 热		中	低	高	中
强 度	早 期	良	差	良	良
	后 期	良	优	中	中
耐化学腐蚀		中	良	差	优
干 缩 性		中	小	大	小

由于各矿物组成性能不同，在水泥熟料中，四种矿物组成的含量不同时，其相应水泥的性能也不同。例如，增加 C_3S 和 C_3A 的含量可生产出高强水泥和早强水泥；增加 C_2S、C_4AF 的含量，同时降低 C_3S 和 C_3A 的含量可生产出低热硅酸盐水泥。目前，高性能水泥熟料中 C_3S+C_2S 的含量均在 75%以上。

2. 水泥的凝结硬化过程

（1）硅酸盐水泥的水化反应

水泥加水拌和后，水泥颗粒立即分散于水中并与水发生化学反应，生成水化产物并放出热量，这个反应称为水泥的水化反应。水泥的凝结硬化实际上就是由水泥中的多种化合物与水作用时发生水化反应所导致的，其各矿物组成化学反应式如下：

$$2(3CaO \cdot SiO_2) + 6H_2O \longrightarrow 3CaO \cdot 2SiO_2 \cdot 3H_2O + 3Ca(OH)_2$$

　　　　硅酸三钙　　　　　　水化硅酸钙　　　　氢氧化钙

$$2（2CaO \cdot SiO_2）+4H_2O \longrightarrow 3CaO \cdot 2SiO_2 \cdot 3H_2O+Ca（OH）_2$$

　　硅酸二钙　　　　　　水化硅酸钙　　　　氢氧化钙

$$3CaO \cdot Al_2O_3+6H_2O \longrightarrow 3CaO \cdot Al_2O_3 \cdot 6H_2O$$

　　　铝酸三钙　　　　　　水化铝酸三钙

$$4CaO \cdot Al_2O_3 \cdot Fe_2O_3+7H_2O \longrightarrow 3CaO \cdot Al_2O_3 \cdot 6H_2O+CaO \cdot Fe_2O_3 \cdot H_2O$$

　　铁铝酸四钙　　　　　　　　　　　水化铁酸一钙

$$3CaO \cdot Al_2O_3 \cdot 6H_2O+CaSO_4 \longrightarrow 3CaO \cdot Al_2O_3 \cdot 3CaSO_4 \cdot 31H_2O$$

$$或 3CaO \cdot Al_2O_3 \cdot CaSO_4 \cdot 12H_2O$$

　水化铝酸钙　　　　　石膏　　　水化硫铝酸钙或单硫型水化硫铝酸钙

　　在所得的主要水化产物中，水化硅酸钙凝胶、氢氧化钙晶体、水化硫铝酸钙晶体（也称钙矾石）是形成水泥石强度的最主要化合物，其次是水化铁酸钙凝胶、水化铝酸钙晶体和未水化的水泥。水化反应为放热反应，其放出的热量称为水化热。其水化热大，放热的周期也较长，但大部分热量是在 3d 以内，特别是在水泥浆发生凝结、硬化的初期放出。

　　（2）硅酸盐水泥的凝结

　　首先水泥加水拌和，水泥颗粒分散在水中，成为水泥浆体。水泥颗粒从表面开始与水作用，生成水化产物。水化产物溶解于水，由于水化产物溶解度很小，很快呈饱和或过饱和状态，从液相中析出包裹在水泥颗粒表面，逐渐形成水化物膜层。随着水泥颗粒不断水化，凝胶体膜层不断增厚而破裂，并继续扩展，在水泥颗粒之间形成网状结构，水泥浆体不断逐渐变稠，黏度不断增高，失去塑性，这就是水泥的凝结过程。

　　水泥的矿物组成中铝酸三钙水化极快，能使水泥很快凝结，这样会大大减少建筑工程中施工操作时间，所以在硅酸盐水泥中加入石膏用于减缓水泥水化的反应速度。水泥的矿物组成铝酸三钙在饱和的石灰—石膏溶液中生成溶解度极低的水化硫铝酸钙晶体，包围在水泥颗粒的表面形成一层薄膜，阻止水分子向未水化的水泥粒子内部进行扩散，延缓水泥熟料颗粒，特别是铝酸三钙的继续水化，从而达到缓凝的目的。

　　（3）硅酸盐水泥的硬化

　　伴随着水化的不断进行，水化产物不断生成并填充颗粒之间空隙，毛细孔越来越少，结构更加密实，水泥浆体逐渐产生强度而进入硬化阶段。

　　硅酸盐水泥的水化速度表现为早期快后期慢，在最初的 3～7d 内，水泥的水化速度最快，所以硅酸盐水泥的早期强度发展最快。

　　水泥的凝结和硬化是连续进行的。凝结过程较短暂，一般几个小时即可完成；硬化过程是一个长期的过程，在一定温度和湿度下可持续几十年。

　　（4）凝结硬化的影响因素

　　1）熟料矿物组成的影响：硅酸盐水泥熟料矿物组成是影响水泥的水化速度、凝结硬化过程及强度等的主要因素。如四种熟料矿物中，水化和凝结硬化速度快的 C_3A，C_3S 含量越高，则水泥凝结硬化越快。因此改变熟料中矿物组成的相对含量，即可配制成具有不同特性的硅酸盐水泥。如提高 C_3S 的含量可制得快硬高强水泥；减少 C_3A 和 C_3S 的含量同时提高 C_2S 的含量，可制得水化热低的低热水泥。

2）石膏的掺量：生产水泥时掺入石膏，主要是将其作为缓凝剂使用，调节水泥凝结硬化的速度。掺入少量石膏时可延缓水泥的凝结硬化速度。同时由于钙矾石晶体的生成，还能改善水泥石的早期强度。但石膏的掺量过多时，不仅不能缓凝，而且可能对水泥石的后期性能造成危害，引起水泥安定性不良。一般掺量占水泥重量的 3%～5%，具体掺量需通过试验确定。

3）养护湿度和温度的影响：水泥水化的速度与环境的温度和湿度有关，只有处于适当温度下，水泥的水化、凝结和硬化才能进行。通常温度较高时，水化、凝结和硬化速度就快，温度降低时水化、凝结硬化延缓，当环境温度低于 0℃ 时，水化反应停止。用水泥拌制的砂浆和混凝土在浇灌后应注意保持潮湿状态，因为只有在环境潮湿的情况下，水化及凝结硬化才能保持足够的化学用水，以获得和增加强度。因此，使用水泥时必须注意养护，使水泥在适宜的温度及湿度环境中进行凝结硬化，从而不断增长其强度。

4）养护龄期的影响：水泥的水化硬化是一个较长时期内不断进行的过程，随着水泥颗粒内各熟料矿物水化程度的提高，凝胶体不断增加，毛细孔不断减少，使水泥石的强度随着龄期增长而增加。实践证明，水泥一般在 28d 内强度发展较快，28d 后增长缓慢，如图 1-2 所示。

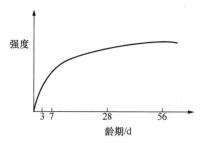

图 1-2　硅酸盐水泥强度发展与龄期关系

5）外加剂：凡对硅酸三钙和铝酸三钙的水化能产生影响的外加剂，都能改变硅酸盐水泥的水化及凝结硬化。如加入促凝剂就能促进水泥水化硬化；相反加入缓凝剂就会延缓水泥的水化硬化，影响水泥早期强度的发展。

3. 水泥石工程性质

水泥石的工程性质（强度和耐久性）取决于水泥石的结构组成，即取决于水化物的类型、水化物的相对含量以及孔的大小、形状和分布。水化物的类型取决于水泥品种，水化物的相对含量取决于水化程度，孔的大小取决于水灰比大小。

水灰比是指水泥浆中水与水泥质量之比。当水灰比较大时，水泥的初期水化反应得以充分进行；但是水泥颗粒间由于被水隔开的距离较远，颗粒间相互连接形成骨架结构所需的凝结时间长，所以水泥浆凝结较慢。水泥完全水化所需的水灰比为 0.15～0.25，而实际工程中通常加入更多的水，以便利用水的润滑取得较好的塑性。当水泥浆的水灰比较大时，多余的水分蒸发后形成的孔隙较多，造成水泥石的强度降低。

水灰比相同时，水化程度愈高，则水泥石结构中水化物愈多，而毛细孔和未水化水泥的量相对减少。水泥石结构密实、强度高、耐久性好。水化程度相同而水灰比不同的水泥石结构，水灰比越大，毛细孔所占比例相对增加，因此该水泥石的强度和耐久性下降。

4. 硅酸盐水泥石的腐蚀与防止

（1）硅酸盐水泥石的腐蚀

硅酸盐水泥硬化后，在通常使用条件下具有优良的耐久性。但在某些侵蚀性液体或气体等介质的作用下，水泥石结构会逐渐遭到破坏，这种现象称为水泥石的腐蚀。导致水泥石腐蚀的因素很多，作用过程亦甚为复杂，仅介绍几种典型介质对水泥石的侵蚀作用。

1）软水侵蚀（溶出性侵蚀）：不含或仅含少量重碳酸盐（含 HCO_3^- 的盐）的水称为软水，如雨水、蒸馏水、冷凝水及部分江水、湖水等。当水泥石长期与软水相接触时，水化产物将按其稳定存在所必需的平衡氢氧化钙（钙离子）浓度的大小，依次逐渐溶解或分解，从而造成水泥石的破坏，这即是溶出性侵蚀。

2）盐类侵蚀：通过海湾、沼泽或跨越污染河流的线路，沿线桥梁墩台，可能受到海水、沼泽水、工业污水的侵蚀，这时在水中某些溶解于水中的盐类会与水泥石相互作用产生置换反应，生成一些易溶或无胶结能力或产生膨胀的物质，从而使水泥石结构破坏。

3）酸类侵蚀：在某些工业污水和地下水中常溶解有较多的二氧化碳，这种水对水泥石的侵蚀作用称为碳酸侵蚀。水泥石中的 $Ca(OH)_2$ 与溶有 CO_2 的水反应，生成不溶于水的碳酸钙；接着碳酸钙再与碳酸水反应生成易于水的碳酸氢钙。当水含有较多的碳酸，上述反应逆向进行，而导致水泥石中的 $Ca(OH)_2$ 不断地转变为易溶的 $Ca(HCO_3)_2$ 而流失，进一步导致其他水化产物的分解，使水泥石结构遭到破坏。

水泥的水化产物呈碱性，因此酸类对水泥石一般都会有不同程度的侵蚀作用，它们与水泥石中的 $Ca(OH)_2$ 反应后的生成物，或者易溶于水，或者体积膨胀，都对水泥石结构产生破坏作用。

4）强碱侵蚀：水泥石本身具有相当高的碱度，因此弱碱溶液一般不会侵蚀水泥石，但是，当铝酸盐含量较高的水泥石遇到强碱（如氢氧化钠 NaOH）作用会被腐蚀破坏。NaOH 与水泥熟料中未水化的 C_3A 作用，生成易溶的铝酸钠。当水泥石被 NaOH 浸润后又在空气中干燥，与空气中的 CO_2 作用生成 Na_2CO_3，它在水泥石毛细孔中结晶沉积，会使水泥石胀裂。碱类溶液如浓度不大时一般是无害的，但铝酸盐含量较高的硅酸盐水泥遇到强碱作用后也会破坏。

（2）水泥石腐蚀的防止

水泥石的腐蚀常常是几种侵蚀介质同时存在、共同作用所产生的，因此要根据具体情况可采取不同的措施防止水泥石的腐蚀。可根据侵蚀介质的类型，选用合理的水泥品种或掺入活性混合材料，目的是减少易受腐蚀成分，如采用水化产物中 $Ca(OH)_2$ 含量较少的水泥，可提高对多种侵蚀作用的抵抗能力；也可提高水泥石的密实度，减小水泥石（或混凝土）的孔隙率，提高抗渗能力，如通过降低水灰比，采用质量好的骨料、加减水剂或引气剂、改善施工操作方法等。

当侵蚀作用较强或上述措施不能满足要求时，可在水泥制品（混凝土、砂浆等）表面设置耐腐蚀性高且不透水的隔离层或保护层，如采用花岗岩板材、耐酸陶瓷板、塑料、沥青、环氧树脂等作保护层或隔离层。

1.2　通用硅酸盐水泥的质量标准

通用硅酸盐水泥按混合材料的品种和掺量分为硅酸盐水泥、普通硅酸盐水泥、矿渣硅酸盐水泥、火山灰质硅酸盐水泥、粉煤灰硅酸盐水泥和复合硅酸盐水泥六个品种，按照《通用硅酸盐水泥》（GB 175—2007）的规定，其组分和技术指标应符合相关要求。

1. 组分

通用硅酸盐水泥的组分应符合表 1-3 的规定。

表 1-3　通用硅酸盐水泥的组分（单位：%）

品种	代号	组　分				
		熟料+石膏	粒化高炉矿渣	火山灰质混合材料	粉煤灰	石灰石
硅酸盐水泥	P.I	100	—	—	—	—
	P.II	≥95	≤5	—	—	—
		≥95	—	—	—	≤5
普通硅酸盐水泥	P.O	≥80且<95	>5且≤20			—
矿渣硅酸盐水泥	P.S.A	≥50且<80	>20且≤50	—	—	—
	P.S.B	≥30且<50	>50且≤70	—	—	—
火山灰质硅酸盐水泥	P.P	≥60且<80	—	>20且≤40	—	—
粉煤灰硅酸盐水泥	P.F	≥60且<80	—	—	>20且≤40	—
复合硅酸盐水泥	P.C	≥50且<80	>20且≤50			

2. 技术要求

水泥的技术要求包括化学指标、碱含量、物理指标三个方面的内容。

（1）化学指标

水泥的化学指标应符合表 1-4 的规定。

表 1-4　通用硅酸盐水泥化学指标（单位：%）

品　种	代　号	不溶物	烧失量	三氧化硫	氧化镁	氯离子
硅酸盐水泥	P.I	≤0.75	≤3.0	≤3.5	≤5.0	≤0.06
	P.II	≤1.50	≤3.5			
普通硅酸盐水泥	P.O	—	≤5.0			
矿渣硅酸盐水泥	P.S.A	—	—	≤4.0	≤6.0	
	P.S.B	—	—			
火山灰质硅酸盐水泥	P.P			≤3.5	≤6.0	
粉煤灰硅酸盐水泥	P.F					
复合硅酸盐水泥	P.C	—	—			

不溶物是指水泥在煅烧过程中存留的残渣，其含量会影响水泥的黏结质量。

烧失量反映水泥中水分含量的多少，若水泥煅烧不理想或受潮，均会导致烧失量增加。

三氧化硫是在水泥生产过程中掺入的石膏，或是煅烧水泥熟料时加入石膏矿化剂带入的。如果石膏掺量超出一定限度，在水泥硬化后，它会继续水化并产生膨胀，导致结构物破坏。

氧化镁含量是指水泥熟料中存在的游离氧化镁，它的水化速度很慢，而且水化产物为氢氧化镁。氢氧化镁产生体积膨胀，可导致水泥石结构裂缝甚至破坏。

含氯离子的酸或盐都会腐蚀水泥石，生成易溶于水的 $CaCl_2$ 或膨胀性复盐，使得已经硬化的水泥破坏。

（2）碱含量

碱含量为水泥技术要求中的选择性指标，当拌和混凝土所用集料中含有碱活性物质时，水泥中的碱会与集料中的活性物质发生碱集料反应，产生体积膨胀的化学物质，从而导致水泥石开裂，此时，应选择低碱水泥品种。

水泥中的碱含量按 $Na_2O+0.658K_2O$ 计算值表示。若使用活性集料，用户要求提供低碱水泥时，水泥中的碱含量应不大于 0.6%或由双方协商确定。

（3）物理指标

水泥的物理指标有凝结时间、安定性、强度和细度四种。

1）凝结时间：水泥加水至水泥浆失去全部可塑性所需要的时间。国家标准规定，硅酸盐水泥初凝不小于 45min，终凝不大于 390min；普通水泥、矿渣水泥、火山灰水泥、粉煤灰水泥和复合水泥初凝不小于 45min，终凝不大于 600min。

2）安定性：水泥浆体硬化后，体积变化的稳定性。水泥安定性用沸煮法检验，国家标准规定，水泥安定性沸煮法合格。

3）强度：水泥按各龄期的强度大小划分为不同的强度等级，不同品种不同强度等级的通用硅酸盐水泥，其各龄期的强度应符合表 1-5 的规定。

表 1-5 通用硅酸盐水泥强度指标技术标准（GB 175—2007）（单位：%）

品　　种	强度等级	抗 压 强 度		抗 折 强 度	
		3d	28d	3d	28d
硅酸盐水泥	42.5	≥17.0	≥42.5	≥3.5	≥6.5
	42.5R	≥22.0		≥4.0	
	52.5	≥23.0	≥52.5	≥4.0	≥7.0
	52.5R	≥27.0		≥5.0	
	62.5	≥28.0	≥62.5	≥5.0	≥8.0
	62.5R	≥32.0		≥5.5	
普通硅酸盐水泥	42.5	≥17.0	≥42.5	≥3.5	≥6.5
	42.5R	≥22.0		≥4.0	
	52.5	≥23.0	≥52.5	≥4.0	≥7.0
	52.5R	≥27.0		≥5.0	

注：R——早强型。

4）细度：水泥颗粒的总体粗细程度。国家标准规定，硅酸盐水泥和普通水泥以比表面积表示，不小于 $300m^2/kg$；矿渣水泥、火山灰水泥、粉煤灰水泥和复合水泥以筛余表示，$80\mu m$ 方孔筛筛余不大于 10%或 $45\mu m$ 方孔筛筛余不大于 30%。

水泥出厂前要进行试验检测，确定水泥各项技术指标均符合要求时，为合格品水泥，方可出厂。若上述指标任何一项不符合要求时则为不合格品水泥。

1.3　水泥主要技术性能

1.3.1　细度

细度是指水泥颗粒的粗细程度，是鉴定水泥品质的选择性指标。水泥颗粒的粗细，直接影响其水化反应速度、活性和强度。国家标准规定，水泥的细度指标分别用比表面积和筛余表示。比表面积是指水泥颗粒单位质量的总表面积，其值越大，表明水泥颗粒越细。筛余指标又分为 $80\mu m$ 方孔筛筛余和 $45\mu m$ 方孔筛筛余，表示大于 $80\mu m$（或 $45\mu m$）颗粒的质量占水泥总质量的百分率，其值越大，表明大颗粒越多，水泥颗粒越粗。

水泥比表面积采用比表面积法测定，一般采用勃压透气法测定。筛余采用筛析法测定，筛析法有负压筛法和水筛法，有争议时，以负压筛法为准。

1.3.2　凝结时间

凝结时间是指水泥从加水开始，到水泥浆失去塑性所需的时间。凝结时间分为初凝时间和终凝时间，初凝时间是指从水泥加水到水泥浆开始失去塑性的时间；终凝时间是指从水泥加水到水泥浆完全失去塑性的时间。国家标准规定，硅酸盐水泥的初凝时间不得早于 45min，终凝时间不得迟于 6.5h。

水泥的凝结时间对水泥混凝土和砂浆的施工有重要的意义。初凝时间不宜过短，以便施工时有足够的时间来完成混凝土和砂浆拌和物的运输、浇捣或砌筑等操作；终凝时间不宜过长，是为了使混凝土和砂浆在浇捣或砌筑完毕后能尽快凝结硬化，以利于下一道工序的及早进行。初凝时间不宜过早，终凝时间不宜过迟。

1.3.3　体积安定性

体积安定性是指水泥浆体硬化后体积变化的稳定性。水泥在硬化过程中体积变化不稳定，即为体积安定性不良，会导致混凝土产生膨胀破坏，造成严重的工程质量事故。

在水泥中，熟料煅烧不完全而存在游离 CaO 与 MgO，由于是高温生成，水化活性小，在水泥硬化后水化，产生体积膨胀；生产水泥时加入过多的石膏，在水泥硬化后还会继续与固态的水化铝酸钙反应生成水化硫铝酸钙，产生体积膨胀。这三种物质造成的膨胀均会导致水泥安定性不良，即使硬化水泥石产生弯曲、裂缝甚至粉碎性破坏。

体积安定性不良的原因是：①水泥中含有过多的游离氧化钙和游离氧化镁（均为严重过火），两者后期逐步水化产生体积膨胀，致使已硬化的水泥石开裂；②石膏掺量过多，在硬化后的水泥石中，继续产生膨胀性产物高硫型水化硫铝酸钙，引起水泥石开裂。

沸煮能加速游离 CaO 的水化，国家标准规定通用水泥用沸煮法检验安定性；游离 MgO 的水化比游离 CaO 更缓慢，沸煮法已不能检验，国家标准规定通用水泥 MgO 含量不得超过 5%，若水泥经压蒸法检验合格，则 MgO 含量可放宽到 6%；由石膏造成的安定性不良，需经长期浸在常温水中才能发现，不便于检验，所以国家标准规定硅酸盐水泥中的 SO_3 含量不得超过 3.5%。

1.3.4　强度

水泥的强度是评定其质量的重要指标，也是划分水泥强度等级的依据。水泥的强度包括抗压强度与抗折强度，必须同时满足标准要求，缺一不可。水泥强度是表征水泥力学性能的重要指标。水泥强度必须按《水泥胶砂强度试验方法》的规定制作试块，养护并测定其抗压和抗折值，该值是评定水泥等级的依据。

水泥的强度是通过水泥胶砂试件测定的，即将水泥、标准砂和水按规定的比例（1∶3∶0.5）搅拌、成型，制作为 40mm×40mm×160mm 的试件。在标准养护条件下[在（20±1）℃的水中]养护，测定 3d、28d 的抗压强度和抗折强度。以此强度值（4 个值）将硅酸盐水泥划分为普通型和早强型，前者分为 42.5、52.5、62.5 三个强度等级；后者分为 42.5R、52.5R、62.5R 三个强度等级。

各强度等级水泥的各龄期强度不得低于《通用硅酸盐水泥标准》（GB 175—2007）的规定。各强度等级的普通硅酸盐水泥的强度指标和硅酸盐水泥一致；硅酸盐水泥的强度分为 42.5、42.5R、52.5、52.5R、62.5、62.5R 六个等级；普通硅酸盐水泥的强度分为 42.5、42.5R、52.5、52.5R 四个等级。

硅酸盐水泥的技术标准，按《通用硅酸盐水泥》（GB 175—2007）的有关规定，摘录见表 1-5。

1.3.5　密度

水泥的密度是指水泥单位体积的质量（单位：g/cm³）。硅酸盐水泥的密度与其矿物组成、储存时间和条件以及熟料的煅烧程度有关，一般为 3.00～3.15g/cm³，矿渣硅酸盐水泥、火山灰硅酸盐水泥、粉煤灰硅酸盐水泥的密度一般为 2.80～3.10g/cm³。

硅酸盐水泥的堆积密度，除与矿物组成及细度有关外，主要取决于存放时的紧密程度，松散时为 1000～1100kg/m³，紧密时可达 1600kg/m³。普通硅酸盐水泥的堆积密度为 1000～1600kg/m³，矿渣硅酸盐水泥的堆积密度为 1000～1200kg/m³，火山灰硅酸盐水泥、粉煤灰硅酸盐水泥的堆积密度为 900～1000kg/m³。

1.3.6　水化热

水泥在凝结硬化过程中因水化反应所放出的热量，称为水泥的水化热，通常以 kJ/kg 表示。大部分水化热是伴随着强度的增长并在水化初期放出的。水泥的水化热大小和释放速率主要与水泥熟料的矿物组成、混合材料的品种与数量、水泥的细度及养护条件等有关。大型基础、水坝、桥墩、厚大构件等大体积混凝土构筑物，由于水化热聚集在内部不易散发，内部温度可达 50～60℃甚至更高，内外温差产生的应力和温降收缩产生的应力常使混凝土产生裂缝。因此，大体积混凝土工程不宜采用水化热较大、放热较快的水泥，如硅酸盐水泥，因为它含熟料最多。但国家标准未就该项指标作具体的规定。

1.4 水泥主要技术性能检测

1.4.1 水泥取样

水泥取样分为手工取样、机械取样、连续取样。手工取样是指用人力操作取样工具采集水泥样品的方法，即采用取样管取样，随机选择 20 个以上不同的部位，将取样管插入水泥适当深度，用大拇指按住气孔，小心抽出取样管，将所取样品放入洁净、干燥、不易受污染的容器中。机械取样是指使用自动取样设备采集水泥样品，该装置一般安装在尽量接近于水泥包装机的管路中，从流动的水泥流中取出样品，然后将样品放入洁净、干燥、不易受污染的容器中。当所取水泥深度不超过 2m 时，采用槽形管式取样器取样。通过转动取样器内管控制开关，在适当位置插入水泥一定深度，关闭后小心抽出，将所取样品放入洁净、干燥、不易受污染的容器中。连续取样是指不间断地取出水泥样品。

样品取得后应存放在密封的金属容器中，加封条。容器应洁净、干燥、防潮、密闭、不易破损、不与水泥发生反应。封存样应密封保管三个月。试验样与分割样亦应妥善保管。贮存于干燥、通风的环境中存放样品的容器应至少在一处加盖清晰、不易擦掉的标有编号、取样时间、地点、人员的密封印，如只在一处标志，则应在器壁上。

交货时水泥的质量验收可抽取实物试样以其检验结果为依据，也可以生产者同编号水泥的检验报告为依据。采取何种方法验收由买卖双方商定，并在合同或协议中注明。以抽取实物试样的检验结果为验收依据时，买卖双方应在发货前或交货地共同取样和签封。

在 40d 以内，买方检验认为产品质量不符合本标准要求，而卖方又有异议时，则双方应将卖方保存的另一份试样送省级或省级以上国家认可的水泥质量监督检验机构进行仲裁检验。水泥安定性仲裁检验时，应在取样之日起 10d 以内完成。

以生产者同编号水泥的检验报告为验收依据时，在发货前或交货时买方在同编号水泥中取样，双方共同签封后由卖方保存 90d，或认可卖方自行取样、签封并保存 90d 的同编号水泥的封存样。在 90d 内，买方对水泥质量有疑问时，则买卖双方应将共同认可的试样送省级或省级以上国家认可的水泥质量监督检验机构进行仲裁检验。

1.4.2 细度检验（筛析法）

1. 目的与适用范围

本方法规定了用 80μm 筛检验水泥细度的测试方法，适用于硅酸盐水泥、普通水泥、矿渣水泥、火山灰水泥、粉煤灰水泥、复合硅酸盐水泥、道路硅酸盐水泥以及指定采用本标准的其他品种水泥。

2. 仪器设备

仪器设备有：水筛；负压筛；负压筛析仪；水筛架；喷头（直径 55mm，面上均匀分布 90 个孔，孔径为 0.5～0.7mm）、天平（最大称量为 100g，分度值不大于 0.05g）。

3．实验步骤

（1）负压筛法

1）筛析试验前，应把负压筛放在筛座上，盖上筛盖，接通电源，检查控制系统，调节负压至 4000～6000Pa 范围内。

2）称取试样 25g，置于洁净的负压筛中，盖上筛盖，放在筛座上，开动筛析仪连续筛析 2min。筛毕，用天平称取筛余物。

3）当工作负压小于 4000Pa 时，应清理吸尘器内水泥，使负压恢复正常。

（2）水筛法

1）筛析试验前，应检查水中有无泥、砂，调整好水压及水筛架的位置，使其能正常运转。

2）称取试样 50g，置于洁净的水筛中，立即用淡水冲洗至大部分细粉通过后，用水压为（0.05±0.02）MPa 的喷头连续冲洗 3min。筛毕，用少量水把筛余物冲至蒸发皿中，等水泥颗粒全部沉淀后，小心倒出清水，烘干并用天平称量筛余物。

3）试验筛的清洗：试验筛必须保持洁净，筛孔通畅。如筛孔被水泥堵塞影响筛余量时，可用弱酸浸泡，然后用毛刷轻轻地刷洗，用淡水冲净，晾干。

4）结果整理：水泥试样筛余百分数按式（1-1）计算，计算结果精确至 0.1%。

$$F = \frac{R_S}{m} \times 100\% \qquad (1-1)$$

式中：F ——水泥试样的筛余百分数（g）；

R_S ——水泥筛余物的质量（g）；

m ——水泥试样的质量（g）。

注：负压筛法与水筛法测定的结果发生争议时，以负压筛法为准。

（3）干筛法

1）称取水泥试样 50g，精确至 0.05g。将水泥试样倒入干筛中并加盖。

2）用一只手执筛往复摇动，另一只手轻轻拍打，每分钟拍打 120 次，使试样均匀分布在筛网上，直至每分钟通过的试样量不超过 0.05g 为止，称量筛余量 m。

3）试验结果：按式（1-2）计算水泥的筛余百分率，即

$$F = \frac{m}{50} \times 100\% \qquad (1-2)$$

式中：F ——水泥试样的筛余百分率（%）；

m ——水泥筛余物的质量（g）。

1.4.3 凝结时间检验方法

1．目的与适用范围

本方法规定了水泥凝结时间的检验方法，适用于硅酸盐水泥、普通硅酸盐水泥、矿渣硅酸盐水泥、粉煤灰硅酸盐水泥、火山灰硅酸盐水泥、复合硅酸盐水泥、道路硅酸盐

水泥及指定采用本方法的其他品种水泥。

2. 仪器设备

仪器设备有：水泥净浆搅拌机；雷氏夹；雷氏夹膨胀值测定仪；标准法维卡仪[滑动部分的总质量为（300±1）g，与试杆、试针连接的滑动杆表面应光滑，能靠重力自由下落，不得有紧涩和旷动现象]；试模；平板玻璃底板；试针；沸煮箱；量水器、天平。

3. 试样制备

水泥试样应充分拌匀，通过 0.9mm 方孔筛并记录筛余物情况，但要防止过筛混进其他水泥。实验室的温度为（20±2）℃，相对湿度大于 50%。

4. 试验步骤

1）以标准稠度用水量制成标准稠度净浆一次装满试模，振动数次后刮平，立即放入湿汽养护箱内。记录水泥全部加入水中的时间作为凝结时间的起始时间。

2）测定初凝时间：试件在湿汽养护箱中养护至加水后 30min 时，进行第一次测定。从湿汽养护箱中取出试模放到试针下，降低试针与水泥净浆表面接触，拧紧螺丝，1～2s 后突然放松，试针垂直自由沉入水泥净浆，观察试针停止下沉或释放试针 30s 时指针读数。

当试针沉至距底板（4±1）mm 时，为水泥达到初凝状态；由水泥全部加入水中至初凝状态的时间为水泥的初凝时间，用 min 表示。

3）测定终凝时间：在终凝针上安装一个环形附件。在完成初凝时间测定后，立即将试模连同浆体以平移的方式从玻璃板取下，翻转 180°。直径大端向上，小端向下放在玻璃板上，再放入湿气养护箱中继续养护。当试针沉入试件 0.5mm 时，即环形附件开始不能在试件上留下痕迹时，为水泥达到凝结状态；由水泥全部加入水中至终凝状态的时间为水泥的终凝时间，用 min 表示。

4）临近初凝时，每隔 5min 测定一次，临近终凝时每隔 15min 测定一次，到达初凝和终凝状态时应立即重复测一次，当两次结论相同时才能定为到达初凝和终凝状态。

1.4.4　安定性检验

1. 目的与适用范围

本方法规定了水泥体积安定性的检验方法，适用于硅酸盐水泥、普通硅酸盐水泥、矿渣硅酸盐水泥、粉煤灰硅酸盐水泥、火山灰硅酸盐水泥、复合硅酸盐水泥、道路硅酸盐水泥及指定采用本方法的其他品种水泥。安定性是水泥硬化后体积变化是否均匀的性质，体积的不均匀变化会引起膨胀、开裂或翘曲等现象。

2. 仪器设备

仪器设备有：水泥净浆搅拌机；雷氏夹；雷氏夹膨胀值测定仪；标准法维卡仪[滑

动部分的总质量为（300±1）g，与试杆、试针连接的滑动杆表面应光滑，能依靠重力自由下落，不得有紧涩和旷动现象]；试模；平板玻璃底板；沸煮箱；量水器、天平。

3. 试样制备

水泥试样应充分拌匀，通过 0.9mm 方孔筛并记录筛余物情况，但要防止过筛混进其他水泥。实验室的温度为（20±2）℃，相对湿度大于 50%。

4. 试验步骤

（1）标准法（雷氏法）

1）雷氏夹试件的成型：将预先准备好的雷氏夹放在已稍擦油的玻璃上，并立即将已制好的标准稠度净浆一次装满雷氏夹，装浆时一只手轻轻扶持雷氏夹，另一只手用宽约 10mm 的小刀插捣 15 次左右，然后抹平，盖上稍涂油的玻璃板，接着立刻将试件移至养护箱内养护（24±2）h。

2）沸煮：养护后，脱去玻璃板取下试件，先测量试件指针尖端间的距离（A），精确到 0.5mm，接着将试件放入沸煮箱水中的试件架上，指针朝上，试件之间互不交叉，然后在（30±5）min 内加热水至沸腾，并恒沸 3h±5min。沸煮前应调整好沸煮箱内的水位，使之在整个沸煮过程中都能没过试件，不需中途添补试验用水，同时保证水在（30±5）min 内能沸腾。

3）结果整理：沸煮结束后，取出试件进行判别。测量试件指针尖端间的距离（C），精确至 0.5mm。当两个试件沸煮后增加距离（$C-A$）的平均值不大于 5.0mm 时，即认为该水泥安全性合格；当两个试件的（$C-A$）值相差超过 4.0mm 时，应用同一样品立即重做一次试验。

（2）代用法（试饼法）

1）试饼法成型：将制好的净浆取出一部分，分成两等份，使之呈球形，放在预先涂过油的玻璃板上，轻轻振动玻璃板，并用湿布擦净的小刀由边缘向中央抹动，做成直径 70～80mm、中心厚约 10mm、边缘渐薄、表面光滑的试饼，接着将试饼放入湿气养护箱内养护（24±2）h。

2）沸煮：从玻璃板取下试饼，在试饼无缺陷的情况下，将试饼放在沸煮箱的水中篦板上，然后在（30±5）min 内加热至水沸腾，并恒沸 3h±5min。

3）结果评定：沸煮结束后，取出试件进行判断。目测试饼未发现裂缝，用钢直尺检查也没有弯曲（使钢直尺和试饼底部紧靠，以两者间不透光为不弯曲）的试饼为安定性合格；反之，为不合格。当两个试饼判别结果有矛盾时，该水泥的安定性为不合格。

1.4.5　水泥标准稠度用水量检验

1. 目的与适用范围

本方法规定了水泥标准稠度用水量的检验方法，适用于硅酸盐水泥、普通硅酸盐水泥、矿渣硅酸盐水泥、粉煤灰硅酸盐水泥、火山灰硅酸盐水泥、复合硅酸盐水泥、道路硅酸盐水泥及指定采用本方法的其他品种水泥。

2. 仪器设备

仪器设备有水泥净浆搅拌机；标准法维卡仪[滑动部分的总质量为（300±1）g，与试杆、试针连接的滑动杆表面应光滑，能依靠重力自由下落，不得有紧涩和旷动现象]；试模；平板玻璃底板；标准稠度测定用试杆[有效长度（50±1）mm，直径为（10±0.05）mm]；沸煮箱；量水器、天平。

3. 试样制备

水泥试样应充分拌匀，通过 0.9mm 方孔筛并记录筛余物情况，但要防止过筛混进其他水泥。实验室的温度为（20±2）℃，相对湿度大于 50%。

4. 试验步骤

水泥标准稠度用水量试验步骤如下：

1）水泥净浆拌制：将搅拌锅固定在搅拌机锅座上，并升至搅拌位置，启动搅拌机，先将拌和水倒入搅拌锅内，然后在 5～10s 内小心将称好的 500g 水泥加入水中拌和，低速搅拌 120s，停拌 15s，接着快速搅拌 120s 后停机。

2）标准稠度用水量的测定——标准法：拌和结束后，立即将拌好的水泥净浆装入已置于玻璃板上的试模内，用小刀插捣，振动数次，刮去多余净浆，抹平后迅速将试模和底板移到试锥下的固定位置上。降低试杆直至与水泥净浆表面接触，拧紧螺丝，1～2s 后突然放松，使试杆垂直自由地沉入水泥净浆中。在试杆停止沉入或释放试杆 30s 时，记录试锥下沉的深度 S(mm)。整个操作应在搅拌后 90s 内完成。以试杆沉入净浆并距底板（6±1）mm 的水泥净浆为标准稠度净浆，其拌和水量为该水泥的标准稠度用水量（P），按水泥质量的百分比计。

当试杆距玻璃板小于 5mm 时，应适当减水，重复水泥浆的拌制和上述过程；若距离大于 7mm 时，则应适当加水，并重复水泥浆的拌制和上述过程。

3）标准稠度用水量的测定——代用法：标准稠度用水量可用调整水量和不变水量两种方法中的任一种测定，采用调整水量法测定标准稠度用水量时，拌和水量应按经验确定加水量；采用不变水量法测定时，拌和水量为 142.5mL，水量精确到 0.5mL。

① 水泥净浆：拌和结束后，立即将拌好的净浆装入锥模内，用小刀插捣，振动数次，刮去多余净浆，抹平后迅速放到试锥下面固定位置上，将试锥降至净浆表面拧紧螺丝 1～2s，然后突然放松让试锥垂直自由沉入净浆中，到试锥停止下沉或释放 30s 时记录试锥下沉深度。整个操作应在 1.5min 内完成。

② 调整水量法：以试锥下沉深度（28±2）mm 时的净浆为标准稠度净浆，其拌和水量为该水泥的标准稠度用水量（P），按水泥质量的百分比计。如下沉深度超出范围需另称量试样，调整水量，重新试验，直到达到（28±2）mm 时为止。

③ 不变水量法：根据测得的试锥下沉深度 S(mm) 按式（1-3）计算标准稠度用水量 P(%)，也可以从仪器上对应标尺读出。

$$P = 33.4 - 0.185S \qquad\qquad (1\text{-}3)$$

当试锥下沉深度 S 小于 13mm 时，应改用调整水量法测定。如调整用水量法与固定用水量测定值有差异时以调整用水量法为准。

1.4.6 水泥胶砂强度检验

1. 试验目的与适用范围

本方法适用于硅酸盐水泥、普通硅酸盐水泥、矿渣硅酸盐水泥、火山灰硅酸盐水泥、粉煤灰硅酸盐水泥和复合硅酸盐水泥、道路硅酸盐水泥以及石灰石硅酸盐水泥的抗压强度和抗折强度的检验。

2. 仪器设备

仪器设备有胶砂搅拌机；胶砂振实台；试模（三联模 40mm×40mm×160mm）；抗折试验机和抗折夹具；抗压试验机和抗压夹具；天平（感量为 1g）；标准养护箱；养护水槽；刮刀。

3. 试样制备

1）成型前将试模擦净，四周的模板与底座的接触面上应涂黄油，紧密装配，防止漏浆，内壁均匀地刷一薄层机油。

2）水泥与标准砂的质量比为 1∶3，水灰比为 0.5。每成型三条试件需称量的材料及用量为：水泥（450±2）g；标准砂（1350±5）g；水（225±1）mL。

3）搅拌：在锅里先加入水，再加入水泥，然后把锅固定在架上，调整至固定位置，立即开动搅拌机。在低速搅拌 30s 后，转动同时将砂子均匀加入。当砂是分级装时，从最粗粒级开始，依次加入，把机器转至高速再拌和 30s。停拌 90s，在停拌中的第一个 15s 内用一个胶皮刮具将叶片和锅壁上的胶砂刮入锅中间。在高速下继续搅拌 60s，停止取下搅拌锅。各个搅拌阶段时间偏差在 ±1s 以内。

4）用振实台成型：胶砂制备后立即进行成型，将空试模和模套固定在振实台上，将搅拌好的胶砂分为两层装入试模，装第一层时，每个槽里约放 300g 胶砂，用大播料器垂直架在模套顶部沿整个模槽将料层播平，接着振实 60 次。再装入第二层胶砂，用小播料器播平，再振实 60 次。振动完毕，取下试模，用刮刀轻轻刮去超高试模部分的胶砂，并将试体表面抹平。然后在试模上作标记或加字条标明试件编号。

4. 试验步骤

（1）试件成型
按试样制备制作成型水泥胶砂试件。
（2）养护
养护目的是为保证水泥的充分水化，并防止干燥收缩开裂。
1）将编号完毕的试模放入标准养护箱，养护温度保持在（20±1）℃，相对湿度不低于 90%，养护箱内箅板必须水平，养护（24±3）h 后取出试模。脱模时要防止试件受损，硬化较慢的试件允许延期脱模，但须记录脱模时间。

2）将脱模后的试件立即放（20±1）℃水中养护，水平放置时刮平面应朝上。试件放在不易腐烂的箅子上，并彼此间保持一定距离，让水与试件的六个面接触，养护期间试件之间间隔或试体上表面的水深不得小于 5mm。每个养护池只养护同类型的水泥试件。最初用自来水装满养护池，随后随时加水，保持适当的恒定水位，不允许在养护期间全部换水。

（3）强度试验

试体龄期是从水泥加水搅拌开始试验时算起。各龄期试件必须在规定的 3d±45min，7d±2h，28d±8h 内进行强度测试。试体从水中取出后，在强度试验前应用湿布覆盖。

1）抗折强度试验：取三个到龄期的试件，擦去试件表面的水分，清除表面杂物，然后将试件成型侧面朝上放入抗折试验机内。试件放入后调整夹具，使杠杆在试件折断时尽可能地接近水平位置。用加荷速度为（50±10）N/s 的速度均匀地将荷载垂直地加在棱柱体相对侧面上，直至折断，保持两个半截棱柱体处于潮湿状态直至抗压试验结束。抗折强度的计算公式为

$$R_f = \frac{1.5 F_f L}{b^3} \tag{1-4}$$

式中：R_f——抗折强度（MPa）；

$\quad\quad F_f$——破坏荷载（N）；

$\quad\quad L$——支撑圆柱之间的距离（mm）；

$\quad\quad b$——棱柱体正方形截面的边长（mm）。

2）抗压强度试验：抗折试验后的六个断块应立即进行抗压试验，抗压试验必须用抗压夹具进行，试验体受压面为试件成型时的两个侧面，面积为 40mm×40mm。试验时以半截棱柱体的侧面作为受压面，试体的底面靠近夹具定位销，并使夹具对准压力机压板中心。压力机加荷速度应控制在（2400±200）N/s 的速度均匀地加荷直至破坏。

抗压强度按式（1-5）计算：

$$R_c = \frac{F_c}{A} \tag{1-5}$$

式中：R_c——抗压强度（MPa）；

$\quad\quad F_c$——破坏时的最大荷载（N）；

$\quad\quad A$——受压部分面积（mm²）。

5. 结果整理

1）抗折强度的评定：以一组三个棱柱体抗折强度结果的平均值作为试验结果。当三个强度值中有超出平均值±10%时，应予剔除，并以其余强度值的算术平均值作为抗折强度试验结果。

2）抗压强度的评定：以一组三个棱柱体上得到的六个抗压强度测定值的算术平均

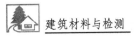

值作为试验结果。如六个测定值中有一个超出六个平均值的±10%，应剔除此值，以剩下五个的平均值为结果，如五个测定值中再有超过它们平均值±10%的，则此组试验作废。

1.5 其他水泥品种

世界各国对通用水泥品种的划分都是以水泥中混合材料品种变化和掺加量多少来规定的。这是由于混合材料品种和掺加量的变化，会对水泥的性能产生影响。同一种混合材料的掺量对水泥性能的影响是渐变的，同时不同种类的混合材料对水泥性能的影响在品质内涵或影响程度上又存在较大的差别，所以可以掺入不同特性的混合材料来调整硅酸盐水泥的性能，使得硅酸盐水泥具有更广泛的性能特点和更广泛的适用范围。

水泥工业所使用的混合材料品种很多，通常按照它的性质分为活性和非活性两大类。凡是天然的或人工的矿物质材料，磨成细粉，加水后本身不硬化（或有潜在水硬活性），但与激发剂混合并加水拌和后，不但能在空气中而且能在水中继续硬化者，称为活性混合材料。

按照成分和特性的不同，活性混合材料可分为各种工业炉渣（粒化高炉矿渣、钢渣、化铁炉渣、磷渣等）、火山灰质混合材料和粉煤灰三大类，它们的活性指标均应符合有关的国家标准或专业标准。

非活性混合材料是指活性指标达不到活性混合材料要求的矿渣、火山灰材料、粉煤灰，以及石灰石、砂岩、生页岩等材料。一般对非活性混合材料的要求是对水泥性能无害。有些非活性混合材料仅起填充作用，如砂岩；有些非活性混合材料不仅起填充作用，还可以与水泥熟料的组分反应，生成物起稳定作用，可提高水泥石早期强度。

1. 掺混合材料硅酸盐水泥的组分

掺混合材料硅酸盐水泥的组分应符合表 1-3 中的规定。

2. 掺混合材料硅酸盐水泥性质

（1）混合材料对水泥性能的影响

1）矿渣混合材料掺量与水泥性能的关系：矿渣硅酸盐水泥（简称为矿渣水泥）是由硅酸盐水泥熟料、粒化高炉矿渣和适量石膏磨细组成，代号 P.S。其中粒化高炉矿渣掺加量按质量百分比计为 >20% 且 ≤70%，可分为 A 型和 B 型。允许用石灰石、窑灰、粉煤灰和火山灰质混合材料中的一种材料代替矿渣，代替数量不得超过水泥质量的 8%，替代后水泥中粒化高炉矿渣不得少于 20%。

掺加矿渣混合材料对于混合粉磨和分别粉磨的变化规律一致，如图 1-3 和图 1-4 所示。3d、7d 抗压强度，随掺量增加呈明显下降趋势，只是在掺量大于 50% 后，强度下降幅度略微缓和；而 28d 抗压强度，随掺量增加呈下降趋势，但掺量大于 35% 后强度下降幅度更为明显，矿渣掺量大于 50% 后性能变化加剧。

2）粉煤灰掺量与水泥性能关系：粉煤灰硅酸盐水泥（简称为粉煤灰水泥）是由硅

酸盐水泥熟料和粉煤灰、适量石膏磨细组成，代号 P.F。水泥中粉煤灰掺加量按质量百分比计为 20%～40%。这个范围内水泥性能开始呈现有规律的变化，变化幅度随粉煤灰不同有明显差别，粉煤灰掺量大于 40% 后性能变化加剧，如图 1-5 和图 1-6 所示。

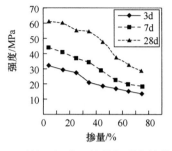

图 1-3 矿渣（混磨）掺量与强度的关系

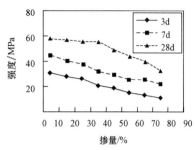

图 1-4 矿渣（分磨）掺量与强度的关系

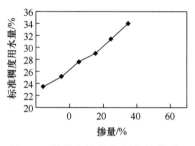

图 1-5 粉煤灰掺量与稠度的关系

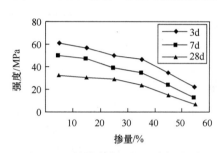

图 1-6 粉煤灰掺量与强度的关系

3）火山灰掺量与性能关系：火山灰质硅酸盐水泥（简称为火山灰水泥）是由硅酸盐水泥熟料和火山灰质混合材料、适量石膏磨细组成，代号 P.P。水泥中火山灰质混合材料掺加量按质量计为>20%且≤40%。火山灰质硅酸盐水泥强度随火山灰掺量的增加而呈明显下降趋势；标准稠度用水量随掺量的增加而呈线性增大，如图 1-7 和图 1-8 所示。

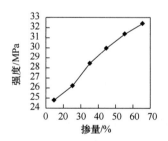

图 1-7 火山灰掺量与强度的关系

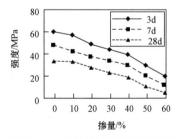

图 1-8 火山灰掺量与稠度的关系

当火山灰掺量小于 20% 时，水泥性能随火山灰不同变化规律不尽相同，但绝大多数性能变化相对属于小幅波动；当火山灰掺量在 20%～40% 时，水泥性能开始呈现有规律的变化，变化幅度随火山不同有明显差别。火山灰掺量大于 40% 后性能变化加剧。

矿渣硅酸盐水泥、火山灰质硅酸盐水泥、粉煤灰硅酸盐水泥、复合硅酸盐水泥的强度等级均分为 32.5、32.5R、42.5、42.5R、52.5、52.5R 六个等级。矿渣硅酸盐水泥、火山灰质硅酸盐水泥、粉煤灰硅酸盐水泥、复合硅酸盐水泥各强度等级各龄期的强度等级值不得低于表 1-6 所示的《通用硅酸盐水泥》（GB 175—2007）强度指标技术标准各龄期的强度要求。

表 1-6　通用硅酸盐水泥强度指标技术标准（GB 175—2007）

品　　种	强度等级	抗 压 强 度/MPa		抗 折 强 度/MPa	
		3d	28d	3d	28d
矿渣硅酸盐水泥	32.5	≥10.0	≥32.5	≥2.5	≥5.5
火山灰硅酸盐水泥	32.5R	≥15.0		≥3.5	
粉煤灰硅酸盐水泥	42.5	≥15.0	≥42.5	≥3.5	≥6.5
	42.5R	≥19.0		≥4.0	
复合硅酸盐水泥	52.5	≥21.0	≥52.5	≥4.0	≥7.0
	52.5R	≥23.0		≥4.5	

注：R——早强型。

（2）掺混合材料硅酸盐水泥的特性

矿渣水泥、火山灰水泥及粉煤灰水泥都是在硅酸盐水泥熟料的基础上掺入较多的活性混合料，再加上适量石膏共同磨细制成的。化学指标应符合《通用硅酸盐水呢》（GB 175—2007）化学指标技术标准，如表 1-7 所示。由于活性混合料的掺入量较多，且活性混合料的化学成分基本相同，它们具有一些相似的性质，但又由于不同混合料结构上的不同，它们相互之间又具有一些不同的特性。

表 1-7　通用硅酸盐水泥化学指标技术标准（GB 175—2007）

品　　种	代号	不溶物（质量分数）	烧失量（质量分数）	三氧化硫（质量分数）	氧化镁（质量分数）	氯离子质量分数
矿渣硅酸盐水泥	P.S.A	—	—	≤4.0	≤6.0	≤0.06
	P.S.B	—	—		—	
火山灰质硅酸盐水泥	P.P	—	—	≤3.5	≤6.0	
粉煤灰硅酸盐水泥	P.F	—	—			
复合硅酸盐水泥	P.C	—	—			

注：如果水泥压蒸试验合格，则水泥中氧化镁的含量（质量分数）允许放宽至 6.0%。

如果水泥中氧化镁的含量（质量分数）大于 6.0%时，需进行水泥压蒸安定性试验并合格；当有更低要求时，该指标由买卖双方协商确定。矿渣硅酸盐水泥、火山灰质硅酸盐水泥、粉煤灰硅酸盐水泥和复合硅酸盐水泥细度以筛余表示，80μm 方孔筛筛余不大于 10%或 45μm 方孔筛筛余不大于 30%。

1）掺量混合材料硅酸盐水泥的共性：早期强度低，后期强度高，特别适合蒸汽养护；抗腐蚀能力强，抗碳化能力差；水化放热速度慢，放热量少。

2）掺量混合材料硅酸盐水泥的个性。

① 矿渣硅酸盐水泥：耐热性好，可用于耐热混凝土工程，如制作冶炼车间、锅炉房等高温车间的受热构件和窑炉外壳等；标准稠度需水量较大，矿渣水泥中混合材料掺

量较多，且磨细粒化高炉矿渣有尖锐棱角，所以矿渣水泥的标准稠度需水量较大，但保持水分的能力较差，泌水性较大，故矿渣水泥的干缩性较大；如养护不当，就易产生裂纹。因此，矿渣水泥的抗冻性、抗渗性和抵抗干湿交替循环的性能均不及普通硅酸盐水泥。

② 火山灰质硅酸盐水泥：抗渗性好，当处在潮湿环境或水中养护时，火山灰质硅酸盐水泥中的活性混合材料吸收石灰而产生膨胀胶化作用，并且形成较多的水化硅酸钙凝胶，使水泥石结构致密，因此有较高的紧密度和抗渗性，宜用于抗渗要求较高的工程。同时，此种水泥需水量大、收缩大、抗冻性差、抗碳化能力差。

③ 粉煤灰硅酸盐水泥：因为粉煤灰内比表面积较小，吸附水的能力较小，粉煤灰本身又是球体，需水量小，故干缩性小、抗裂性较高；抗冻性较差，并随粉煤灰掺量的增加而降低；同时，因为粉煤灰水泥石中碱度较低，故抗碳化性能较差；制品表面易产生收缩裂纹，施工时应予注意。

3. 其他品种水泥

（1）道路硅酸盐水泥

道路硅酸盐水泥（简称为道路水泥）是指以道路硅酸盐水泥熟，0~10%活性混合材料和适量石膏磨细制成的水硬性胶凝材料。道路水泥中 C_3A 含量不大于 5.0%，C_4AF 含量不小于 16.0%，游离 CaO 含量不大于 1.0%。

1）技术性质：各交通等级路面所使用水泥的技术性能要求符合表 1-8 的规定。

表 1-8　各交通等级路面所使用水泥的技术性能要求

水 泥 性 能	特重、重交通路面	中、轻交通路面
出磨时安定性	雷氏夹或蒸煮法检验必须合格	蒸煮法检验必须合格
初凝时间	不早于 1.5h	不早于 1.5h
终凝时间	不迟于 10h	不迟于 10h
耐磨性	不得≥3.6	不得≥3.6

2）工程应用：道路硅酸盐水泥强度较高，特别是抗折强度高、耐磨性好、干缩率低，抗冲击性、抗冻性和抗硫酸盐侵蚀能力比较好。它适用于水泥混凝土路面、机场跑道、车站及公共广场等工程的面层混凝土中。

（2）中热硅酸盐水泥和低热矿渣硅酸盐水泥

中热硅酸盐水泥（简称为大坝水泥）是指由适当成分的硅酸盐水泥熟料，加入适量石膏，磨细制成的具有中等水化热的水硬性胶凝材料。低热矿渣硅酸盐水泥是指由适当成分的硅酸盐水泥熟料，加入矿渣、适量石膏，磨细制成的具有低水化热的水硬性胶凝材料，简称为低热矿渣水泥。

中热水泥和低热水泥通过限制水泥熟料中水化热大的铝酸三钙和硅酸三钙的含量，来控制降低水化热。

大坝水泥主要适用于要求水化热较低的大坝和大体积混凝土工程。

（3）快硬硅酸盐水泥

凡以硅酸盐水泥熟料和适量石膏磨细制成，以 3d 抗压强度表示标号的水硬性胶凝材料称为快硬硅酸盐水泥，简称为快硬水泥。

快硬硅酸盐水泥的组成特点是 C_3S 和 C_3A 含量高、石膏掺量较多，具有早期强度增进率高的特点。其 3d 抗压强度可达到强度等级，后期强度仍有一定增长，因此快硬硅酸盐水泥适用于紧急抢修工程和冬季施工工程。快硬硅酸盐水泥用于制造预应力钢筋混凝土或混凝土预制构件，可提高早期强度，缩短养护期，加快周转，但不宜用于大体积工程。快硬水泥的缺点是干缩率较大，容易吸湿降低温度，贮存期超过一个月，须重新检验。

（4）抗硫酸盐硅酸盐水泥

以硅酸钙为主的特定矿物组成的熟料，加入适量石膏，磨细制成的具有一定抗硫酸盐侵蚀性能的水硬性胶凝材料，简称抗硫酸盐水泥。

抗硫酸盐硅酸盐水泥要求熟料中 C_3S 小于 50%，C_3A 小于 5%，C_3A 和 C_4AF 的总含量小于 22%。抗硫酸盐硅酸盐水泥除具有抗硫酸盐侵蚀的特点外，而且水化热低，故其适用于一般受硫酸盐侵蚀的海港、水利、地下隧道、引水、道路和桥涵基础等工程。

（5）铝酸盐水泥

铝酸盐水泥是指以石灰岩和矾土为主要原料，配制成适当成分的生料，烧至全部或部分熔融所得以铝酸钙为主要矿物的熟料，经磨细而成的水硬性胶凝材料。

铝酸盐水泥的特点是早期强度增长快，强度高，主要用于紧急抢修和早期强度要求高的工程、冬季施工的工程。同时铝酸盐水泥具有较高的抵抗矿物水和硫酸盐侵蚀的能力，也具有较高的耐热性，因此也适用于处于海水或其他侵蚀介质作用的重要工程，以及制作耐热混凝土、制造膨胀水泥等。在使用铝酸盐水泥时，应避免与硅酸盐水泥混合使用，否则会造成水泥石的强度降低。

（6）膨胀水泥

膨胀水泥在凝结硬化的过程中生成适量膨胀性水化产物，故在凝结硬化时体积不收缩或微膨胀。膨胀水泥由强度组分和膨胀组分组成。按水泥的主要组成（强度组分）其可分为硅酸盐型膨胀水泥、铝酸盐型膨胀水泥和硫铝酸盐型膨胀水泥。膨胀值大的又称为自应力水泥。

膨胀水泥主要用于收缩补偿混凝土工程，防水砂浆和防水混凝土、构件的接缝、接头、结构的修补、设备机座的固定等。自应力水泥是一种主要用于自应力钢筋混凝土压力管，且在水化过程中体积产生膨胀的水泥。它通常由胶凝材料和膨胀剂混合而成，常用于水泥混凝土路面、机场道面或桥梁修补混凝土；还可在越江隧道或山区隧道用于配制防水混凝土、自应力混凝土及堵漏工程、修补工程等。

（7）白色硅酸盐水泥

白色硅酸盐水泥的组成、性质与硅酸盐水泥基本相同，所不同的是在配料和生产过程中忌铁质等着色物质，所以为白色。

白色水泥初凝时间不得早于 45min，终凝时间不得迟于 12h；体积安定性（沸煮法）合格；划分为 32.5、42.5、52.5、62.5 四个标号；白度分为特级、一级、二级、三级。此外还根据标号和白度等级将产品划分为优等品、一等品、合格品。

白色硅酸盐水泥中加适量耐碱颜料即得彩色硅酸盐水泥。两者均用于装饰用白色或彩色灰浆、砂浆和混凝土，如人造大理石、水磨石、斩假石等。

【小结】

本章以通用硅酸盐水泥六个水泥品种为学习重点。应掌握硅酸盐水泥熟料的矿物组成及其特点，了解水泥水化反应及水化产物，了解水泥石的腐蚀方式及防止措施，熟悉六个水泥品种的共同特点以及不同点，能运用所学知识，根据工程要求及所处环境正确选择合理水泥品种。一般了解其他品种水泥的特点及应用。

【思考与练习】

1. 水泥按性能和用途分为哪几类？主要有什么代表品种？

2. 硅酸盐水泥熟料的矿物组成有哪些？各自特点如何？

3. 硅酸盐水泥的凝结硬化过程如何？

4. 何谓水泥安定性？引起水泥安定性不良的原因有哪些？国家标准是如何规定的？

5. 水泥强度等级如何表示？采用什么方法来判断？

6. 水泥石腐蚀的原因是什么？采取什么的措施可以防止水泥石腐蚀？

7. 与硅酸盐水泥相比较，矿渣水泥、火山灰水泥、粉煤灰水泥的特点有何不同？分析这几种水泥的应用范围。

8. 水泥强度计算练习。

第2章
砂石集料

教学目标	1. 了解砂石集料的种类、主要特点和应用。
	2. 熟悉建设用砂石的质量标准。
	3. 掌握砂石的主要技术性能和指标以及检测方法。

2.1 砂石集料概述

砂石集料是指用于拌和混凝土的天然岩石颗粒，包括由天然岩石自然风化而成的卵石、砂砾石集料，以及经开采和轧制得到的碎石集料。砂石集料是建筑工程中用量最大的一类材料。准确地认识、合理地选择和使用这类材料，对于保证工程质量有着不可忽视的重要意义。

2.1.1 砂石集料种类

按粒径，砂石集料分为粗集料和细集料两大类。依据有关技术标准，水泥混凝土中粒径大于 4.75mm 的集料为粗集料，小于 4.75mm 的集料为细集料；沥青混合料中粒径大于 2.36mm 的集料为粗集料，小于 2.36mm 的集料为细集料。

按来源，砂石集料分为天然集料和人工集料两种。天然岩石经自然风化、磨蚀、水流搬运、分选堆积而形成的岩石颗粒，即为天然集料，其包括卵石和天然砂。将天然岩石、卵石或矿山废石经机械破碎制备而成的岩石颗粒，则为人工集料，其包括碎石和机制砂。

2.1.2 砂石集料的主要特点和应用

普通混凝土中的粗集料有卵石和碎石两种。卵石又称为砾石，是由天然岩石经自然风化而成的岩石颗粒。按其产源不同，其可分为河卵石、海卵石及山卵石三种。山卵石杂质含量多，使用时需冲洗；海卵石中常混有不坚固的贝壳；河卵石表面光滑，少棱角，比较洁净，级配良好，且产地分布广，是普通混凝土常用的粗集料。碎石是由天然岩石经破碎、筛分而成的岩石颗粒。碎石表面粗糙、多棱角，与水泥石黏结牢固，且较为洁净，也是普通混凝土特别是高强混凝土的首选集料。

细集料有天然砂和机制砂两种。天然砂是由天然岩石经自然风化、水流搬运和分选、堆积形成的岩石颗粒，按产地分为河砂、山砂和海砂。河砂颗粒表面圆滑，比较洁净，质地较好；山砂颗粒表面粗糙有棱角，含泥量和含有机杂质较多；海砂具有河砂的特点，但因为产源地的不同常混有贝壳、碎片和盐分等有害杂质。建筑工程上多用河砂，如采用海砂和山砂必须做技术检验。机制砂是由天然岩石机械破碎、筛分制成的岩石颗粒。机制砂表面多棱角，比较洁净，但级配较差，且生产成本较高。

2.1.3　砂石集料的验收、运输和堆放

使用单位应按砂石的产地、类别、规格分批验收。用大型工具（如火车、货船或汽车）运输的，以 400m³ 或 600t 为一验收批；用小型工具（如拖拉机等）运输的，以 200m³ 或 300t 为一验收批；不足上述数量者以一批论。生产厂家和供货单位应提供产品合格证及质量检验报告。

每验收批砂石至少应进行颗粒级配、含泥量、泥块含量检验。对于碎石或卵石，还应检验针片状颗粒含量；对于海砂或有氯离子污染的砂，还应检验其氯离子含量；对于海砂，还应检验贝壳含量；对于机制砂，还应检验石粉含量。对于重要工程或特殊工程，应根据工程要求增加检测项目。对其他指标的合格性有怀疑时，应予以检验。

砂或石在运输、装卸和堆放过程中，应防止颗粒离析、混入杂质，并应按产地、种类和规格分别堆放。碎石或卵石的堆料高度不宜超过 5m，对于单粒级或最大粒径不超过 20mm 的连续粒级，其堆料高度可增加到 10m。

2.2　砂的主要技术性能和质量标准

按国家标准《建设用砂》（GB/T 14684—2011）的规定，建设用砂按其技术要求分为Ⅰ类、Ⅱ类和Ⅲ类。Ⅰ类砂宜用于强度等级大于 C60 的混凝土，Ⅱ类砂宜用于强度等级 C30～C60 及有抗冻、抗渗或其他要求的混凝土，Ⅲ类砂宜用于强度等级小于 C30 的混凝土和建筑砂浆。建设用砂的技术性能包含颗粒级配、含泥量、石粉含量、泥块含量、有害物质、坚固性、碱集料反应、含水率等方面，这些技术性能在国家标准中有明确要求。

2.2.1　颗粒级配

颗粒级配简称为级配，是指大小不同粒径的砂颗粒搭配的比例关系。级配良好的砂，其空隙率较小，能够获得更为密实的混凝土。

砂的级配采用筛分试验的方法确定。称取 500g 砂试样，置于标准筛上，标准筛是由孔径分别为 4.75mm、2.36mm、1.18mm、600μm、300μm、150μm 的方孔筛组成，经摇筛，称量各号筛上的质量（称为筛余量），计算各号筛上的分计筛余率，计算各号筛上的累计筛余率，最终确定砂的级配状况。

1. 筛余量

各号筛的筛余质量反映大于该号筛孔尺寸到小于上一级筛孔尺寸的砂颗粒的质量。

2. 分计筛余率

各号筛的分计筛余率是指各号筛的筛余量除以砂试样总质量的百分率，其计算公式为

$$a_i = \frac{m_i}{M} \times 100 \qquad (2\text{-}1)$$

式中：a_i——某号筛的分计筛余率（%）；

m_i——某号筛的筛余量（g）；

M——砂试样的总质量（g）。

3. 累计筛余率

各号筛的累计筛余率是指该号筛及大于该号筛的各号筛的分计筛余率之和，其计算公式为

$$A_i = a_1 + a_2 + a_3 + \cdots + a_i \qquad (2\text{-}2)$$

式中：A_i——某号筛的累计筛余率（%）；

a_1、a_2、a_3、$\cdots$、a_i——4.75mm、2.36mm、$\cdots$，i 号筛的分计筛余率（%）。

砂的分计筛余量和累计筛余量之间的关系如表 2-1 所示。

表 2-1 砂的分计筛余率、累计筛余率之间的关系

筛孔尺寸	筛余量/g	分计筛余率/%	累计筛余率/%
4.75mm	m_1	$a_1 = m_1/M$	$A_1 = a_1$
2.36mm	m_2	$a_2 = m_2/M$	$A_2 = a_1 + a_2$
1.18mm	m_3	$a_3 = m_3/M$	$A_3 = a_1 + a_2 + a_3$
600μm	m_4	$a_4 = m_4/M$	$A_4 = a_1 + a_2 + a_3 + a_4$
300μm	m_5	$a_5 = m_5/M$	$A_5 = a_1 + a_2 + a_3 + a_4 + a_5$
150μm	m_6	$a_6 = m_6/M$	$A_6 = a_1 + a_2 + a_3 + a_4 + a_5 + a_6$

按 600μm 方孔筛的累计筛余率，砂的级配分为 1 区、2 区和 3 区，每一区的砂应符合表 2-2 的规定。

表 2-2 砂的颗粒级配

砂分类	天然砂			机制砂		
级配区	1 区	2 区	3 区	1 区	2 区	3 区
方筛孔	累计筛余/%					
4.75mm	10~0	10~0	10~0	10~0	10~0	10~0
2.36mm	35~5	25~0	15~0	35~5	25~0	15~0
1.18mm	65~35	50~10	25~0	65~35	50~10	25~0
600μm	85~71	70~41	40~16	85~71	70~41	40~16
300μm	95~80	92~70	85~55	95~80	92~70	85~55
150μm	100~90	100~90	100~90	97~85	94~80	94~75

2.2.2 粗细程度

砂的粗细程度是指不同粒径的砂颗粒混合在一起时的总体粗细程度，采用细度模数

表征。细度模数的计算公式为

$$M_x = \frac{(A_2 + A_3 + A_4 + A_5 + A_6) - 5A_1}{100 - A_1}$$ （2-3）

式中：M_x——砂的细度模数；

A_1、A_2、A_3、A_4、A_5——4.75mm、2.36mm、1.18mm、600μm、300μm、150μm
筛的累计筛余百分率。

砂按细度模数分为粗砂、中砂、细砂三种规格，即

1）M_x=3.7～3.1 为粗砂。

2）M_x=3.0～2.3 为中砂。

3）M_x=2.2～1.6 为细砂。

细度模数越大，说明细集料越粗。细度模数虽能表示砂的粗细程度，但不能完全反映出砂的颗粒级配情况，因为相同的细度模数的砂可能有不同的颗粒级配。因此，表征砂的颗粒性质必须同时使用细度模数和级配两个指标。

2.2.3 砂的含泥量、石粉含量和泥块含量

天然砂中含有泥和泥块，自身强度低，属于软弱颗粒，同时泥颗粒细小，易吸附在水泥石与集料的界面，影响黏结牢度，增加混凝土拌和用水量，降低混凝土的强度和耐久性。

含泥量是指天然砂中粒径小于 75μm 颗粒的含量；泥块含量是指天然砂中粒径大于 1.18mm，经水洗、手捏后变成小于 600μm 的颗粒的含量，其含量应符合表 2-3 的规定。

表 2-3　天然砂的含泥量和泥块含量

类别	I	II	III
含泥量（质量分数，≤）/%	1.0	3.0	5.0
泥块含量（质量分数，≤）/%	0	1.0	2.0

机制砂中含有石粉和泥块。石粉是砂中粒径小于 75μm 的天然岩石小颗粒。由于颗粒细小，可弥补机制砂因表面形状和特征引起的不足，改善砂的级配状况，对混凝土有一定的有利影响。机制砂中石粉的含量和泥块的含量应符合表 2-4 和表 2-5 的规定。

表 2-4　机制砂的石粉含量和泥块含量（MB 值≤1.4 或快速法试验合格）

类别	I	II	III
MB 值	≤0.5	≤1.0	≤1.4 或合格
石粉含量（质量分数，≤）/%	1.0		
泥块含量（质量分数，≤）/%	0	1.0	2.0

表 2-5　机制砂的石粉含量和泥块含量（MB 值>1.4 或快速法试验不合格）

类别	I	II	III
石粉含量（质量分数，≤）/%	1.0	3.0	5.0
泥块含量（质量分数，≤）/%	0	1.0	2.0

2.2.4 有害物质

砂中会存在一些不坚实的颗粒，有些物质自身强度低属于软弱颗粒，有些物质化学稳定性差，易受环境因素影响发生化学反应，产生体积膨胀性破坏。砂中有害物质主要包括云母、轻物质、有机物、硫化物和硫酸盐、氯盐等。

云母是砂中常见的矿物，呈薄片状，极易分裂和风化，会影响混凝土的和易性和强度。轻物质的体积密度小，一般小于 $2000kg/m^3$，其自身强度较低。有机物主要是指天然砂中混杂的动植物的腐殖质或腐殖土等，这些物质会减缓水泥水化反应，影响混凝土的强度。硫化物和硫酸盐会与水泥石中水化产物发生体积膨胀的化学反应，造成水泥石开裂，降低混凝土的强度和耐久性。海砂中氯盐含量容易超标，氯盐引起钢筋锈蚀的主要原因。

国家标准《建设用砂》（GB/T 14684—2011）规定，砂中的有害物质的含量应不超过相应限量，符合表 2-6 的规定。

表 2-6　砂中有害物质限量

类　别	I	II	III
云母(质量分数，≤)/%	1.0	2.0	
轻物质(质量分数，≤)/%	1.0		
有机物	合格		
硫化物及硫酸盐（按 SO_3 质量计≤)/%	0.5		
氯化物(以氯离子质量计，≤)/%	0.01	0.02	0.06
贝壳(质量分数，≤)/%	3.0	5.0	8.0

2.2.5 坚固性

坚固性是指集料在自然风化和其他外界物理化学因素作用下抵抗破裂的能力，采用质量损失百分率表示。砂的坚固性采用硫酸钠溶液浸泡法来检验，将一定规格、质量的砂置于硫酸钠溶液中浸泡，经浸泡烘干循环五次，测其在硫酸钠溶液膨胀作用下的总质量损失率。砂的坚固性应符合表 2-7 的规定。

表 2-7　砂的坚固性指标

类　别	I	II	III
质量损失，≤/%	8		10

2.2.6 表观密度、松散堆积密度、空隙率

表观密度是指材料单位表观体积的质量。国家标准《建设用砂》（GB/T 14684—2011）规定，砂的表观密度应不小于 $2500kg/m^3$。自然状态下，砂呈自然松散堆积状态，其松散堆积密度应不小于 $1400kg/m^3$。空隙率是指砂的空隙体积占砂总体积的百分率。拌和混凝土时，砂的空隙体积由水泥浆填充，选用空隙率较小的砂，能够获得更为密实的混凝土。国家标准《建设用砂》（GB/T 14684—2011）规定，砂的空隙率应不大于44%。

2.2.7 碱集料反应

碱集料反应是指水泥中的碱与集料中的碱活性物质发生的体积膨胀的化学反应。若集料中含有碱活性物质时，应选择低碱水泥。

国家标准《建设用砂》（GB/T 14684—2011）规定，建设用砂石经碱集料反应试验，试件应无裂缝、酥裂、胶体外溢等现象，且在规定的试验龄期内膨胀率应小于 0.10%。

2.2.8 含水率

集料的含水率会随着自然环境的变化而呈现不同的含水状态，即干燥状态、气干状态、饱和面干状态和湿润状态，如图 2-1 所示。

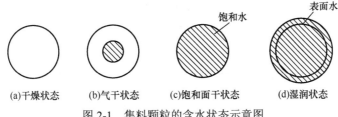

(a)干燥状态　　(b)气干状态　　(c)饱和面干状态　　(d)湿润状态

图 2-1　集料颗粒的含水状态示意图

干燥状态是指集料内部不含水或接近于完全不含水状态；气干状态是指集料内部含有的水分与所处环境的大气湿度达到相对平衡，集料在所处的大气环境中吸收水分与放出水分的量相等，达到动态平衡。此时集料中所含水分占集料干重的百分率，即含水率称为平衡含水率；饱和面干状态是指集料内部孔隙吸收的水分达到吸水饱和状态，而表面没有多余水分的状态；湿润状态是指集料内部吸收水分达到饱和，且表面还附有一层自由水的状态。

以水泥混凝土为例，集料的含水状态影响拌和混凝土的用水量及混凝土的工作性。如果使用干燥或气干状态的集料，在混凝土拌和物，集料将吸收水泥浆中的水分，使混凝土的有效拌和水量减少。而润湿状态的集料，在混凝土拌和中将放出水分，使水泥浆稠度变稀，同样影响拌和混凝土的用水量及其工作性。从理论上讲，使用饱和面干状态的集料，在混凝土中既不会吸收水分，也不会放出水分，于是可以准确控制拌和混凝土的用水量，但实际施工中很难将集料处理成饱和面干状态。

对于较坚固密实的集料，气干状态的含水率和饱和面干状态下的含水率相差不大，约为 1%左右。所以在试验室试配混凝土时，一般以干燥状态的集料为基准进行配合比计算。在工业与民用建筑工程中，多以气干状态的集料为基准进行配合比设计，而在大型水利工程中多按饱和面干状态的集料为基准来设计混凝土的配合比。

2.3　石的主要技术性能和质量标准

按国家标准《建设用卵石、碎石》（GB/T 14685—2011）的规定，建设用石分为卵石和碎石两大类，按其技术要求其可分为Ⅰ类、Ⅱ类和Ⅲ类。Ⅰ类石宜用于强度等级大于 C60 的混凝土，Ⅱ类石宜用于强度等级 C30～C60 及有抗冻、抗渗或其他要求的混凝土，Ⅲ类石宜用于强度等级小于 C30 的混凝土。建设用石的技术性能与建设用砂的技术性能基本相同，除颗粒级配、含泥量和泥块含量、有害物质、坚固性、碱集料反应、含水率外，还包括针片状颗粒含量及强度。所有技术性能在国家标准《建设用卵石、碎石》（GB/T 14685—2011）中有明确要求。

2.3.1 颗粒级配

石的级配与砂类似，也是采用筛分试验的方法确定。所采用的标准筛是由孔径分别为 2.36mm、4.75mm、9.50mm、16.0mm、19.0mm、26.5mm、31.5mm、37.5mm、53.0mm、63.0mm、75.0mm 和 90mm 共 12 个方孔筛组成，经摇筛、称量筛余量、计算分计筛余率和累计筛余率，来确定石的级配状况。

石的级配按供应情况可分为连续粒级和单粒粒级，按实际使用情况又可分为连续级配和间断级配两种。石的级配应符合表 2-8 的规定。

表 2-8　卵石、碎石的颗粒级配

公称粒级/mm		累计筛余/%											
		方孔筛/mm											
		2.36	2.45	9.50	16.0	19.0	26.5	31.5	37.5	53.0	63.0	75.0	90
连续粒级	5～16	95～100	85～100	30～60	0～10	0	—	—	—	—	—	—	—
	5～20	95～100	90～100	40～8	—	8～10	0	—	—	—	—	—	—
	5～25	95～100	90～100	—	30～70	—	0～5	0	—	—	—	—	—
	5～31.5	95～100	90～100	70～90	—	15～45	—	0～5	0	—	—	—	—
	5～40	—	95～100	70～90	—	30～65	—	—	0～5	0	—	—	—
单粒粒级	5～10	95～100	80～100	0～15	0	—	—	—	—	—	—	—	—
	10～16	—	95～100	80～100	0～15	—	—	—	—	—	—	—	—
	10～20	—	95～100	85～100	—	0～15	0	—	—	—	—	—	—
	16～25	—	—	95～100	55～70	25～40	0～10	—	—	—	—	—	—
	16～31.5	—	95～100	—	85～100	—	—	0～10	0	—	—	—	—
	20～40	—	—	95～100	—	80～100	—	—	0～10	0	—	—	—
	40～80	—	—	—	—	95～100	—	—	70～100	—	30～60	0～10	0

连续粒级的石，其颗粒从大到小连续分级，每一级都有适当颗粒。天然的卵石和机械破碎得到的碎石都属于连续粒级的石，其大小颗粒搭配连续合理，用于配制的混凝土和易性良好，且不易发生离析现象，在工程中普遍使用。单粒粒级的石不单独使用，一般掺配到连续粒级石子中，以改善石子的级配或配合成较大粒度的连续粒级。间断级配是一种人工级配，通过人为作用，将连续级配石子中某一个粒级或某几个中间粒级的石子去除掉，大颗粒的空隙直接由小几个粒级的小颗粒填充，以获得更为密实的混凝土结构。

2.3.2　含泥量和泥块含量

石的含泥量是指粒径小于 75μm 的颗粒含量；石的泥块含量是指卵石或碎石中原粒径大于 4.75mm，经水浸洗、手捏后小于 2.36mm 的颗粒含量。卵石、碎石中的含泥量和泥块含量应符合表 2-9 的规定。

表 2-9　卵石、碎石的含泥量和泥块含量

类别	I	II	III
含泥量(质量分数，≤)/%	0.5	1.0	1.5
泥块含量(质量分数，≤)/%	0	2.0	0.5

2.3.3　针片状颗粒含量

针片状颗粒含量是指石子中细长的针状颗粒与扁平的片状颗粒占集料总质量的百分率。针状颗粒是指颗粒长度大于该颗粒粒级平均粒径 2.4 倍的石子；而石子的厚度小于平均粒径的 0.4 倍时，则称为片状颗粒。平均粒径是指该粒级的上下限粒径的平均值。

针片状颗粒由于过于细长或扁平，在施工或使用过程中易于折断，改变混合料中空隙率及集料间的黏结性能，则影响工程质量。卵石、碎石中的针片状颗粒含量应符合表 2-10 的规定。

表 2-10　卵石、碎石的针片状颗粒含量

类别	I	II	III
针、片状颗粒总含量(质量分数，≤)/%	5	10	15

2.3.4　有害物质

卵石和碎石中有害物质主要是指有机物、硫化物和硫酸盐，这些有害物质含量的高低将影响混凝土拌和物中水泥胶结能力的形成，会影响混凝土的性能。其中，石子中的有害物质含量应不超过表 2-11 的限量。

表 2-11　卵石、碎石中的有害物质限量

类别	I	II	III
有机物	合格	合格	合格
硫化物及硫酸盐(按 SO_3 质量计，≤)/%	0.5	1.0	1.0

2.3.5　坚固性

坚固性是指卵石和碎石在自然风化和其他外界物理化学因素作用下抵抗破裂的能力。石子坚固性的检测与砂相同，也采用硫酸钠溶液浸泡法，经饱和硫酸钠溶液五次浸泡和烘干循环作用，石子的总质量损失率应符合表 2-12 的规定。

表 2-12　卵石、碎石的坚固性指标

类别	I	II	III
质量损失，≤/%	5	8	12

2.3.6　强度

石子作为混凝土中的粗集料，起骨架作用，要求具有比较高的强度。石子强度的指标有岩石抗压强度和压碎指标两种，其中岩石抗压强度适用于碎石，压碎指标适用于碎石和卵石。

岩石抗压强度是采用碎石母岩加工制作边长为 50mm 的立方体岩石试件，经水中浸泡 48h 后，所测得的抗压强度（MPa）。压碎指标采用压碎指标测定仪检测，即称量一定质量的石试样置于钢制圆模内，经连续加荷至 200kN 后，测得粒径小于 2.36mm 颗粒的质量占试样总质量的百分率。

国家标准《建设用卵石、碎石》（GB/T 14685—2011）规定，石的岩石抗压强度在水饱和状态下，火成岩应不小于 80MPa，变质岩应不小于 60MPa，水成岩应不小于 30MPa。石的压碎指标应符合表 2-13 的规定。

表 2-13　卵石、碎石的压碎指标

类别	I	II	III
碎石压碎指标，≤/%	10	20	30
卵石压碎指标，≤/%	12	14	16

2.3.7　表观密度、连续级配松散堆积空隙率

国家标准《建设用卵石、碎石》（GB/T 14685—2011）规定，卵石、碎石的表观密度应不小于 2600kg/m³。自然状态下，石呈自然松散堆积状态，对于连续级配的石，其松散堆积空隙率应符合表 2-14 的规定。

表 2-14　卵石、碎石连续级配松散堆积空隙率

类别	I	II	III
空隙率，≤/%	43	45	47

2.4　砂的主要技术性能检测

2.4.1　砂石取样与缩分

从料堆上取样时，取样部分应均匀分布，取样前应先将取样部位表层铲除，然后由各部位抽取大致相等的砂 8 份，石子为 16 份，组成各自一组样品。除筛分析外，当其余检验项目存在不合格项目时，应加倍取样进行复验。当复验仍有一项不满足标准要求时，应按不合格品处理。对于每一单项检验项目，砂、石的每组样品取样数量应分别满足表 2-15 和表 2-16 规定。

表2-15　每一项检验项目所需砂的最少取样质量

检验项目	最少取样质量/g
筛分析	4400
表观密度	2600
吸水率	4000
紧密密度和堆积密度	5000
含水率	1000
含泥量	4400

表2-16　每一项检验项目所需碎石或卵石的最小取样质量（单位：kg）

试验项目	最大公称粒径/mm							
	10.0	16.0	20.0	25.0	31.5	40.0	63.0	80.0
筛分析	8	15	16	20	25	32	50	64
表观密度	8	8	8	8	12	16	24	24
吸水率	8	8	16	16	16	24	24	32
含泥量	8	8	24	24	40	40	80	80
紧密密度和堆积密度	40	40	40	40	80	80	120	120
针、片状含量	1.2	4	8	12	20	40	—	—

　　砂的缩分可采用分料器缩分和人工四分法缩分。将样品置于平板上，在潮湿状态下拌和均匀，并堆成厚度约为20mm的"圆饼"状，然后沿相互垂直的两条直径把圆饼分成大致相等的四份，取其对角的两份重新拌匀，在堆成"圆饼"状。重复上述过程，直至把样品缩分后的材料量略多于进行试验所需量为止。碎石或卵石缩分时也是将样品置于平板上，在自然状态下拌匀并堆成锥体，采用四分法经行缩分，直至把样品缩分至试验所需量为止。但砂、碎石或卵石的含水量、堆积密度、紧密密度检验所用的试样，可不经缩分，拌匀后直接进行试验。

2.4.2　砂的筛分析试验

1. 目的与适应范围

　　砂的筛分析试验适用于测定普通混凝土用砂的颗粒级配及细度模数。

2. 仪器设备

　　仪器设备有：烘箱[温度控制范围为（105±5）℃]；天平（称量1000g，感量1g）；试验筛（公称直径为10.0mm、5.00mm、2.50mm、1.25mm、630μm、315μm及160μm的方孔筛各一只，并附有筛底和筛盖）；摇筛机；搪瓷盘，毛刷等。

3. 试验步骤

　　1）取样：用四分法将试样缩分至约1100g，放在烘箱中于（105±5）℃下烘干至恒

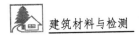

量，待冷却至室温后，筛除大于 10.0mm 的颗粒（并算出其筛余百分率），分为大致相等的两份备用。

2）称取试样 500g，精确至 1g。将试样倒入按孔径大小从上到下组合的套筛（附筛底）上，然后进行筛分。

3）将套筛置于摇筛机上，摇 10min；取下套筛，按筛孔大小顺序再逐个用手筛，筛至每分钟通过量小于试样总量 0.1%为止。通过的试样并入下一号筛中，并和下一号筛中的试样一起过筛，这样顺序进行，直至各号筛全部筛完为止。

4）称出各号筛的筛余量，精确至 1g，试样在各号筛上的筛余量不得超过按式（2-4）计算出的量，否则应将该筛的筛余试样分成两份或数份，再次进行筛分，并以其筛余量之和作为该筛的筛余量。

$$m_t = \frac{A\sqrt{d}}{300} \qquad (2\text{-}4)$$

式中：m_t——某一个筛上的筛余量（g）；

A——筛面面积（mm^2）；

d——筛孔边长（mm）。

5）称取各筛筛余试样的质量（精确至 1g），所以各筛的分计筛余量和底盘中的剩余量之和与筛分前的试样总量相比，相差不得超过 1%。

4. 结果计算与评定

1）计算分计筛余百分率：各号筛上的筛余量除以试样总量的百分率，计算精确至 0.1%。

2）计算累计筛余百分率：该号筛的分计筛余与筛孔大于该筛的各筛的分计筛余之和，精确至 0.1%。筛分后，如每号筛的筛余量与筛底的剩余量之和同原试样质量之差超过 1%时，须重新试验。

3）根据各筛两次试验累计筛余的平均值，评定该试样的颗粒级配分布情况，精确至 1%。

4）砂的细度模数按式（2-5）计算，精确至 0.01。

$$M_x = \frac{(A_{0.15} + A_{0.3} + A_{0.6} + A_{1.18} + A_{2.36}) - 5A_{4.75}}{100 - A_{4.75}} \qquad (2\text{-}5)$$

式中：M_x——砂的细度模数；

$A_{0.15}$、$A_{0.3}$、…、$A_{4.75}$——0.15mm、0.3mm、…、4.75mm 各筛上的累计筛余百分率。

5）累计筛余百分率取两次试验结果的算术平均值，精确至 1%。细度模数取两次试验结果的算术平均值，精确至 0.1；当两次试验的细度模数之差超过 0.20 时，须重新试验。

2.4.3 砂的表观密度试验

1. 目的与适应范围

本法适用于测定砂的表观密度。

2. 仪器设备

仪器设备有：烘箱[温度控制在（105±5）℃]；天平（称量 10kg 或 1000g，感量 1g）；容量瓶（500mL）干燥器、搪瓷盘、滴管、毛刷等。

3. 试样制备

将试样缩分至约 650g，装入浅盘，放在温度为（105±5）℃下的烘箱中烘干至恒量，并在干燥器内冷却至室温。

4. 试验步骤

1）称取烘干试样 300g，精确至 1g。将试样装入容量瓶，注入冷开水至接近 500mL 的刻度处，用手旋转摇动容量瓶，使砂样充分摇动，排除气泡，塞紧瓶盖，静置 24h。然后用滴管小心加水至容量瓶 500mL 刻度处，塞紧瓶塞，擦干瓶外水分，称出其质量，精确至 1g。

2）倒出瓶内水和试样，洗净容量瓶，再向容量瓶内注水（应保持前后注入的冷开水的水温相差不超过 2℃，并在 15～25℃范围内）至 500mL 刻度处，塞紧瓶塞，擦干瓶外水分，称出其质量，精确至 1g。

5. 结果计算与评定

砂的表观密度按式（2-6）计算，精确至 $10kg/m^3$。

$$\rho_0 = \left(\frac{G_0}{G_0 + G_2 - G_1} - \alpha_t \right) \times \rho_{水} \qquad (2\text{-}6)$$

式中：ρ_0——表观密度（kg/m^3）；

$\rho_{水}$——水的密度（$1000kg/m^3$）；

G_0——烘干试样的质量（g）；

G_1——试样、水及容量瓶的总质量（g）；

G_2——水及容量瓶的总质量（g）；

α_t——水温对砂的表观密度影响的修正系数。

表观密度取两次试验结果的算术平均值，精确至 $10kg/m^3$；如两次试验结果之差大于 $20kg/m^3$，须重新试验。

2.4.4 砂的堆积密度试验

1. 试验目的与范围

本试验适用于测定砂的堆积密度与空隙率。

2. 仪器设备

仪器设备有：烘箱[温度控制在（105±5）℃]；天平（称量10kg，感量1g）；容量筒（圆柱形金属筒，内径 108mm，净高 109mm，壁厚 2mm，筒底厚约 5mm，容积为 1L）；方孔筛（孔径为 4.75mm 的筛一只）；垫棒（直径 10mm，长 500mm 的圆钢）；直尺、漏斗或料勺、搪瓷盘、毛刷等。

3. 试样制备

先用公称粒径 5.00mm 的筛子过筛，然后用四分法缩分取样，用搪瓷盘装取约 3L，放在温度为（105±5）℃的烘箱中烘干至恒量，取出并冷却至室温，分为大致相等的两份备用。

4. 试验步骤

（1）松散堆积密度

取试样一份，用漏斗或料勺将试样从容量筒中心上方 50mm 处徐徐倒入，让试样以自由落体落下，当容量筒上部试样呈堆体，且容量筒四周溢满时，即停止加料。然后用直尺沿筒口中心线向两边刮平（试验过程应防止触动容量筒），称出试样和容量筒总质量，精确至 1g。

（2）紧密堆积密度

取试样一份分两次装入容量筒。装完第一层后，在筒底垫放一根直径为 10mm 的圆钢，将筒按住，左右交替击地面各 25 下。然后装入第二层，第二层装满后用同样方法颠实（但筒底所垫钢筋的方向与第一层时的方向垂直）后，再加试样直至超过筒口，然后用直尺沿筒口中心线向两边刮平，称出试样和容量筒总质量，精确至 1g。

5. 结果计算与评定

1）松散或紧密堆积密度按式（2-7）计算，精确至 10kg/m³。

$$\rho_1 = \frac{G_1 - G_2}{V} \times 1000 \qquad (2-7)$$

式中：ρ_1——松散堆积密度或紧密堆积密度（kg/m³）；
　　　G_1——容量筒和试样总质量（kg）；
　　　G_2——容量筒质量（kg）；
　　　V——容量筒的容积（L）。

2）空隙率按式（2-8）计算，精确至 1%。

$$V_0 = \left(1 - \frac{\rho_1}{\rho_2}\right) \times 100 \qquad (2-8)$$

式中：V_0——堆积密度的空隙率（%）；
　　　ρ_1——试样的松散（或紧密）堆积密度（kg/m³）；
　　　ρ_2——按下式计算的试样表观密度（kg/m³）。

堆积密度取两次试验结果的算术平均值，精确至 10kg/m³；空隙率取两次试验结果的算术平均值，精确至 1%。

3）容量筒的校准方法：将温度为（20±2）℃的饮用水装满容量筒，用一玻璃板沿筒口推移，使其紧贴水面。擦干筒外壁水分，然后称出其质量，精确至 1g。容量筒容积按式（2-9）计算，精确至 1mL。

$$V=G_1-G_2 \tag{2-9}$$

式中：V——容量筒容积（L）；

$\quad\quad G_1$——容量筒、玻璃板和水的总质量（kg）；

$\quad\quad G_2$——容量筒和玻璃板质量（kg）。

2.4.5　砂的含水率试验

1. 试验目的和范围

试验目的是检测砂的含水率，及以吸水率为基准的饱和面干状态的表面含水率的测定。

2. 仪器设备

仪器设备有：烘箱[温度控制在（105±5）℃]；天平（称量1000g，感量0.1g）；吹风机（手提式，450W）；饱和面干试模；捣棒（重约340g）；干燥器、吸管、搪瓷盘、小勺、毛刷等。

3. 试样制备

将自然潮湿状态下的试样用四分法缩分至约 1100g，拌匀后分为大致相等的两份备用。

4. 试验步骤

称取 500g 试样的质量，精确至 0.1g。将试样倒入已知质量的烧杯中，放在烘箱中于（105±5）℃下烘至恒量。待冷却至室温后，再称出其质量，精确至 0.1g。

5. 结果计算与评定

砂的含水率按式（2-10）计算，精确至 0.1%。

$$w=\frac{m_2-m_1}{m_1}\times100\% \tag{2-10}$$

式中：w——含水率（%）；

$\quad\quad m_2$——烘干前的试样质量（g）；

$\quad\quad m_1$——烘干后的试样质量（g）。

以两次试验结果的算术平均值作为测定值。

2.4.6　砂的含泥量和泥块含量试验

1. 试验目的和范围

本试验适用于测定粗砂、中砂和细砂的含泥量；测定砂中泥块含量。

2. 仪器设备

仪器设备有：烘箱[温度控制在(105±5)℃]；天平（称量1000g，感量0.1g）；方孔筛（孔径为630μm、80μm及1.25mm的筛各一只）；容器（要求淘洗试样时，保持试样不溅出，深度大于250mm）；搪瓷盘，毛刷等。

3. 试样制备

（1）含泥量试样制备

取试样，并将试样缩分至约1100g，然后放在温度为（105±5）℃的烘箱中烘干至恒量，待冷却至室温后，分为大致相等的两份备用。

（2）泥块含量试样制备

将样品取样缩分至约5000g，放在温度为（105±5）℃的烘箱中烘干至恒量，待冷却至室温后，用公称直径1.25mm的方孔筛筛分，取筛上的砂不少于400g分为两份备用。

4. 试验步骤

（1）含泥量试验步骤

1）称取试样500g，精确至0.1g。将试样倒入淘洗容器中，注入清水，使水面高于试样面约150mm，充分搅拌均匀后，浸泡2h，然后用手在水中淘洗试样，使尘屑、淤泥和黏土与砂粒分离，把浑水缓缓倒入1.18mm及75mm的套筛上（1.18mm筛放在75mm筛上面），滤去小于75mm的颗粒。试验前筛子的两面应先用水润湿，在整个过程中应小心防止砂粒流失。

2）再向容器中注入清水，重复上述操作，直至容器内的水目测清澈为止。

3）用水淋洗剩余在筛上的细粒，并将75mm筛放在水中（使水面略高出筛中砂粒的上表面）来回摇动，以充分洗掉小于75mm的颗粒，然后将两只筛的筛余颗粒和清洗容器中已经洗净的试样一并倒入搪瓷盘，放在烘箱中于（105±5）℃下烘干至恒量，待冷却至室温后，称出其质量，精确至0.1g。

（2）泥块含量试验

1）称取试样200g，精确至0.1g。将试样倒入淘洗容器中，注入清水，使水面高于试样面约150mm，充分搅拌均匀后，浸泡24h。然后用手在水中碾碎泥块，再把试样放在600mm筛上，用水淘洗，直至容器内的水目测清澈为止。

2）保留下来的试样小心地从筛中取出，装入浅盘后，放在烘箱中于（105±5）℃下烘干至恒量，待冷却到室温后，称出其质量，精确至0.1g。

5. 结果计算与评定

1）含泥量按式（2-11）计算，精确至0.1%。

$$w_c = \frac{m_0 - m_1}{m_0} \times 100\% \qquad (2\text{-}11)$$

式中：w_c——含泥量（%）；

　　　m_0——试验前烘干试样的质量（g）；

　　　m_1——试验后烘干试样的质量（g）。

含泥量取两个试样的试验结果的算术平均值作为测定值。两次结果之差大于 0.5% 时，应重新取样进行试验。

2）泥块含量按式（2-12）计算，精确至 0.1%。

$$w_{c.L} = \frac{m_1 - m_2}{m_1} \times 100\%　　　　　(2-12)$$

式中：$w_{c.L}$——泥块含量（%）；

　　　m_1——试验前的烘干试样的质量（g）；

　　　m_2——试验后的烘干试样的质量（g）。

泥块含量取两次试验结果的算术平均值，精确至 0.1%。

2.5　石的主要技术性能检测

2.5.1　石的筛分析试验

1. 试验目的和范围

本试验适用于测定碎石或卵石的颗粒级配。

2. 仪器设备

仪器设备有：试验筛（筛孔公称直径为 100.0mm、80.0mm、63.0mm、50.0mm、40.0mm、31.5mm、25.0mm、20.0mm、16.0mm、10.0mm、5.00mm 和 2.50mm 的方孔筛以及筛的底盘和盖各一个，筛框直径为 300mm）；天平和秤（天平的称量 5kg，感量 5g；秤的称量 20kg，感量 20g）；烘箱[温度控制在（105±5）℃]；浅盘。

3. 试样制备

将样品用四分法缩分至表 2-17 中所规定的试样最少质量，并烘干或风干后备用。

表 2-17　筛分析所需试样的最少质量

公称粒径/mm	10.0	16.0	20.0	25.0	31.5	40.0	63.0	80.0
试样最少质量/kg	2.0	3.2	4.0	5.0	6.3	8.0	12.6	16.0

4. 试验步骤

1）将试样按筛孔大小顺序过筛，当每只筛上的筛余层厚度大于试样的最大粒径值时，将该筛上的筛余试样分成两份，再次进行筛分，直至各筛每分钟的通过量不超过试样总量的 0.1%。

2）称取各筛筛余的质量，精确至试样总质量的 0.1%。各筛的分计筛余量和筛底剩余量的总和与筛分前测定的试样总量相比，其相差不得超过 1%。

5. 试验结果

1）计算分计筛余百分率：各号筛上的筛余量除以试样总量的百分率，计算精确至 0.1%。

2）计算累计筛余百分率：该号筛的分计筛余与筛孔大于该筛的各筛的分计筛余之和，精确至 0.1%。

3）根据各筛的累计筛余，评定该试样的颗粒级配。

2.5.2 石中含泥量和泥块含量试验

1. 试验目的和范围

本试验适用于碎石或卵石中的含泥量和泥块含量。

2. 仪器设备

仪器设备有：秤（称量 20kg，感量 20g）；烘箱[温度控制范围为(105±5)℃]；试验筛（筛孔公称直径为 5.00mm，2.50mm，1.25mm 及 80μm 的方孔筛各一只）；容器（容积约为 10L 的瓷盘或金属盒）；浅盘；水筒。

3. 试样制备

将样品缩分至表 2-18 所规定的量（注意防止细粉丢失），并置于温度为（105±5）℃的烘箱内烘干至恒重，冷却至室温后分成两份备用。

表 2-18　含泥量试验所需的试样最少质量

公称粒径/mm	10.0	16.0	20.0	25.0	31.5	40.0	63.0	80.0
试样最少质量/kg	2	2	6	6	10	10	20	20

4. 试验步骤

（1）含泥量试验

1）称取试样一份（m_0）装入容器中摊平，并注入饮用水，使水面高出石子表面 150mm，浸泡 2h 后，用手在水中淘洗颗粒，使尘屑、淤泥和黏土与较粗颗粒分离，并使之悬浮或溶解于水。缓缓地将浑浊液倒入公称直径为 1.25mm 及 80μm 的方孔套筛（1.25mm 筛放置上面）上，滤去小于 80μm 的颗粒。试验前筛子的两面应先用水湿润。在整个试验过程中应注意避免大于 80μm 的颗粒丢失。

2）再次加水与容器，重复上述过程，直至洗后的水清澈为止。

3）用水冲洗剩留在筛上的细粒，并将公称直径为 80μm 的方孔筛放在水中（使水面略高出筛内颗粒）来回摇动，以充分洗除小于 80μm 的颗粒。然后将两只筛上剩留的颗粒和筒中已洗净的试样一并装入浅盘，置于温度为（105±5）℃的烘箱内烘干至恒重，取出冷却至室温后称取试样的质量（m_1）。

（2）泥块含量试验

1）筛余公称粒径 5.00mm 以下颗粒，称取质量（m_1）。

2）将试样在容器中摊平，加入饮用水使水面高出试样表面，24h 后把水放出，用手碾压泥块，然后把试样放在公称直径为 2.50mm 的方孔筛上摇动淘洗，直至洗出的水清澈为止。

3）将筛上的试样小心地从筛里取出，置于温度为（105±5）℃的烘箱内烘干至恒重，取出冷却至室温后称取试样的质量（m_2）。

5. 试验结果

1）碎石或卵石中含泥量 w_c 应按式（2-13）计算，精确至 0.1%。

$$w_c = \frac{m_0 - m_1}{m_0} \times 100\%$$ （2-13）

式中：w_c——含泥量（%）；

$\quad\quad m_0$——试验前烘干试样的质量（g）；

$\quad\quad m_1$——试验后烘干试样的质量（g）。

以两个试样的试验结果的算术平均值作为测定值。两次结果之差超过 0.2% 时，应重新取样进行试验。

2）碎石或卵石中泥块含量 $m_{c.L}$ 应按式（2-14）计算，精确至 0.1%。

$$w_{c.L} = \frac{m_1 - m_2}{m_1} \times 100\%$$ （2-14）

式中：$w_{c.L}$——泥块含量（%）；

$\quad\quad m_1$——公称直径 5mm 筛上筛余量（g）；

$\quad\quad m_2$——试验后烘干试样的质量（g）。

以两个试样试验结果的算术平均值作为测定值。

2.5.3 石中针片状颗粒的总含量试验

1. 试验目的和范围

本试验适用于测定碎石或卵石中针状和片状颗粒的总含量。

2. 仪器设备

仪器设备有：针状规准仪（图 2-2）和片状规准仪（图 2-3），或游离卡尺；天平和称（天平的称量 2kg，感量 2g；称的称量 20kg，感量 20g）；试验筛（筛孔公称直径为 5.00mm、10.0mm、20.0mm、25.0mm、31.5mm、40.0mm、63.0mm 和 80.0mm 的方孔筛各一只，根据需要选用）；卡尺。

3. 试样制备

将样品在室内风干至表面干燥，并缩分至表 2-19 规定的量，称量（m_0），然后筛分成表 2-20 所规定的粒级备用。

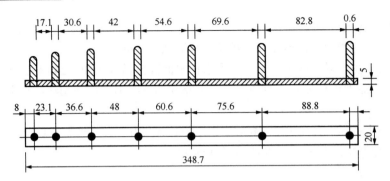

图 2-2　针状规准仪（单位：mm）

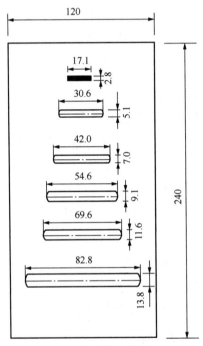

图 2-3　片状规准仪（单位：mm）

表 2-19　针片和片状颗粒的总含量试验所需的试样最少质量

最大公称粒径/mm	10.0	16.0	20.0	25.0	31.5	≥40.0
试样最少质量/kg	0.3	1	2	3	5	10

表 2-20　针片和片状颗粒的总含量试验的粒级划分及其相应的规准仪孔宽或间距

公称粒径/mm	5.00～10.0	10.0～16.0	16.0～20.0	20.0～25.0	25.0～31.5	31.5～40.0
片状规准仪上相应的孔宽/mm	2.8	5.1	7.0	9.1	11.6	13.8
针状规准仪上相应的间距/mm	17.1	30.6	42.0	54.6	69.6	82.8

4. 试验步骤

1）按表 2-21 所规定的粒级用规准仪逐粒进行鉴定，凡颗粒长度大于针状规准仪上相对应的间距的，为针对颗粒。厚度小于片状规准仪上相应孔宽的，为片状颗粒。

2）公称粒级大于 40mm 的可用卡尺鉴定其针片状颗粒，卡尺卡口的设定宽度应符合表 2-21 的规定。

表 2-21　公称粒级大于 40mm 用卡尺卡口的设定宽度

公称粒级/mm	40.0 ～ 63.0	63.0～80.0
片状颗粒的卡口宽度/mm	18.1	27.6
针状颗粒的卡口宽度/mm	108.6	165.6

3）称取由各粒级挑出的针状和片状颗粒的总质量（m_1）。

5. 试验结果

碎石或卵石中针状和片状颗粒的总质量 w_P 应按式（2-15）计算，精确至 1%。

$$w_P = \frac{m_1}{m_0} \times 100\% \tag{2-15}$$

式中：w_P——针状和片状颗粒的总质量（%）；

　　　m_0——试样总质量（g）；

　　　m_1——试样中所含针状和片状颗粒的总质量（g）。

2.5.4　石的压碎标试验

1. 试验目的和范围

本试验适用于沥青路面的粗集料压碎值试验。

2. 仪器设备

仪器设备有：石料压碎值试验仪（由内径 150mm、两端开口的钢制圆形试筒、压柱和底板组成；试筒内壁、压柱的底面及底板的上表面等与石料接触的表面都应进行热处理，使表面硬化，达到维氏硬度 65，并保持光滑状态）；金属棒（直径 10mm，长 45～60mm，一端加工成半球形）；天平（称量 2～3kg，感量不大于 lg）；圆孔筛（筛孔尺寸 20mm、10mm、2.5mm 筛各一个）；压力机（500kN，应能在 5min 内达到 200kN）；金属筒（圆柱形，内径 112.0mm，高 179.4mm，容积 1767cm^3。）

3. 试样制备

1）取 10～20mm 的试样 3kg。试样宜采用风干石料。如需加热烘干时，烘箱温度不应超过 100℃，烘干时间不超过 4h。试验前，石料应冷却至室温。

2）每次试验的石料数量应满足按下述方法夯击后石料在试筒内的深度为 10cm。

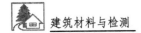

在金属筒中确定石料数量的方法如下：将石料分三层倒入量筒中，每层数量大致相同。每层都用金属棒的半球面端从石料表面上约 50mm 的高度处自由下落均匀夯击 25 次；最后用金属棒作为直刮刀将表面刮平，称取量筒中试样质量（m_0）；以相同质量的试样进行压碎值的平行试验。

4. 试验步骤

1）将试筒安放在底板上。

2）将试样分三次（每次数量相同）倒入试筒中，每次均将试样表面整平，并用金属棒按上述步骤夯击 25 次，最上层表面应仔细整平。

3）压柱放入试筒内石料面上，注意使压柱摆平，勿楔挤筒壁。

4）将装有试样的试筒连同压柱放到压力机上，均匀地施加荷载，在 5min 时达到总荷载 200kN。

5）达到总荷载 200kN 后，立即卸荷，将试筒从压力机上取下。

6）将筒内试样取出，注意勿进一步压碎试样。

7）用 2.5mm 筛筛分经压碎的全部试样，可分几次筛分，均需筛到在 1min 内无明显的筛出物为止。

8）称取通过 2.5mm 筛孔的全部细料质量（m_1）。

5. 结果整理

石料压碎值按式（2-16）计算，准确至 0.1%。

$$Q_a = \frac{m_1}{m_0} \times 100\% \qquad (2\text{-}16)$$

式中：Q_a——石料压碎值（%）；

m_0——试验前试样质量（g）；

m_1——试验后通过 2.36mm 筛孔的细料质量（g）。

以两次平行试验结果的算术平均值作为压碎值的测定值。

【小结】

本章以建设用砂石为学习重点。应掌握砂石的主要技术性能及指标，了解砂石的分类及特点，熟悉建设用砂石的质量标准，会检测砂石的主要技术性能指标。

【思考与练习】

1. 砂石集料分类如何？

2. 什么是颗粒级配？采用什么方法检测？

3. 什么是筛余量、分计筛余率、累计筛余率？请用计算公式表示这三个指标之间的关系。

4. 砂的粗细程度采用什么指标表示？如何计算？

5. 砂的筛分试验数据计算练习。

第3章

混 凝 土

教学目标

1. 了解混凝土的基本情况。

2. 熟悉混凝土组成材料在混凝土中所起作用及选用原则。

3. 掌握混凝土的主要技术性质、检测方法。

4. 了解影响混凝土和易性和强度的相关因素以及改善措施。

5. 掌握混凝土配合比设计方法，并进行普通混凝土配合比设计。

3.1 混凝土概述

"混凝土"一词源于拉丁文术语"Concretus"，原意是共同生长的意思。广义上，混凝土泛指用胶凝材料将颗粒状骨料胶结成整体的复合固体材料。混凝土应用历史悠久，据文献记载，在公元前5000年，人们就将石膏、砂子、卵石、水拌和成砂浆或混凝土，用于墙体抹面或砌筑。当时的胶凝材料是黏土、石膏、气硬性石灰，继后又采用火山灰、水硬性石灰等，混凝土强度不高，使用范围有限。1824年英国人约瑟夫·阿斯普丁（J. Aspdin）发明了波特兰水泥，胶凝材料因此有了质的变化，混凝土强度大幅度提高，且其他性能也得到了改善。1950年法国人朗波特（Lambot）发明了用钢筋加强混凝土，以弥补混凝土抗拉强度及抗折强度低的缺陷，并首次制成了钢筋混凝土船。这种钢筋与混凝土的复合，大大地促进了混凝土在各类工程结构上的应用。

20世纪50年代以来，随着混凝土外加剂技术的发展，特别是减水剂的应用，混凝土的各种性能得到了大大改善，而且为其施工工艺的发展创造了良好条件。如泵送混凝土、流动自密实混凝土等，都是近年来混凝土技术的重大发展。有机材料在混凝土中的应用，又使混凝土这种结构材料迈上了一个新的发展阶段。如聚合物混凝土及树脂混凝土，不仅使得混凝土的抗压、抗拉、抗冲击强度大幅度提高，而且具有高抗腐蚀性等特点，从而在特种工程中得到了广泛应用。

目前，混凝土被大量用于建造人类生活、生产所必需的各种基础设施，为人类营造舒适方便的生活、生产和社会环境，其应用已从一般的工业与民用建筑、交通建筑、水工建筑等领域扩展到海上浮动建筑、海底建筑、地下城市建筑、高压储罐、核电站容器等领域。据资料统计，混凝土在工程领域巨量的使用，已使它成为当代最大宗的人造建筑材料、现代文明社会的物质基础。

3.1.1 混凝土定义、种类

凡是由胶凝材料、粗细骨料以及其他外加剂或外掺料按适当比例搅拌均匀，经成型、养护、硬化而成的人工石材，即称为混凝土。混凝土是一种由多种材料复合而成的一种复合固体材料。

混凝土的品种繁多且不断增加，性能和应用也各异，其分类见表 3-1。有时混凝土以加入的特种改性材料命名，例如粉煤灰混凝土、维混凝土、磨细高炉矿渣混凝土等。

表 3-1 混凝土的分类

按胶凝材料分	水泥混凝土、石膏混凝土、水玻璃混凝土、沥青混凝土、聚合物水泥混凝土、聚合物浸渍混凝土等
按体积密度分	重混凝土（$\rho_0 > 2800kg/m^3$）、普通混凝土（$\rho_0 = 2000 \sim 2800kg/m^3$）、轻混凝土 $\rho_0 < 2000kg/m^3$
按施工工艺分	现浇混凝土、预制混凝土、泵送混凝土、喷射混凝土、预拌混凝土（商品混凝土）、碾压混凝土、离心混凝土、挤压混凝土等
按性能分	高强混凝土、高性能混凝土、抗渗混凝土、耐酸混凝土、耐热混凝土等
按用途分	结构混凝土、防水混凝土、耐热混凝土、道路混凝土、水工混凝土、耐酸混凝土、装饰混凝土、大体积混凝土、膨胀混凝土、防辐射混凝土等
按强度分	普通混凝土（强度等级在 C60 级以下）、高强混凝土（C60 以上）、超高强混凝土（抗压强度在 100MPa 以上）
按配筋情况分	素混凝土、钢筋混凝土、预应力混凝土、钢纤维混凝土等

在一般工业与民用建筑中，最常用的是水泥混凝土、普通混凝土。通常我们所说的普通混凝土是指由水泥、粗细骨料、水以及外加剂按适当的比例配制而成的水泥混凝土，其干体积密度为 $2000 \sim 2800kg/m^3$，通常简称为“混凝土”。这类混凝土在工程中应用极为广泛，因此本章主要讲述普通混凝土。

3.1.2 混凝土的主要应用

混凝土是世界上用量最大的工程材料，作为现代社会的物质基础，混凝土的应用范围遍及建筑、道路、桥梁、水利、国防工程等领域。

在我们的日常生活中，几乎各个方面都会直接或间接地涉及混凝土。早晨我们驱车经过混凝土铺设的道路和桥梁到达混凝土建造的建筑物，在其中生活、学习、工作或娱乐活动。我们的货物运输，通过行驶在混凝土高速公路上的载重汽车、奔驰于铺设在混凝土轨枕的钢轨上的列车、系泊于用混凝土防浪堤围护的港口内的混凝土桩上的船舶、或在混凝土跑道上降落和起飞的飞机来快速便捷实现。在我们每天的活动中，一定会涉及混凝土。作为现代社会重要的物质基础，我们不得不对混凝土高度重视、另眼看待。

3.1.3 普通混凝土的特点

混凝土之所以在工程中得到了广泛的应用，是由于它所具有的独特优点。

1）原材料丰富，且来源广泛。混凝土中砂石接近占到其总体积的 70%～80%，砂石属于地方性材料，就地取材容易，可有效降低混凝土的成本。

2）混凝土在硬化之前具有良好和易性。和易性又称为工作性，是混凝土拌和物便于施工操作，且能获得结构均匀、成型密实的人工石材的性能。良好的和易性可满足各种形状复杂的结构构件的施工要求。

3）混凝土性能的可调整性大。我们可以根据混凝土使用功能的要求，改变配合比或施工工艺，以对混凝土的和易性、强度、耐久性以及保温隔热性等性能进行调整。

4）混凝土能与钢筋共同工作，且可保护钢筋不生锈。混凝土与钢筋是两种性能迥异的材料，但两者却有近乎相等的热膨胀系数，从而使得它们可以共同工作。同时，混凝土中由于含有大量的 $Ca(OH)_2$，呈现出较强的碱性，可使钢筋表面形成一层钝化膜，保护钢筋不生锈。

5）混凝土具有较高的抗压强度和耐久性。目前高强混凝土的抗压强度可达 100MPa 以上，而且抗压强度为 300MPa 的超高强混凝土也开始出现在某些建筑材料研究室中。同时混凝土的高耐久性能也在逐渐得到人们的重视，作为建筑结构材料，混凝土的耐久性是保证建筑物能够长期正常使用的关键。

混凝土除了所具有的优点以外，也存在着一些缺点，而这些缺点限制了混凝土的使用，在结构设计和施工时必须加以考虑。混凝土的缺点有：

1）自重大。普通混凝土的体积密度一般为 2400kg/m^3，即 1m^3 的混凝土就有 2.4t，是水的 2.4 倍。不符合建筑材料的轻质发展方向。

2）抗拉强度低。混凝土是一种抗拉强度很低的脆性材料，混凝土的抗拉强度仅为其抗压强度的 1/10～1/20。一般要求混凝土不承受拉力，混凝土构件的拉应力由钢筋来承担。

3）生产周期较长。混凝土拌和物浇筑成型后，需要较长的时间进行养护。这导致了混凝土生产周期长，生产效率低下，不符合工业化、大规模发展的方向。

4）导热系数较大[约为 1.8W/(m·K)]。混凝土对热的传导性能较强，导热性较好，反之其保温隔热性能较差，不符合建筑节能的要求。

5）再生利用性差。混凝土拆除后，大量废弃成为建筑垃圾。

意识到混凝土存在的这些缺点，才有可能通过合理的设计来补偿，并且可通过合理的选择材料和施工工艺来进行控制。随着人们对混凝土技术的更深入的研究，新功能、新品种混凝土不断被开发，混凝土的缺点也在不断地被克服和改进。

3.2　普通混凝土的组成材料

普通混凝土是由水泥、砂（细集料）、石（粗骨料）、水以及必要时所掺入的外加剂或外掺料等组成，其中水泥、砂石和水是普通混凝土的四种基本组成材料。水泥与水形成水泥浆，水泥浆包裹在砂石颗粒的表面，赋予混凝土拌和物足够的流动性，水泥浆填充在砂石空隙，提高混凝土的密实度，当水泥浆固化后，又将砂石黏结成为一个整体，成为硬化混凝土。砂石构成混凝土的骨架，能有效抑制水泥石的收缩，且砂石颗粒逐级填充，可以使得混凝土获得理想的密实度，有效节约水泥用量。各组成材料在混凝土硬化前后的作用所起的作用见表 3-2。

表 3-2 混凝土中的各种组成材料所起的作用

项　　目	混凝土拌和物	硬化混凝土
水泥、水	（水泥浆）润滑作用	（水泥石）胶凝作用
砂、石	填充作用	骨架作用，抑制水泥石收缩的作用
外加剂、外掺料	改善混凝土的性能	改善混凝土的性能

普通混凝土各组成材料所占的体积比差异是很大。在硬化混凝土中，水泥石占 20%～30%，砂石占 70%～80%，孔隙和自由水占 1%～5%。硬化后的混凝土结构如图 3-1 所示。

图 3-1 普通混凝土结构示意图

普通混凝土的质量和性能，主要与组成材料的性能、组成材料的相对含量（配合比），以及与混凝土的施工工艺（配料、搅拌、运输、浇筑、成型、养护等）因素有关。因此，为了保证混凝土的质量，提高混凝土的技术性能和降低成本，必须合理地选择组成材料。

3.2.1 水泥

在混凝土中，单价最高的组成材料是水泥，同时水泥也是对混凝土各种性能影响最大的组成材料。因此正确选择水泥就显得格外重要。

水泥的正确选择包括两方面的内容：正确选择水泥品种；正确选择水泥强度等级。

水泥品种的选择应考虑：工程特点和所处环境，以及当地的气候条件，特别是工程竣工后所遇到的环境影响因素。具体内容在第 1 章已有详细阐述。

水泥强度等级的选择应考虑：强度匹配原则，即选择高强度等级的水泥配制高强度等级的混凝土，低强度等级的水泥配制低强度等级的混凝土。一般情况下，水泥强度等级为混凝土强度等级的 1.5～2.0 倍。配制较高强度等级混凝土时，可选择水泥强度等级为混凝土强度等级的 1 倍左右的水泥。但选用普通强度等级的水泥配制高强度等级（C60以上）混凝土时不受此比例约束。

也可使用高强度等级的水泥来配制低强度等级的混凝土，由于两者之间的强度差异较大，较少用量的水泥即可满足混凝土的强度要求，但水泥用量过少，会导致混凝土拌和物的和易性下降，不利于施工操作，需要掺入一定量的外掺料（如粉煤灰）来改善混凝土拌和物的和易性。但是使用低强度等级的水泥是很难配制出高强度等级的混凝土的。

3.2.2　混凝土用砂石

砂石在混凝土中用量很大，其体积比可以达到 70%～80%，它们对混凝土性质具有重要的作用。砂石因其用量很大，在工程中应按"就地取材"的原则进行选用。

砂石为颗粒状材料，按粒径大小划分，小于 4.75mm 为砂，大于 4.75mm 为石。

（1）混凝土用砂

砂按产源分又为天然砂和机制砂两大类。

天然砂是由自然生成的，经人工开采和筛分的粒径小于 4.75mm 的岩石颗粒。它包括河砂、湖砂、山砂和淡化海砂，但不包括软质、风化的岩石颗粒。山砂风化较严重，含泥量较高，且有机物质和轻物质含量也较高，质量最差。海砂中盐含量较高，易引起水泥腐蚀，且常含有贝类等杂质，故质量较河砂次。河砂和湖砂质量最好。天然砂是一种地方性资源，随着我国基本建设项目的日益发展，以及自然保护意识的不断加强，天然砂这种自然资源正在逐渐减少。同时，随着混凝土技术的迅速发展，对砂的要求也日益提高，其中一些要求较高的技术性能指标，天然砂也难以满足，故在 2001 年公布的国家标准《建筑用砂》（GB/T 14684—2001）中首次确认了人工砂的作用，并加以规范。

机制砂是指经除土处理，由机械破碎、筛分制成的，粒径小于 4.75mm 的岩石、矿山尾矿、或工业废渣颗粒。与天然砂相比较，机制砂级配较差，颗粒棱角分明，比表面积较大。

砂按其细度模数分为粗、中、细三种规格。其中，粗砂的细度模数为 3.7～3.1，中砂的细度模数为 3.0～2.3，细砂的细度模数为 2.2～1.6，细度模数为 1.5～0.7 的为特细砂。

砂按其技术要求划分为Ⅰ类、Ⅱ类和Ⅲ类。Ⅰ类砂适用于强度等级大于 C60 的混凝土；Ⅱ类砂适用于强度等级 C30～C60 的混凝土，以及有抗冻、抗渗或其他要求的混凝土；Ⅲ类适用于强度等级小于 C30 的混凝土和建筑砂浆。

砂的技术要求有：颗粒级配、含泥量、石粉含量和泥块含量、有害物质、坚固性、表观密度、堆积密度、松散堆积密度及空隙率、碱集料反应。《建筑用砂》（GB/T 14684—2011）对砂的技术指标都有明确的规定，建筑工程中所用的砂必须要满足相应要求才能用于工程中。

砂的颗粒级配按 600μm 筛的累计筛余率划分为 1 区、2 区和 3 区三个级配区。1 区砂粗颗粒较多，当采用 1 区砂配制混凝土时应适当提高砂率，并保证足够的水泥用量，以满足混凝土拌和物和易性要求；3 区砂细颗粒较多，当采用 3 区砂配制混凝土时，宜适当降低砂率，以保证混凝土强度。2 区砂颗粒适中，是配制混凝土的首选。级配不合格的砂，由于空隙率较大，不宜选用混凝土用砂；可采用人工掺配的方法，将两种砂按一定比例进行掺配，掺配后的砂再进行筛分析试验，检测其粗细程度和颗粒级配，直至级配合格。

砂中所含有的泥、石粉、泥块、有害物质对混凝土性能产生不同的影响，其含量应在标准规定的范围之内。砂中的有害物质包括云母、轻物质、有机物、硫化物和硫酸盐、氯化物、贝壳等。

（2）混凝土用石

石分为卵石和碎石两大类。

卵石是由天然岩石经自然风化、水流搬运和分选、堆积形成的，而碎石是将天然岩石、卵石或矿山废石经机械破碎、筛分制成的。卵石按其产源又有河卵石、海卵石和山卵石之分，其各自的特点与天然砂类似，以河卵石的较为干净。卵石与碎石各自的表面特征差异很大，因此，对混凝土的性能影响也各有不同，如表3-3所示。

表3-3　骨料表面特征对混凝土性能的影响

	表面特征	同一规格的石子相比较	对混凝土性能的影响
卵石	表面光滑，呈圆形或卵圆形	比表面积较小	卵石混凝土拌和物的流动性较好，便于施工操作
碎石	表面粗糙，且多棱角	比表面积较大	碎石混凝土的强度较高

石按技术要求分为Ⅰ类、Ⅱ类、Ⅲ类三个类别。Ⅰ类石宜用于强度等级大于C60的混凝土；Ⅱ类石宜用于强度等级C30～C60及抗冻、抗渗或其他要求的混凝土；Ⅲ类石质量最次，适用于强度等级小于C30的混凝土。

石的技术要求有：颗粒级配、含泥量和泥块含量、针片状颗粒含量、有害物质、坚固性、强度、表观密度、连续级配松散堆积空隙率、碱集料反应。国家标准《建设用卵石、碎石》（GB/T 14685—2011）对石的技术要求都有明确的规定，工程中使用的石必须要满足相应规定。

石的颗粒级配分为连续级配和间断级配两种。连续级配是指颗粒从大到小连续分级，每一粒级的累计筛余率均不为零的级配，如天然卵石。连续级配具有颗粒尺寸级差小，上下级粒径之比接近2，颗粒之间的尺寸相差不大等特点，因此采用连续级配拌制的混凝土具有和易性较好，不易产生离析等优点，在工程中的应用较广泛。间断级配是指为了减小空隙率，人为地筛除某些中间粒级的颗粒，大颗粒之间的空隙直接由粒径小很多的颗粒填充的级配。间断级配的颗粒相差大，上下粒径之比接近6，空隙率大幅度降低，拌制混凝土时可节约水泥。但混凝土拌和物易产生离析现象，造成施工较困难。间断级配适用于配制采用机械拌和、振捣的低塑性及干硬性混凝土。单粒粒级石不宜单独使用，主要用于配制所要求的连续粒级，或与连续粒级配合使用以改善级配或粒度。

卵石、碎石中的含泥量和泥块含量过大时，会影响粗集料与水泥之间的黏结，降低混凝土的强度和耐久性。

石子中的针状颗粒，是指卵石和碎石颗粒的长度大于该颗粒所属相应粒级的平均粒径2.4倍者；片状颗粒是指厚度小于平均粒径0.4倍者。平均粒径是指该粒级上下限粒径的平均值。针、片状颗粒本身的强度不高，在承受外力时容易产生折断，因此不仅会影响混凝土的强度，而且会增大石子的空隙率，使混凝土的和易性变差。

碱集料反应是指水泥、外加剂等混凝土组成物及环境中的碱与集料中碱活性矿物在潮湿环境下缓慢发生，并导致混凝土开裂破坏的膨胀反应。《建设用卵石、碎石》（GB/T 14685—2011）规定，经碱集料反应试验后，由卵石、碎石制备的试件无裂缝、酥裂、胶体外溢等现象，在规定的试验龄期膨胀率应小于 0.10%。

3.2.3　混凝土拌和用水

混凝土拌和用水包括饮用水、地表水、地下水、再生水、混凝土企业设备洗刷水和海水等。

饮用水可直接用于拌制各种混凝土；地表水和地下水，常溶解有较多的有机质和矿物盐，首次使用前，必须符合《混凝土用水标准》（JGJ 63—2006）的规定，方可使用。

再生水是指经适当再生工艺处理后的污水，使用前也需先检验。

混凝土生产厂及商品混凝土厂设备的洗刷水用于拌和混凝土时，应注意洗刷水中所含水泥和外加剂品种对所拌和混凝土的影响，且最终拌和水中氯化物、硫酸盐及硫化物的含量应符合混凝土拌和用水标准规定，否则必须予以处理，合格后方能使用。洗刷水不宜用于预应力混凝土、装饰混凝土、加气混凝土和暴露于腐蚀环境的混凝土，且不能用于使用碱活性骨料的混凝土。

海水可用于拌制素混凝土。海水中含有较多的硫酸盐和氯盐，会影响混凝土的耐久性和加速混凝土中钢筋的锈蚀，因此对于钢筋混凝土和预应力混凝土，严禁采用未经处理的海水拌制；对有饰面要求的混凝土，也不得采用海水拌制，以免因表面盐析产生白斑而影响装饰效果。

混凝土拌和用水的水质要求应符合《混凝土用水标准》（JGJ 63—2006）的规定，见表 3-4。混凝土拌和用水所含物质对素混凝土、钢筋混凝土和预应力混凝土不应产生以下有害作用：影响混凝土的和易性及凝结，有损于混凝土强度发展，降低混凝土的耐久性，加快钢筋腐蚀及导致预应力钢筋脆断，污染混凝土表面。

表 3-4　混凝土拌和用水水质要求

项　　　目	预应力混凝土	钢筋混凝土	素混凝土
pH（，≥）	5.0	4.5	4.5
不溶物（，≤）/(mg/L)	2000	2000	5000
可溶物（，≤）/(mg/L)	2000	5000	10000
Cl^-（，≤）/(mg/L)	500	1000	3500
SO_4^{2-}（，≤）/(mg/L)	600	2000	2700
碱含量（，≤）/(rag/L)	1500	1500	1500

3.2.4　外加剂

混凝土外加剂是指在混凝土拌和过程中掺入的，能够改善混凝土性能的化学药剂，掺量一般不超过水泥用量的 5%。

混凝土外加剂在掺量较少的情况下，可明显改善混凝土的性能，包括改善混凝土拌和物和易性、调节凝结时间、提高混凝土强度及耐久性等。混凝土外加剂在工程中的应用越来越广泛，被誉为混凝土的第五种组成材料。

混凝土外加剂按主要功能作用分为四类：改善混凝土拌和物流变性能（如和易性等）的外加剂，包括各种减水剂、引气剂和泵送剂等；调节混凝土凝结时间、硬化性能（如强度等）的外加剂，包括缓凝剂、早强剂和速凝剂等；改善混凝土耐久性（如抗渗性、抗冻性等）的外加剂，包括引气剂、防水剂和阻锈剂等；改善混凝土其他性能的外加剂，包括加气剂、膨胀剂、防冻剂、着色剂、防水剂和泵送剂等。通常一种混凝土外加剂同时具有多种功能作用，如减水剂，既能改善混凝土拌和物的流变性能，同时又能改善混凝土硬化性能和耐久性。减水剂是混凝土外加剂最重要的品种，为本节重点介绍内容。

混凝土减水剂是指在保持混凝土拌和物和易性一定的条件下，具有减水和增强作用的外加剂，又称为塑化剂。按减水率的大小，减水剂可分为普通减水剂（以木质素磺酸盐类为代表）、高效减水剂（包括萘系、密胺系、氨基磺酸盐系、脂肪族系等）和高性能减水剂（以聚羧酸系高性能减水剂为代表）。

普通减水剂的减水率不小于 8%，减水效果一般，但由于价格相对低廉，主要用于配制强度等级不高、减水要求较低的混凝土。

高效减水剂的减水率不小于 14%，主要用于配制强度等级高、减水要求高的流动性混凝土。

高性能减水剂的减水率不小于 25%，具有一定的引气性和良好的坍落度保持性能，与其他减水剂相比较，高性能减水剂在配制高强度混凝土和高耐久性混凝土时，具有明显的技术优势和较高的性价比。

1. 减水剂的作用机理

通常，减水剂是一种典型的表面活性剂，具有独特的分子构造，如图 3-2 所示。表面活性剂的分子由两个部分组成：一端为易溶于水的亲水基团；一端为易溶于油的憎水基团。当表面活性剂溶于水后，受水分子的作用，亲水基团指向水分子，溶于水中，憎水基团则吸附于固相表面、溶解于油类或指向空气中，形成定向排列，如图 3-3 所示。

憎水基团　亲水基团

图 3-2　表面活性剂分子构造示意图　　　图 3-3　表面活性剂在油水界面定向排列

水泥加水拌和形成水泥浆时，由于水泥颗粒细小，比表面积很大，受分子引力作用，颗粒之间容易吸附在一起，把一部分水包裹在颗粒之间而形成絮凝状结构，包裹的水分不能起到使水泥浆流动的作用，从而降低混凝土拌和物的流动性。

当水泥浆中加入减水剂后，一方面表面活性剂在水泥颗粒表面作定向排列使水泥颗粒表面带有同种电荷，这种排斥力远远大于水泥颗粒之间的分子引力，使水泥颗粒分散，絮凝状结构中的水分释放出来，混凝土拌和用水的作用得到充分的发挥，混凝土拌和物的流动性明显提高，其作用原理如图 3-4 所示。另一方面，表面活性剂的极性基与水分子产生缔合作用，使水泥颗粒表面形成一层溶剂化水膜，阻止水泥颗粒之间直接接触，起到润滑作用，改善拌和物的流动性。

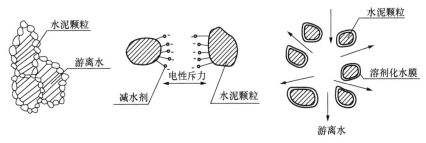

图 3-4　减水剂的作用原理示意图

2. 减水剂的作用效果

在混凝土中掺入减水剂，可在混凝土拌和物流变性不变的条件下，减少混凝土的单位用水量（普通型减水剂减水 8%～14%，高效型减水剂减水 14%～25%，高性能减水剂减水 25%以上），从而显著降低混凝土水灰比，提高混凝土强度。

当混凝土各组成材料用量一定时，加入减水剂，能明显提高混凝土拌和物的流动性，一般坍落度可提高 100～200mm。

当混凝土拌和物坍落度、强度要求一定时，加入减水剂，能在减少拌和用水量的同时，减少水泥用量 5%～20%，可达到节约水泥、降低混凝土成本的目的。

在混凝土中掺入减水剂，由于表面活性剂对水泥颗粒的包裹，水泥水化反应速度减慢、水化放热速度减缓，混凝土拌和物的凝结时间延缓；同时，混凝土拌和物的泌水、离析现象减少；混凝土硬化后的抗渗性和抗冻性显著提高。

3. 减水剂的掺法

减水剂的掺法主要有先掺法、同掺法、后掺法等，其中以"后掺法"为最佳。后掺法是指减水剂加入混凝土中时，不是在搅拌时加入，而是在运输途中或在施工现场分一次或几次加入，再经两次或多次搅拌，成为混凝土拌和物。后掺法可减少、抑制混凝土拌和物在长距离运输过程中的分层离析和坍落度损失；可提高混凝土拌和物的流动性、减水率、强度和降低减水剂掺量、节约水泥等，并可提高减水剂对水泥的适应性等。特别适合于采用泵送法施工的商品混凝土。

早强剂是指掺入混凝土中能够提高混凝土早期强度，对后期强度无明显影响的外加剂。早强剂可在不同温度下加速混凝土强度发展，多用于要求早拆模、抢修工程及冬季施工的工程。工程中常用早强剂的品种主要有无机盐类、有机物类和复合早强剂。

引气剂是指加入混凝土中能引入微小气泡的外加剂。引气剂具有降低固-液-气三相表面张力、提高气泡强度，并使气泡排开水分而吸附于固相表面的能力。在搅拌过程中，引气剂使混凝土内部的空气形成大量孔径为 0.05～2mm 的微小气泡，均匀分布于混凝土拌和物中，可改善混凝土拌和物的流动性。同时也改善混凝土内部孔的特征，显著提高混凝土的抗冻性和抗渗性。但混凝土含气量的增加，会降低混凝土的强度。一般引入体积百分数为 1%的气体，可使混凝土的强度下降 4%～6%。工程中常用的引气剂为松香热聚物。

3.2.5 掺和料

混凝土掺和料不同于生产水泥时与熟料一起磨细的混合材料，它是在混凝土（或砂浆）搅拌前或在搅拌过程中，与其他组成材料一样，直接加入的一种外掺料。其作用与外加剂相似，能够改善混凝土性能，节约水泥用量，降低混凝土成本。但其掺量较大，远远大于水泥用量的 5%。

工程中常用的掺和料有粉煤灰、粒化高炉矿渣粉、硅灰、磨细自燃煤矸石以及其他工业废渣。其中粉煤灰是目前用量最大、使用范围最广的一种掺和料。

1. 粉煤灰

粉煤灰是从煤粉炉烟道气体中收集到的细颗粒粉末。按煤种分为 F 类和 C 类，F 类是由无烟煤或烟煤煅烧收集的粉煤灰；C 类是由褐煤或次烟煤煅烧收集的粉煤灰，其氧化钙含量一般大于 10%。按其品质粉煤灰分为 I 级、II 级、III 级三个等级，在《用于水泥和混凝土中的粉煤灰》（GB/T 1596—2005）标准中，不同等级的粉煤灰应符合相应的技术要求，见表 3-5。

表 3-5　拌制混凝土和砂浆用粉煤灰技术要求

项　目	I 级	II 级	III 级
细度（45μm 方孔筛筛余），≤/%	12.0	25.0	45.0
需水量比，≤/%	95	105	115
烧失量，≤/%	5.0	8.0	15.0
含水量，≤/%	1.0		
三氧化硫，≤/%	3.0		
游离氧化钙，≤/%	（F 类）1.0　　（C 类）4.0		
安定性（雷氏夹沸煮后增加距离）（mm），≤/%	5.0		

粉煤灰由于其本身的化学成分、结构和颗粒形状等特征，在混凝土中可产生三种效应（活性效应、颗粒形态效应、微骨料效应），从而达到改善混凝土拌和物的和易性、降低混凝土水化热、提高混凝土的抗渗性和抗硫酸盐性能等效果。混凝土中掺入粉煤灰取代部分水泥后，混凝土的早期强度将随粉煤灰掺量增多而有所降低，但 28d 以后长期强度可赶上甚至超过不掺粉煤灰的混凝土。

1）活性效应是指粉煤灰具有一定的化学活性。粉煤灰中含有的具有化学活性的 SiO_2 和 Al_2O_3 能与水泥水化产物 $Ca(OH)_2$ 发生反应，生成类似水泥水化产物的水化硅酸钙和水化铝酸钙，具有一定胶凝能力起增强作用。

2）颗粒形态效应是指煤粉在高温燃烧过程中形成的粉煤灰颗粒，绝大多数为玻璃微珠。掺入混凝土中可减小内摩擦力，从而减少混凝土的用水量，起减水作用。

3）微骨料效应是指粉煤灰中的微细颗粒均匀分布在水泥浆内，填充孔隙和毛细孔，改善混凝土的孔结构和增大密实度。

在混凝土掺入粉煤灰有等量取代法、超量取代法和外加法。

1）等量取代法是以相等质量的粉煤灰取代混凝土中的水泥。其主要适用于掺加 I 级分没有、高强混凝土以及大体积混凝土工程。

2）超量取代法是指掺入的粉煤灰的量超过其取代水泥的质量，或超量的粉煤灰取代部分细骨料。其目的是增加混凝土中胶凝材料总量，用于补偿由于粉煤灰取代部分水泥而造成的混凝土强度下降。

3）外加法是指在保持混凝土水泥用量不变的情况下，额外掺入一定数量的粉煤灰。其目的仅仅是改善混凝土拌和物的和易性。

2. 粒化高炉矿渣粉

粒化高炉矿渣粉是指以粒化高炉矿渣为主要原料，掺加少量石膏磨制成一定细度的粉体，又简称为矿渣粉。

矿渣粉按其活性指数和流动度比两项指标分为 S105、S95 和 S75 三个等级。活性指数是指以矿渣粉取代 50%水泥后的试验砂浆强度与对比的水泥砂浆强度之比。流动度比则是这两种砂浆流动度之比。在《用于水泥和混凝土中的粒化高炉矿渣粉》（GB／T 18046—2008）标准中，不同等级的矿渣粉应符合相应技术指标的要求，见表 3-6。

表 3-6　矿渣粉技术指标

项　　目		S105	S95	S75
密度，≥/(g/cm^3)		2.8		
比表面积，≥/(m^2/kg)		500	400	300
活性指数，≥/%	7d	95	75	55
	28d	105	95	75
流动度比，≥/%		95		
含水量，≤/%		1.0		
三氧化硫，≤/%		4.0		
氯离子，≤/%		0.06		
烧失量，≤/%		3.0		
玻璃体含量，≥/%		85		
放射性		合格		

矿渣粉是混凝土的优质掺和料。它不仅可等量取代混凝土中的水泥，而且可改善混凝土的多项性能，如降低水化热、提高混凝土的长期强度、提高抗渗性、提高混凝土耐腐蚀性、抑制碱集料反应等。矿渣粉适用于配制高强度混凝土、大体积混凝土、地下混凝土和水下混凝土等。

3.3　混凝土技术性质及检测

普通混凝土组成材料按一定比例混合，经拌和均匀后即形成混凝土拌和物，又称为新拌混凝土；水泥凝结硬化后，即形成硬化混凝土。混凝土质量如何，是通过对其主要

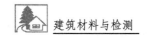
建筑材料与检测

技术性质的检测来进行判断。

为了便于掌握，混凝土技术性质常分为混凝土拌和物和硬化混凝土两个部分分别研究。混凝土拌和物的主要技术性质是和易性，硬化混凝土的主要技术性质是强度、变形性能和耐久性等。

3.3.1　混凝土拌和物的和易性

1. 和易性定义及含义

混凝土拌和物的和易性是指拌和物便于施工操作（主要包括搅拌、运输、浇筑、成型、养护等），能够获得结构均匀、成型密实的混凝土的性能。和易性是一项综合性能，主要包括流动性、黏聚性和保水性三个方面的性质。

流动性是指混凝土拌和物在本身自重或施工机械振捣的作用下，能产生流动并且均匀密实地填满模板的性能。流动性好的混凝土拌和物，则施工操作方便，易于使混凝土成型密实。根据流动性的大小，混凝土可分为干硬性混凝土、塑性混凝土、流动性混凝土和流态混凝土。干硬性混凝土流动性差，不容易振捣密实，适用于施工条件和振捣设备较好的预制构件厂；塑性混凝土和流动性混凝土多应用于工程现场浇筑；流态混凝土，因其流动性很大，适用于泵送混凝土和自密实混凝土。

黏聚性是指混凝土拌和物各组成材料之间具有一定的内聚力，在运输和浇筑过程中不致产生离析和分层现象的性质。

保水性是混凝土拌和物具有一定的保持内部水分的能力，在施工过程中不致发生泌水现象的性质。保水性差的混凝土拌和物，其内部固体粒子下沉、水分上浮，在拌和物表面析出一部分水分，内部水分向表面移动过程中产生毛细管通道，使混凝土的密实度下降、强度降低、耐久性下降，且混凝土硬化后表面易起砂。

混凝土拌和物的流动性、黏聚性和保水性，三者之间是对立统一的关系。流动性好的拌和物，黏聚性和保水性通常较差；而黏聚性、保水性好的拌和物，一般流动性可能较差。在实际工程中，应尽可能达到三者统一，即满足混凝土施工时要求的流动性，同时也具有良好的黏聚性和保水性。

2. 工程中正确选择混凝土拌和物的和易性

混凝土的和易性，是通过试验方法，定量测定流动性，同时目测并判断其黏聚性、保水性，最后综合评定。针对于流动性不同的混凝土，采用不同的试验方法，测定的流动性定量指标分别称之为坍落度和维勃稠度。

坍落度法适用于检测塑性混凝土和流动性混凝土的流动性，维勃稠度法适用于检测干硬性混凝土的流动性。在《混凝土质量控制标准》（GB/T 50164—2011）标准中，混凝土拌和物按其坍落度、维勃稠度大小划分为不同等级，见表3-7。

表 3-7　混凝土拌和物坍落度等级划分、混凝土拌和物维勃稠度等级划分

等级	坍落度/mm	等级	维勃稠度/s
S1	10～40	V0	≥31
S2	50～90	V1	30～21
S3	100～150	V2	20～11
S4	160～210	V3	10～6
S5	≥220	V4	5～3

　　混凝土和易性的选择原则是在满足施工操作、保证振捣密实的条件之下，尽可能选择坍落度较小的混凝土。这样既能获得质量较好的硬化混凝土，又能节约水泥用量，降低混凝土成本。工程中，混凝土拌和物的坍落度，要根据施工条件、构件截面尺寸、配筋情况、施工方法等来确定。一般地，构件截面尺寸较小、钢筋配筋密集，或采用人工拌和与插捣时，坍落度应选择大些。反之，若构件截面尺寸较大或配筋稀疏，或采用机械振捣，则坍落度可选择小些。

　　3. 和易性的影响因素

　　混凝土拌和物的和易性主要受混凝土组成材料、外加剂、配合比、所处的外部环境条件等因素的影响。

　　（1）组成材料

　　不同品种和质量的水泥，因其矿物组成、细度、所掺混合材料种类的不同，需水性不同。在拌制混凝土时，即便是采用相同的用水量，不同水泥拌制出来的混凝土拌和物的流动性也表现不同。如用需水性较强的矿渣水泥拌和的混凝土，其流动性较小，保水性较差。同时，水泥颗粒越细，在相同用水量的情况，其混凝土拌和物的流动性较小，但黏聚性和保水性较好。

　　骨料性质不同，对和易性的影响不同。骨料性质是指骨料的品种、级配、颗粒粗细及表面特征等。

　　采用级配好的骨料拌制混凝土，因其空隙率较小且比表面积小，填充颗粒之间的空隙及包裹颗粒表面的水泥浆数量可减少；在水泥浆数量一定的条件下，包裹在骨料表面的水泥浆层厚度增厚，混凝土拌和物的流动性增加，且黏聚性和保水性也相应提高。

　　采用表面光滑的卵石拌制混凝土，因颗粒间摩擦力较小，比表面积较小，拌制的混凝土拌和物流动性好。而碎石形状不规则，表面粗糙多棱角，颗粒之间的摩擦力较大，拌制的混凝土拌和物流动性差，但强度较高。

　　另外在允许的情况下，应尽可能选择最大粒径较大的石子，可降低粗骨料的总表面积，使水泥浆的富余量加大，可提高拌和物的流动性。但砂、石子过粗，会使混凝土拌和物的黏聚性和保水性下降，同时也不易拌和均匀。

　　外加剂可改变混凝土组成材料之间的作用关系，从而改善混凝土拌和物的和易性。减水剂和引气剂可显著提高流动性；引气剂还能有效的改善混凝土拌和物的黏聚性和保水性。

（2）水泥浆数量

在混凝土集料用量、水灰比一定的条件下，填充在集料之间的水泥浆数量越多，水泥浆对集料的润滑作用较充分，混凝土拌和物的流动性增大。

但水泥浆量过多，不仅浪费水泥，而且会使拌和物的黏聚性、保水性变差，产生分层、泌水现象。若水泥浆量过少，没有足够数量的水泥浆来填充骨料间的空隙、包裹骨料表面，则会导致混凝土拌和物的黏聚性变差，出现崩塌现象。

（3）单位用水量

混凝土中的用水量对拌和物的流动性起决定性的作用。实践证明，在集料一定的条件下，为了达到拌和物流动性的要求，所加的拌和水量基本是一个固定值，即使水泥用量在一定范围内改变（每立方米混凝土增减 50～100kg），也不会影响其流动性。这在混凝土学中被称为固定加水量定则或需水性定则。必须指出，在施工中为了保证混凝土的强度和耐久性，不允许采用单纯增加用水量的方法来提高拌和物的流动性，应在保持水灰比一定时，同时增加水泥浆的数量，骨料绝对数量一定但相对数量减少，使拌和物满足施工要求。

（4）水灰比

水灰比是指拌制混凝土时，所用水量与水泥质量之比。作为混凝土配合比中的重要参数，其大小反映水泥浆的稀稠程度。水灰比越小，水泥浆越稠，水泥浆的黏聚力增大，混凝土拌和物流动性变小，但黏聚性和保水性良好；水灰比越小，水泥浆越稀，混凝土拌和物的流动性就越大。但值得注意的是，这一关系，在水灰比为 0.4～0.8 时，表现得并不敏感。

水灰比过大，水泥浆过稀，虽然流动性大，但拌和物容易出现分层、离析和泌水现象，并且严重降低混凝土的强度和耐久性。水灰比过小，拌和物流动性减小，黏聚性也会因混凝土发涩而变差，难以振捣密实，从而导致混凝土出现蜂窝麻面现象。

（5）砂率

砂率是指混凝土拌和物中砂的质量占砂石总质量的百分数，用公式表示如下：

$$\beta_s = \frac{m_s}{m_s + m_g} \times 100 \qquad (3\text{-}1)$$

式中：β_s——混凝土砂率（%）；

m_s——混凝土中砂用量（kg）；

m_g——混凝土中石子用量（kg）。

混凝土骨料中，砂的比表面积远远大于石，当砂率改变时，即便是混凝土骨料的总量不变，但砂石骨料的总表面积会发生较大改变，从而导致混凝土拌和物和易性变化。

当砂率增大时，砂量增多，砂石总骨料的总表面积增大，包裹在砂石表面的水泥浆层厚度变薄，同时较多的砂填充于石子空隙，减小石子间的摩擦，混凝土拌和物的流动性变小，若要保持流动性不变，则需要增加水泥浆量，这样就会多消耗水泥。砂率过小，砂不能填满石子之间的空隙，或填满后不能保证石子之间有足够厚度的砂浆层，不仅会降低拌和物的流动性，而且还会影响拌和物的黏聚性和保水性。因此，合适的砂率，既能保证拌和物具有良好的流动性，而且能使拌和物的黏聚性、保水性良好，这一砂率称为"合理砂率"。

合理砂率是指在水泥浆数量一定的条件下，能使拌和物的流动性（坍落度）达到最大，且黏聚性和保水性良好时的砂率；或者是在流动性（坍落度）、强度一定，黏聚性良好时，水泥用量最小时的砂率。合理砂率可以通过试验确定，如图 3-5 所示。

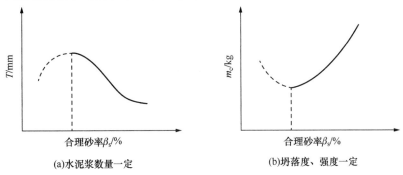

图 3-5　合理砂率的确定

（6）外部环境条件

随着时间的推移，混凝土拌和用水量随着被蒸发、被骨料吸收、参与水泥水化反应而逐渐减少，混凝土拌和物变稠，流动性减小，从而产生坍落度损失。

随着环境温度的升高，水分蒸发速度加快，水泥水化反应速度加快，导致混凝土拌和物的坍落度损失也会随之加快。一般环境温度每升高 10℃，混凝土拌和物的坍落度减小 20～40mm。

我国工程领域推广使用的集中搅拌商品混凝土更应注意坍落度损失问题。商品混凝土与现场搅拌混凝土不一样，混凝土需要经过较长距离的运输，才能到达浇筑现场，若气温较高、湿度较小、风速较大，混凝土拌和物因失水而出现和易性变差。

4. 改善和易性的措施

根据影响和易性的因素，可采取以下相应措施来改善混凝土拌和物和易性。

1）在水灰比不变的前提条件下，适当增加水泥浆量。

2）采用合理砂率配制混凝土。

3）选择级配良好、颗粒较粗的骨料。

4）使用外加剂，如减水剂、引气剂、缓凝剂等都能有效改善和易性。

5）尽可能地缩短混凝土运输时间，以减少坍落度损失。

3.3.2　和易性检测

混凝土和易性是一种综合性能，包含流动性、黏聚性、保水性三个方面的内容。和易性的检测即是对这三个性能的分别测定和综合评定。根据混凝土拌和物流动性的大小，和易性的检测有两种方法，即坍落度法和维勃稠度法。

试验之前首先要取足够数量的混凝土拌和物试样。在《普通混凝土拌和物性能试验方法标准》（GB/T 50080—2002）中对混凝土拌和物的取样做了明确规定。同一组混凝土拌和物的取样应从同一盘混凝土或同一车混凝土中，取样数量应满足试验所需。取样应具有代表性，宜采用多次采样的方法，一般在同一盘混凝土或同一车混凝土中约 1/4 处、1/7 处和 3/4 处之间分别取样，从第一次取样到最后一次取样不宜超过 15min，并应在人工拌和均匀之后，再进行试验。

1. 坍落度法

坍落度法适用于骨料最大粒径不大于 40mm、坍落度不小于 10mm 的塑性混凝土和流动性混凝土，所测定出的定量指标称为坍落度（单位：mm）。坍落度是采用试验的方法所测定的混凝土拌和物在自重作用下产生的变形值。

坍落度法所用仪器设备主要有坍落度筒和钢筋捣棒。先将坍落度筒润湿并置于不吸水的铁板上，然后将人工拌和均匀的混凝土拌和物试样，分三层装入筒内，插捣密实后，抹平筒定，在 5～10s 内垂直平稳提起坍落度筒。此时筒内的混凝土拌和物锥形试体因失去筒体的侧限，试体在自重的作用下向下坍落。测量筒顶与坍落后混凝土试体最高点的高度差，即为该混凝土拌和物的坍落度，如图 3-6 所示。

在测定坍落度时，观察黏聚性和保水性，用捣棒在已坍落的混凝土试体侧面轻轻敲打，如果试体逐渐下沉，表示黏聚性良好；如果试体崩坍、或一边剪切破坏，或出现离析现象，表示黏聚性不好。坍落度筒提起后如有较多的稀浆从底部析出，锥体部分的混凝土也因失浆而骨料外露，则表明保水性不好；如坍落度筒提起来后无稀浆或只有少量稀浆自底部析出，则表明保水性良好。

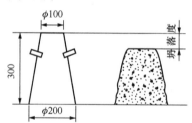

图 3-6　坍落度的测定（单位：mm）

2. 维勃稠度法

维勃稠度法适用于骨料最大粒径不大于 40mm、维勃稠度在 5～30s 的干硬性混凝土。该方法的原理是测定使混凝土拌和物密实所需要的时间（s）。

维勃稠度法所使用的仪器设备主要是维勃稠度仪，如图 3-7 所示。

试验时，将坍落度筒置于振动台上的圆筒内，将人工拌和均匀的混凝土拌和物试样分三层装入坍落度筒，然后提起坍落度筒。再将上方的透明玻璃圆盘放在锥形试体的顶面上，启动振动台，同时用秒表测定从启动振动台开始至混凝土拌和物试体在振动作用下逐渐下沉直至其上部的

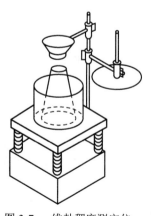

图 3-7　维勃稠度测定仪

透明玻璃圆盘底面被水泥浆布满时的时间，即为维勃稠度（单位：s）。

维勃稠度值越大，说明混凝土拌和物的流动性越小。

3.3.3 混凝土强度

1. 混凝土强度及指标

强度是指物体受外力作用时，抵抗外力不破坏的能力。混凝土在建筑物中受到各种外力作用，因此要求其具有一定的强度。强度是硬化混凝土最重要的技术性质。

混凝土强度指标有抗压强度、抗拉强度和抗弯强度等。混凝土的抗压强度最高，因此在使用中利用这一特点，混凝土主要用于承受压力的工程部位。根据检测时所采用的试块不同，混凝土的抗压强度又有立方体抗压强度和轴心抗压强度之分。立方体抗压强度是作为判定混凝土质量的重要依据之一，轴心抗压强度是作为混凝土结构设计的取值依据。

（1）立方体抗压强度

混凝土立方体抗压强度是指制作以边长为 150mm 的标准立方体试件，经标准养护 28d，采用标准试验方法测得的混凝土极限抗压强度，其用 f_{cc} 表示，单位为 MPa。

立方体抗压强度测定采用的标准试件尺寸为 150mm×150mm×150mm。也可根据骨料的最大粒径选择非标准试件，但强度测定结果必须乘以换算系数，具体见表 3-8。

表 3-8　试件的尺寸选择及换算系数

试件种类	立方体抗压强度试件尺寸/(mm×mm×mm)	轴心抗压强度试件尺寸/(mm×mm×mm)	骨料最大粒径/mm	换算系数
标准试件	150×150×150	150×150×300	40	1.00
非标准试件	100×100×100	100×100×300	31.5	0.95
	200×200×200	200×200×400	63	1.05

混凝土试件的标准养护条件为：温度为（20±2）℃，相对湿度为 95% 以上的标准养护室中，或在温度为（20±2）℃的不流动的 $Ca(OH)_2$ 饱和溶液中。混凝土试件的养护方式除标准养护外，还有同条件养护，即采用与结构构件相同养护条件进行养护。采用同条件养护的混凝土标准试件测定的抗压强度，主要用于在混凝土施工中确定结构构件拆模、出池、吊装、钢筋张拉和放张，以及施工期间临时负荷时的强度。

标准试验方法是指采用《普通混凝土力学性能试验方法》（GB/T 50081—2002）中规定的试件制作和养护、立方体抗压强度试验等内容，具体内容参见试验部分。

（2）轴心抗压强度

轴心抗压强度又称为棱柱体抗压强度，是以尺寸为 150mm×150mm×300mm 的标准试件，在标准养护条件下养护 28d，测得的抗压强度。以 f_{cp} 表示，单位为 MPa。如确有必要，可采用非标准尺寸的棱柱体试件，测得的抗压强度值分别乘以换算系数 0.95 和 1.05，见表 3-8。

在实际结构中，混凝土受压构件大部分为棱柱体形或圆柱体形，为了使所测得的混

凝土强度更接近于混凝土结构的实际受力情况，在钢筋混凝土结构设计中计算轴心受压构件时，均取轴心抗压强度。

试验测定轴心抗压强度时，棱柱体试件受压时受到的摩擦力作用范围比立方体试件小，因此轴心抗压强度值比立方体抗压强度值低，实际中 $f_{cp}＝（0.70\sim0.80）f_{cc}$，在结构设计计算时，一般取 $f_{cp}＝0.67f_{cc}$。

（3）抗拉强度

混凝土的抗拉强度采用劈裂抗拉试验法测得，但其值较低，一般为抗压强度的 1/20～1/10。在工程设计时，一般没有考虑混凝土的抗拉强度。但混凝土的抗拉强度对抵抗裂缝的产生具有重要意义，在结构设计中，混凝土抗拉强度是确定混凝土抗裂度的重要指标。

2. 强度等级

混凝土强度等级是根据混凝土立方体抗压强度标准值划分的级别，以"C"和"混凝土立方体抗压强度标准值（$f_{cu,k}$）"表示。在《混凝土质量控制标准》（GB/T 50164—2011）中，混凝土强度等级有 C10、C15、C20、C25、C30、C35、C40、C45、C50、C55、C60、C65、C70、C75、C80、C85、C90 和 C100。

混凝土立方体抗压强度标准值（$f_{cu,k}$）是指对按标准方法制作和养护的边长为 150mm 的立方体试件，在低于该值的概率应为 5%，也就是说，强度大于等于该值的保证率为 95%。

以强度等级 C30 混凝土为例，"C"是英文单词 concrete 的第一个字母，"30"表明该混凝土的立方体抗压强度标准值为 30MPa，同时，"C30"符号表明该混凝土实测的立方体抗压强度 $f_{cu}\geqslant30MPa$ 的强度保证率为 95%。

混凝土强度等级是混凝土结构设计、混凝土配合比设计、混凝土施工质量检验及验收的重要依据。

3. 混凝土强度的影响因素

由于混凝土是由多种材料组成，由人工经配制和施工操作后形成的，影响混凝土抗压强度的因素较多，概括起来主要有五个方面的因素，即人、机械、材料、施工工艺及环境条件。本书着重探讨材料、环境等因素对混凝土抗压强度的影响。

试验证明，混凝土受力破坏时，总是最先从水泥与骨料的黏结界面上开始。因此，混凝土的强度主要决定于水泥的强度、水灰比及骨料的性质。此外，混凝土的强度还受外加剂、养护条件、龄期、施工条件等因素的影响。

（1）水泥强度和水灰比

水泥强度和水灰比是影响混凝土强度的最主要因素，也是决定性因素。在混凝土受力破坏时，由于骨料本身的强度远远大于水泥，以及黏结界面的强度，因此破坏主要发生在水泥与骨料的黏结界面。黏结界面因存在孔隙、微裂缝等结构缺陷，是混凝土中的薄弱环节。

在混凝土中，水泥与骨料黏结界面的强度取决于水泥强度的高低。在配合比相同的情况下，所用水泥强度越高，则水泥与骨料的黏结强度越大，混凝土的强度越高。

水灰比是混凝土中用水量与水泥用量的比值。在拌制混凝土时，为了使拌和物具有较好的和易性，通常加入较多的水，约占水泥质量的 40%～70%。而水泥水化需要的水分大约只占水泥质量的 23%左右，剩余的水分或泌出，或积聚在水泥与集料黏结的表面，会增大混凝土内部孔隙和降低水泥石与骨料之间的黏结力。因此，在水泥强度及其他条件相同时，混凝土的抗压强度主要取决于水灰比，这一规律称为水灰比定则。水灰比越小，则混凝土的强度越高。但水灰比过小，拌和物的和易性不易保证，硬化后的强度反而降低。

水灰比、灰水比的大小对混凝土抗压强度的影响分别如图 3-8 和图 3-9 所示。

根据大量试验结果及工程实践，水泥强度及灰水比与混凝土强度有如下关系：

$$f_{cc} = \alpha_a \cdot f_{ce} \frac{m_c}{m_w} - \alpha_b \qquad (3\text{-}2)$$

式中：f_{cc}——混凝土 28d 龄期的抗压强度值（MPa）；

f_{ce}——水泥 28d 抗压强度的实测值（MPa）；

m_c/m_w——混凝土灰水比，即水灰比的倒数；

α_a、α_b——回归系数，与水泥、集料的品种有关。

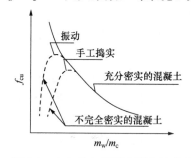

图 3-8　水灰比与混凝土强度的关系

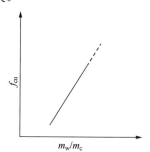

图 3-9　灰水比与混凝土强度的关系

利用上述经验公式，可以根据水泥强度和水灰比值的大小推算出混凝土的强度；也可根据水泥强度和要求的混凝土强度计算混凝土的水灰比。

（2）骨料

骨料在混凝土硬化后主要起骨架作用。由于水泥的强度、骨料的强度均高于混凝土的抗压强度，因此在混凝土抗压破坏时，一般不会出现水泥和骨料先破坏的情况，最薄弱的环节是水泥与骨料黏结的表面。水泥与骨料的黏结强度不仅取决于水泥的强度，而且还与骨料的品种有关。碎石形状不规则，表面粗糙、多棱角，与水泥的黏结强度较高；卵石呈圆形或卵圆形，表面光滑，与水泥的黏结强度较低。因此，在水泥强度及其他条件相同时，碎石混凝土的强度高于卵石混凝土的强度。

（3）养护条件

为混凝土创造适当的温度、湿度条件以利其水化和硬化的工序称为养护。养护的基本条件是温度和湿度。在适当的温度和适当条件下，水泥的水化才能顺利进行，促使混凝土强度发展。

混凝土所处的温度环境对水泥的水化影响较大，即温度越高，水化速度越快，混凝土的强度发展也越快。为了加快混凝土强度发展，在工程中采用自然养护时，可采取一定的措施，如覆盖、利用太阳能养护。另外，采用热养护，如蒸汽养护、蒸压养护，可加速混凝土的硬化，提高混凝土的早期强度。当环境温度低于 0℃时，混凝土中的大部分或全部水分结成冰，水泥不能与固态的冰发生化学反应，混凝土的强度将停止发展。

环境的湿度是保证混凝土中水泥正常水化的重要条件。在适当的湿度下，水泥能正常水化，有利于混凝土强度的发展。湿度过低，混凝土表面会产生失水，迫使内部水分向表面迁移，在混凝土中形成毛细管通道，使混凝土的密实度、抗冻性、抗渗性下降，强度较低；或者混凝土表面产生干缩裂缝，不仅强度较低，而且影响表面质量和耐久性。

为了使混凝土正常硬化，必须保证混凝土在成型后的一定时间内保持一定的温度和湿度。在自然环境中，利用自然气温进行的养护称为自然养护。《混凝土结构工程施工质量验收规范》（GB/T 50204—2002）中规定，对已浇筑完毕的混凝土，应在 12h 内加以覆盖并浇水养护。覆盖是为了保持混凝土处于湿润状态，覆盖可采用锯末、塑料薄膜、麻袋片等。对采用硅酸盐水泥、普通水泥和矿渣水泥拌制的混凝土，浇水养护时间不得小于 7d；对掺缓凝型外加剂或有抗渗要求的混凝土，浇水养护时间不得小于 14d。当环境温度低于 5℃时，不得浇水养护。

为了提高生产效率，缩短拆模时间，混凝土预制构件常用蒸汽养护和蒸压养护方式。蒸汽养护是将混凝土构件放置在近 100℃的常压蒸汽池中进行养护，经 16h 左右，混凝土的强度可达到正常养护条件下 28d 强度的 70%～80%。但对于硅酸盐水泥和普通水泥制成的混凝土构件，其蒸汽养护温度不宜超过 80℃，否则其 28d 的强度将低于正常养护 28d 的强度。这是由于水泥的快速水化放映，致使水泥颗粒表面过早地形成一层水化产物凝胶薄膜，这层膜阻碍水分进一步进入，导致水泥后期水化反应缓慢且不充分。蒸压养护是比蒸汽养护条件更进一步的养护方式，通常是将混凝土构件放入温度 175℃、8 个大气压的压蒸釜中，在高温高压下，水泥水化反应生成的水化产物结晶较好，可有效提高混凝土的强度。

（4）龄期

龄期是指混凝土在正常养护条件下所经历的时间。在正常的养护条件下，混凝土的抗压强度随龄期的增加而不断发展，在 7～14d 内强度发展较快，以后逐渐减慢，28d 后强度发展更慢。由于水泥水化，混凝土的强度发展可持续数十年。

试验证明，当采用普通水泥拌制的、中等强度等级的混凝土，在标准养护条件下，混凝土的抗压强度与其龄期的对数呈正比关系，即

$$\frac{f_n}{\lg n} = \frac{f_{28}}{\lg 28} \qquad (3\text{-}3)$$

式中：f_n，f_{28}——n，28d 龄期的抗压强度（MPa），其中 $n > 3d$。

根据上述经验公式，可根据测定出的混凝土第 n 天抗压强度，推算出混凝土 28d 强度；也可用于推算混凝土构件的拆模时间。

（5）外加剂

在混凝土拌和过程中掺入适量减水剂，可在保持混凝土拌和物和易性不变的情况

下，减少混凝土的单位用水量，提高混凝土的强度。掺入早强剂可提高混凝土的早期强度，而对后期强度无影响。

4. 提高混凝土强度的措施

在实际工程中，为了满足混凝土施工或工程结构的要求，常需要提高混凝土的强度。根据影响混凝土抗压强度的主要因素，可采取以下一些措施。

1）选择高强度等级水泥或早强型水泥：选用高强度水泥，能显著提高硬化混凝土的强度，但由于受原材料以及水泥生产工艺的影响，靠选用高强度等级的水泥的办法通常是不现实的。早强型水泥可显著提高混凝土的早期强度，有利于加快工程进度，缩短工期。

2）采用单位用水量较小、水灰比小的混凝土：降低水灰比是提高混凝土强度的最有效途径。水灰比较小，混凝土拌和物中游离水量较少，硬化后在混凝土中留下的孔隙也较少，混凝土较为密实，因此强度较高。但水灰比过小，混凝土拌和物的流动性会变差，造成施工困难，一般采取掺加减水剂的办法，使得混凝土拌和物在低水灰比的情况下也较好。

3）选用级配良好、强度较高的碎石：碎石表面粗糙，与水泥石黏结强度高，良好的级配能获得更为密实的混凝土，从而提高混凝土强度。

4）改进施工工艺，加强搅拌和振捣，加强浇筑后的养护：采用机械搅拌或强力振捣，都可使混凝土拌和物在较小水灰比的情况下被振捣密实，从而获得较高强度。混凝土浇筑后必须养护，良好的温湿度条件使得水泥水化反应能持续充分进行，混凝土强度得以持续发展和提高。

5）掺加外加剂：掺入减水剂或早强剂，对混凝土的强度发展能起到明显的作用，需要注意的是，早强剂只能提高混凝土的早期强度，而对 28d 的强度影响不大。

3.3.4 混凝土强度检测

检测混凝土的强度，首先需要从同一盘混凝土或同一车混凝土中取数量足够的混凝土拌和物试样。在《混凝土结构工程施工质量验收规范》（GB/T 50204—2002）中，对制作混凝土试件的取样和留置做了明确规定：每拌制 100 盘且不超过 100m³ 的同配合比的混凝土，取样不得少于一次；每个工作班拌制的同配合比混凝土不足 100 盘时，取样也不得少于一次；当一次性连续浇筑超过 1000m³ 时，同配合比的混凝土每 200m³ 取样不得少于一次；每一楼层、同配合比的混凝土，取样不得少于一次；每次取样应至少留置一组标准养护试件，同条件养护时间的留置数量应根据实际需要确定。

取出的混凝土拌和物试样，按规定方法制作成三个一组的混凝土试件。试件经养护达到规定龄期后，取出上机试压。混凝土强度检测所用的仪器设备主要有混凝土压力试验机，搅拌设备、以及制作试件的试模和振动台等。

制作试件时，应先在试模内刷上一层薄薄的矿物油或脱模剂，将拌和好的混凝土拌和物一次性装入试模，然后捣实。当混凝土拌和物坍落度不大于 70mm 时，宜采用振动台振实；对于坍落度大于 70mm 的宜采用捣棒人工捣实。

试模放置在温度为（20±5）℃的环境中静置一昼夜，让混凝土试件成型，拆模后，试件放入标准养护室进行标准养护。同条件养护的试件，其拆模时间可与实际构件的拆模时间相同，拆模后，试件保持同条件养护。

试件标准养护 28d 后，从养护地取出，并进行抗压强度检测。先将试件表面与压力试验机的上、下压板擦干净，然后将试件放置在试验机的下压板中间位置处，开动试验机连续均匀施加荷载，直至试件破坏。记录下试件破坏荷载，按式（3-4）计算混凝土的强度。

$$f_{cc} = \frac{F}{A} \tag{3-4}$$

式中：f_{cc}——混凝土立方体试件抗压强度（MPa）；

$\quad\quad$ F——试件破坏荷载（N）；

$\quad\quad$ A——试件受压面积（mm^2）。

混凝土立方体抗压强度值的确定应符合相关规定：以三个试件测值的算数平均值作为改组试件的强度值（精确至 0.1MPa）；当三个测值中的最大值或最小值中有一个与中间值的差超过中间值的 15% 时，则应把最大值和最小值一并舍去，取中间值作为改组试件的强度值；若最大值和最小值与中间值之差都超过了中间值的 15%，则试验结果无效。

3.3.5 混凝土耐久性能

混凝土不仅要具有所设计强度等级的强度，以保证安全承受各种荷载作用，同时还需要满足在所处环境条件下经久耐用的要求。

1. 混凝土耐久性及所包含的内容

混凝土的耐久性是指混凝土在长期使用过程中，能抵抗各种外界因素的作用，而保持其强度和外观完整性的能力。混凝土的耐久性是一个综合性能，包括抗冻性、抗渗性、抗腐蚀性、碳化及碱骨料反应等，混凝土耐久性的评价主要是通过对上述性能的检测来综合评定。

（1）抗冻性

混凝土的抗冻性是指混凝土在饱和水状态下，能抵抗冻融循环作用而不发生破坏，强度也不显著降低的性质。在寒冷地区，特别是在严寒地区处于潮湿环境或干湿交替环境的混凝土，抗冻性是评定混凝土耐久性的重要指标。

混凝土受冻融循环而破坏，其原因是混凝土内部孔隙中的水结冰。水结冰，其体积膨胀，当这种膨胀力超过混凝土的抗拉强度时，混凝土产生微细裂缝。混凝土经反复冻融后，其内部的微细裂缝逐渐扩大和增多，于是出现混凝土强度较低、混凝土表面酥松剥落等现象，直至完全破坏。

混凝土的抗冻性检测主要有慢冻法和快冻法。慢冻法是采用气冻水融方式，检测混凝土试件所能经受住的冻融循环次数。而快冻法是采用水冻水融方式，检测混凝土试件所能经受住的冻融循环次数。

将做好的一组三个混凝土立方体标准试件，放置在规定温度（慢冻法-18～20℃，快冻法-18～5℃）环境下经受冰冻、融化的循环过程，试件质量显著损失、强度不显著降低的最大循环冻融次数，即为混凝土的抗冻性。

通过慢冻法检测的抗冻性采用抗冻标号表示，代号为 D25、D50、D100、D150、D200、D250、D300、D300 以上。抗冻标号是混凝土试件抗压强度损失率不超过 25%或质量损失率不超过 5%时的最大冻融循环次数。以 D100 为例，该抗冻标号的混凝土所能承受的最大冻融循环次数是 100 次。

通过快冻法检测的抗冻性采用抗冻等级表示，代号为 F10、F15、F25、F50、F100、F200、F250 和 F300。抗冻等级是混凝土试件相对动弹性模量下降至不低于 60%或质量损失率不超过 5%时的最大冻融循环次数。

混凝土的抗冻性主要决定于混凝土的孔隙率及孔隙特征、含水程度等因素。孔隙率较小，且具有封闭孔隙的混凝土，其抗冻性较好。

（2）抗渗性

混凝土的抗渗性是指混凝土抵抗压力水渗透的能力，它是决定混凝土耐久性的最主要因素之一。若混凝土抗渗性差，不仅周围的水容易渗入；当遇到负温度环境时，混凝土更易遭受冰冻破坏；若水中含有腐蚀性介质，则混凝土还易因腐蚀性作用而破坏。因此，在有压力水作用的工程中，如地下工程、城市管网、水库水坝、港口工程以及海洋工程等，对混凝土都有抗渗性的要求。

混凝土渗水的主要原因是混凝土内部存在连通的毛细孔和裂缝，形成渗水通道。渗水通道主要来源于水泥内的孔隙、水泥浆泌水形成的泌水通道、收缩引起的微小裂缝等。因此，提高混凝土的密实度可提高抗渗性。

混凝土的抗渗性用抗渗等级表示。抗渗等级是通过一组六个标准试件，按规定方法增加水压，当观察到有三个试件出现渗水时的最大水压力乘以 10 来确定，计算公式如下：

$$P = 10H - 1 \tag{3-5}$$

式中：P——混凝土抗渗等级；

H——六个试件中有三个试件渗水时的水压力（MPa）。

混凝土的抗渗等级分为 P4、P6、P8、P10 和 P12 五个等级，分别表示混凝土能抵抗 0.4MPa、0.6MPa、0.8MPa、1.0MPa 和 1.2MPa 的静水压力而不发生渗透。

（3）抗侵蚀性

混凝土的抗侵蚀性主要取决于水泥的品种和混凝土的密实度。不同品种的水泥，其抵抗腐蚀性介质作用的能力是不同的，如矿渣水泥的抗腐蚀性就比普通水泥高。混凝土越密实，且孔隙大多呈封闭状态，则环境水分不易浸入。因此，合理选择水泥品种，降低水灰比，提高混凝土的密实度均可以提高抗侵蚀性。有关水泥侵蚀的内容见第 1 章。

（4）抗碳化性

混凝土的碳化主要指水泥的碳化。水泥的碳化是指水泥中的 $Ca(OH)_2$ 与空气中的 CO_2 在潮湿条件下发生化学反应。

混凝土碳化弊多利少。一方面碳化反应会减少水泥中 $Ca(OH)_2$ 含量。$Ca(OH)_2$ 是水泥水化产物，在混凝土中大量存在，使得混凝土呈现碱性，这种碱性环境使得钢筋表面生成一层钝化膜，起到保护钢筋不易生锈的作用。当 $Ca(OH)_2$ 含量减少时，钢筋表面的钝化膜容易被破坏，从而导致钢筋生锈。进而甚者，钢筋生锈产生体积膨胀，导致混凝土保护层开裂。另一方面，碳化作用会引起混凝土表面产生收缩开裂，从而降低混凝土的抗拉强度和抗渗能力。因此在建筑设计中，对于不同部位、不同重要程度的混凝土，其混凝土保护层厚度的要求是不一样的，越重要的部位、越可能遇到腐蚀性介质的部位，混凝土的保护层厚度越厚。

当然，碳化作用对混凝土也有有利的影响，碳化反应生成的 $CaCO_3$，能够进一步填充水泥石的孔隙，提高混凝土密实度，对提高混凝土强度和耐久性有利。

（5）碱骨料反应

碱骨料反应是指水泥、外加剂等混凝土组成物及环境中的碱与骨料中碱活性矿物在潮湿环境下缓慢发生，并导致混凝土开裂破坏的膨胀反应。

常见的碱骨料反应为碱-氧化硅反应，即碱骨料反应后，会在骨料表面形成复杂的碱硅酸凝胶，吸水后凝胶不断膨胀而使混凝土产生膨胀性裂纹，严重时会导致结构破坏。为了防止碱骨料反应，应严格控制水泥中碱的含量和骨料中碱活性物质的含量。

2. 提高混耐久性的措施

混凝土所处的环境条件不同，其耐久性的含义也有所不同，应根据混凝土所处环境条件采取相应的措施来提高耐久性。提高耐久性的主要措施有以下几种。

（1）合理选择混凝土的组成材料

应根据混凝土的工程特点或所处的环境条件，合理选择水泥品种，选择质量良好的骨料。

（2）提高混凝土的密实度

严格控制混凝土的水灰比和水泥用量。水灰比的大小直接影响混凝土的密实程度，而保证足够的水泥用量，也是提高混凝土密实度的前提条件。在混凝土结构设计和配合比设计中，根据混凝土所处的环境类别，采用控制混凝土的最大水胶比和最小胶凝材料用量（表3-9）的方法，来提高混凝土的密实度。

表3-9　混凝土最大水胶比与最小胶凝材料用量

环境等级	条件	最大水胶比	最小胶凝材料用量/(kg/m³)		
			素混凝土	钢筋混凝土	预应力混凝土
一	室内干燥环境； 无侵蚀性静水浸没环境	0.60	250	280	300
二 a	室内潮湿环境； 非严寒和非寒冷地区的露天环境； 非严寒和非寒冷地区与无侵蚀性水或土壤直接接触的环境； 严寒和寒冷地区的冰冻线以下与无侵蚀性水或土壤直接接触的环境	0.55	280	300	300

续表

环境等级	条件	最大水胶比	最小胶凝材料用量/(kg/m³)		
			素混凝土	钢筋混凝土	预应力混凝土
二 b	干湿交替环境; 水位频繁变动环境; 严寒和寒冷地区的露天环境; 严寒和寒冷地区冰冻线以上与无侵蚀性水或土壤直接接触的环境	0.50		320	
三 a	严寒和寒冷地区冬季水位变动区环境; 收除冰盐影响环境; 海风环境	0.45		330	
三 b	盐渍土环境; 受除冰盐作用环境; 海岸环境	0.40		330	

另外，选择级配良好的骨料及合理砂率值，掺入减水剂，也能提高混凝土的密实度。

严格按操作规程进行施工操作，加强搅拌、合理浇筑、振捣密实、加强养护，能够获得质量均匀、成型密实的混凝土，这也是工程施工中常用的方法。

（3）改善混凝土的孔隙结构

在混凝土中掺入适量引气剂，可改善混凝土内部的孔结构，封闭孔隙的存在，可提高混凝土的抗渗性、抗冻性及抗侵蚀性。

3.4 混凝土合格性评定

1. 数理统计方法

混凝土的生产通常是连续而大量的，为了提高其质量检验的效率和降低检验成本，通常采用在混凝土浇筑现场或商品混凝土出厂前，随即抽取试样进行强度试验。对抽样的样本值进行数理统计，从而得出反映混凝土质量水平的统计指标，再根据这些指标来评定混凝土的质量及合格性。

大量的统计分析和试验研究表明：同一强度等级的混凝土，在龄期、生产工艺和配合比基本一致的条件下，其强度的分布符合正态函数曲线，如图 3-10 所示。

在该正态分布函数曲线中，中心对称轴的横坐标即是混凝土强度的平均值。曲线左右的半部的凹凸交界点（又称为拐点）与对称轴间的偏离距离即为标准差。曲线与横轴间所围合的面积代表概率总和，即 100%。图 3-10 中阴影部分面积为混凝土强度保证率。

采用数理统计方法研究混凝土强度分布，以及评定混凝土质量的合格性时，通常会用到以下几个统计量。

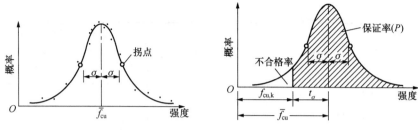

图 3-10　混凝土强度的正态分布示意图

（1）混凝土强度平均值

在实际施工中，要了解混凝土的质量状况，我们会采取抽取一部分混凝土制作成多组试块，每组试块经标准养护 28d 上机试验，均能测定得一个立方体抗压强度值，将每组试块检测出的立方体抗压强度做算数平均，即得混凝土强度平均值，计算公式如下：

$$m_{f_{cu}} = \frac{f_{cu_1} + f_{cu_2} + \cdots + f_{cu_n}}{n} = \frac{\sum f_{cu_i}}{n} \qquad (3\text{-}6)$$

式中：$m_{f_{cu}}$——混凝土强度平均值（MPa）；

　　　　f_{cu_1}、f_{cu_2}、$\cdots$、f_{cu_n}——每组混凝土试件的实测立方体抗压强度（MPa）；

　　　　n——混凝土试件组数。

混凝土强度平均值能反映出混凝土总体的平均水平。

（2）混凝土强度标准差

要了解某工程混凝土的质量状况，仅知道其强度平均水平是不够的。有时，尽管平均水平达到要求，若强度数据波动太大，不满足所设计的强度等级的数据个数就有可能相当多。而要避免这种情况，就需要将平均水平提得比所设计的强度等级高得多。上述两种情况相比较，前者存在不安全因素，后者存在不经济因素。因此，要全面了解混凝土的质量状况，还需要知道其强度的波动情况。标准差就是一个能反映数据波动性（离散性）大小的指标，其计算公式如下：

$$\sigma = \sqrt{\frac{\left(f_{cu_1} - m_{f_{cu}}\right)^2 + \left(f_{cu_2} - m_{f_{cu}}\right)^2 + \cdots + \left(f_{cu_n} - m_{f_{cu}}\right)^2}{n-1}} = \sqrt{\frac{\sum_{i=1}^{n}\left(f_{cu_i} - m_{f_{cu}}\right)^2}{n-1}} \qquad (3\text{-}7)$$

式中：σ——混凝土强度标准差（MPa）；

　　　　$m_{f_{cu}}$——混凝土强度平均值（MPa）；

　　　　f_{cu_1}、f_{cu_2}、$\cdots$、f_{cu_n}——每组混凝土试件的实测立方体抗压强度（MPa）；

　　　　n——混凝土试件组数。

（3）变异系数

标准差是表示数据绝对波动大小的指标。当测量数据较小时，其绝对误差一般较小；当测量数据较大时，其绝对误差一般也较大。因此，当需要考虑数据相对波动的大小时，则采用变异系数来表达，其计算公式如下：

$$C_v = \frac{\sigma}{m_{f_{cu}}} \qquad (3\text{-}8)$$

式中：C_v——变异系数；

σ——标准差（MPa）；

$m_{f_{cu}}$——混凝土强度平均值（MPa）。

2. 混凝土强度的检验评定

混凝土强度应分批进行检验评定。一个检验批的混凝土应由强度等级相同、试验龄期相同、生产工艺条件和配合比基本相应的混凝土组成。大批量连续生产的混凝土和小批量零星生产的混凝土，其强度检验评定方法不同。

（1）统计方法评定

当混凝土的生产条件在较长时间内能保持一致，且同一品种混凝土的强度变异性能保持稳定时，应由连续的三组试件组成一个验收批，其强度应同时满足下列要求：

$$m_{f_{cu}} \geqslant f_{cu,k} + 0.7\sigma_0 \tag{3-9}$$

$$f_{cu,min} \geqslant f_{cu,k} - 0.7\sigma_0 \tag{3-10}$$

当混凝土强度等级不高于 C20 时，其强度的最小值尚应满足下式要求：

$$f_{cu,min} \geqslant 0.85 f_{cu,k} \tag{3-11}$$

当混凝土强度等级高于 C20 时，其强度的最小值尚应满足下式要求：

$$f_{cu,min} \geqslant 0.90 f_{cu,k} \tag{3-12}$$

式中：$m_{f_{cu}}$——同一验收批混凝土立方体抗压强度的平均值（MPa）；

$f_{cu,min}$——同一验收批混凝土立方体抗压强度的最小值（MPa）；

$f_{cu,k}$——混凝土立方体抗压强度标准值（MPa）；

σ_0——验收批混凝土立方体抗压强度的标准差（MPa），其计算公式为

$$\sigma_0 = \frac{0.59}{m} \sum_{i=1}^{m} \Delta f_{cu,i} \tag{3-13}$$

式中：$\Delta f_{cu,i}$——第 i 批试件立方体抗压强度中最大值与最小值之差（MPa）；

m——用以确定验收批混凝土立方体抗压强度标准差的数据总组数。

应引起注意的是，上述检验期不应超过三个月，且在此期间内强度数据的总组数不得少于 15 组。

当混凝土的生产条件在较长时间内不能保持一致，混凝土生产连续较差，且混凝土强度变异性不能保持稳定时，或在前一个检验期内的同一品种混凝土没有足够的数据用以确定验收批混凝土立方体抗压强度的标准差时，混凝土强度的检验评定只能直接根据每一检验批抽样的样本强度数据来确定。此时，应以不少于 10 组的试件组成一个验收批，其强度应同时满足下列公式的要求：

$$m_{f_{cu}} - \lambda_1 S_{f_{cu}} \geqslant 0.9 f_{cu,k} \qquad (3-14)$$

$$f_{cu,min} \geqslant \lambda_2 f_{cu,k} \qquad (3-15)$$

式中：$S_{f_{cu}}$——同一验收批混凝土立方体抗压强度标准差（MPa），当计算值小于 $0.06 f_{cu,k}$
时，取 $S_{f_{cu}} = 0.06 f_{cu,k}$；

λ_1、λ_2——合格判定系数，按表 3-10 取用。

表 3-10　混凝土强度的合格判定系数

试件组数	10～14	15～19	≥20
λ_1	1.15	1.05	0.95
λ_2	0.90	0.85	

（2）非统计方法评定

对于小批量零星生产的混凝土，由于其试件组数有限，不具备采用统计方法来评定
混凝土强度时，可采非统计方法，其强度应同时满足下列要求：

$$m_{f_{cu}} \geqslant 1.15 f_{cu,k} \qquad (3-16)$$

$$f_{cu,min} \geqslant 0.95 f_{cu,k} \qquad (3-17)$$

式中：λ_3、λ_4——合格评定系数，应按表 3-11 取用。

表 3-11　混凝土强度的非统计法合格评定系数

混凝土强度等级	＜C60	≥C60
λ_3	1.15	1.10
λ_4	0.95	

3. 混凝土强度的合格性判断

当验收批的混凝土强度检验结果能满足上述规定时，则该批混凝土强度判为合格；
当不能满足上述规定时，该批混凝土强度判为不合格。

由不合格批混凝土制成的结构或构件，应进行鉴定。对不合格的结构或构件必须及
时处理。

当对混凝土试件强度的代表性有怀疑时，可采用从结构或构件中钻取试件的方法或
采用非破损检验方法，按有关标准的规定对结构或构件中混凝土的强度进行推定。

结构或构件拆模、出池、出厂、吊装、预应力筋张拉或放张，以及施工期间需要短
暂负荷时的混凝土强度，应满足设计要求或现行国家标准的有关规定。

4. 混凝土施工配制强度

在工程施工中配制混凝土时，应采用施工配制强度来拌制混凝土。

观察混凝土强度正态分布曲线可知，若要保证混凝土的强度保证率达到 95%，则混凝土的施工配制强度应按强度平均值取值。根据《普通混凝土配合比设计规程》（JGJ 55—2011）规定，当混凝土设计强度等级小于 C60 时，施工配制强度可应按下式计算。

$$f_{cu,o} \geq f_{cu,k} + 1.645\sigma \tag{3-18}$$

式中：$f_{cu,o}$——混凝土配制强度（MPa）；

$f_{cu,k}$——设计的混凝土强度标准值（MPa）；

σ——混凝土强度标准差（MPa）。

对于高强度混凝土，其设计强度等级≥C60，此时混凝土的施工配制强度应按下式确定。

$$f_{cu,o} \geq 1.15\, f_{cu,k} \tag{3-19}$$

当近期没有同一品种、同一强度等级的混凝土强度资料时，混凝土强度标准差按表 3-12 取值。

表 3-12　混凝土强度标准差（单位：MPa）

混凝土强度标准差	≤C20	C25~C45	C50~C55
σ	4.0	5.0	6.0

当具有近 1~3 个月的同一品种、同一强度等级混凝土的强度资料，且试件组数不少于 30 组时，混凝土的强度标准差应按下式计算。

$$\sigma = \sqrt{\frac{\sum_{i=1}^{n} f_{cu,i}^2 - n m_{f_{cu}}^2}{n-1}} \tag{3-20}$$

式中：σ——混凝土强度标准差；

$f_{cu,i}^2$——第 i 组的试件强度（MPa）；

$m_{f_{cu}}$——n 组试件的强度平均值（MPa）；

n——试件组数。

3.5　混凝土配合比

配合比是混凝土生产、施工的关键环节之一，对保证混凝土工程质量和节约资源具有重要意义。

3.5.1　配合比定义及表达方式

混凝土配合比是指单位体积的混凝土中各组成材料的质量比例关系。通常将确定这种数量比例关系的工作称为混凝土配合比设计。

混凝土配合比常用表示方法有两种：一种是以 $1m^3$ 混凝土中各组成材料的质量表

建筑材料与检测

示，如水泥（m_c）300kg、水（m_w）180kg、砂（m_s）720kg、石子（m_g）1200kg；另一种表示方法是采用各组成材料的质量比例关系来表示（以水泥质量为1），将上例换算成质量比例关系，则为：水泥：砂：石子：水=1：2.40：4.00：0.60。

3.5.2 普通混凝土配合比设计

普通混凝土配合比设计是指确定混凝土拌和时各组成材料用量的过程，该过程应符合《普通混凝土配合比设计规程》（JGJ 55—2011）的规定。在这个计算、试配、调整与确定的复杂过程中，可大致分为计算配合比、试拌配合比、试验室配合比和施工配合比四个阶段。

计算配合比主要是指依据设计的基本条件，参照理论和大量试验提供的参数进行计算，得到基本满足混凝土和易性、强度和耐久性要求的配合比；试拌配合比是指在计算配合比的基础上，通过试配少量混凝土、和易性检测、调整修正，提出的符合混凝土拌和物性能要求和施工要求的配合比；试验室配合比是指通过对水灰比的微量调整，在满足混凝土设计强度等级的前提下，确定的水泥用量最少的配合比；而施工配合比是指考虑工程中实际砂石的含水对配合比的影响，经计算修正后，得到的实际应用的配合比。

总之，配合比设计的过程是一个逐步满足混凝土质量要求，且经济合理等设计目标的过程。

混凝土的质量要求主要体现三个技术性能指标上：一是混凝土拌和物的和易性良好，拌和物满足施工操作，且能获得质量均匀成型密实的硬化混凝土；二是混凝土的强度达到所设计的强度等级要求；三是耐久性良好。

与混凝土三个技术性能密切相关的参数有三个：反映水和胶凝材料之间质量比例关系的水胶比（当胶凝材料全部采用水泥时，水胶比称为水灰比，即水和水泥之间的质量比）；反映砂石之间质量比例关系的砂率；反映骨料与水泥浆量之间比例关系的单位用水量（拌和 1m³ 混凝土的用水量）。

水灰比的确定主要取决于混凝土的强度和耐久性。从强度角度来看，水灰比越小，混凝土强度越高。从耐久性角度来看，水灰比小些，水泥用量多些，混凝土的密度就高，耐久性则优良。在强度和耐久性都已满足要求的前提下，水灰比应取较大值，以获得较高的流动性。

砂率主要应从满足和易性和节约水泥两个方面考虑。在水灰比和水泥用量不变的前提下，砂率应取坍落度最大、而黏聚性和保水性又好的砂率，并经试拌调整而定。在和易性满足要求的情况下，砂率尽可能取小值以达到节约水泥的目的。

单位用水量是指 1m³ 混凝土拌和物中所用水量。当在水灰比和水泥用量不变的情况下，单位用水量反映出水泥浆量与骨料用量之间的比例关系。水泥浆量要满足包裹骨料表面并保持足够流动性的要求，但用水量过大，会降低混凝土的耐久性。

3.5.3 普通混凝土配合比设计步骤

普通混凝土由水泥、砂石、水、外加剂及掺和料组成。若混凝土中所掺入的掺和料具有一定的化学活性，则在混凝土凝结硬化过程中，这些化学活性物质会参与水化反应，具有胶凝能力。通常混凝土中水泥和活性矿物掺和料又统称为胶凝材料。配合比设计即是确定这些组成材料的过程。

1. 计算配合比

（1）确定水胶比（W/B）

当混凝土强度等级小于 C60 时，水灰比可按下式计算，即

$$\frac{W}{B} = \frac{\alpha_a f_{ce}}{f_{cu,o} + \alpha_a \alpha_b f_b} \tag{3-21}$$

式中：α_a，α_b——回归系数，应根据工程所使用的水泥、骨料，通过试验建立的水灰比与混凝土强度关系式确定，当不具备试验统计资料时，回归系数按表 3-13 取值；

f_b——胶凝材料 28d 胶砂抗压强度实测值（MPa）。

表 3-13　回归系数（α_a，α_b）取值汇总

粗骨料品种	碎石	卵石
α_a	0.53	0.49
α_b	0.20	0.13

当胶凝材料没有 28d 胶砂抗压强度实测值时，f_b 可按下式计算，即

$$f_b = \gamma_f \gamma_s f_{ce} \tag{3-22}$$

式中：γ_f，γ_s——粉煤灰影响系数和粒化高炉矿渣粉影响系数，按表 3-14 取值；

f_{ce}——水泥 28d 胶砂抗压强度（MPa）。

表 3-14　粉煤灰影响系数和粒化高炉矿渣粉影响系数

掺和料的掺量/%	粉煤灰影响系数（γ_f）	粒化高炉矿渣粉影响系数（γ_s）
0	1.00	1.00
10	0.85～0.95	1.00
20	0.75～0.85	0.95～1.00
30	0.65～0.75	0.90～1.00
40	0.55～0.65	0.80～0.90
50	—	0.70～0.85

当水泥 28d 胶砂抗压强度若无实测值（f_{ce}），则按下式计算，即

$$f_{ce} = \lambda_c f_{ce,g} \tag{3-23}$$

式中：$f_{ce,g}$——水泥强度等级值（MPa）；

λ_c——水泥强度等级值的富余系数，可按实际统计资料确定，当缺乏实际统计资料时，可按表 3-15 选用。

表 3-15　水泥强度等级值的富余系数

水泥强度等级值	32.5	42.5	52.5
富余系数（λ_c）	1.12	1.16	1.10

（2）确定用水量

对于干硬性混凝土和塑性混凝土，水灰比在 0.40～0.80 范围内时，应根据施工要求的混凝土拌和物的坍落度，以及所用骨料的种类和最大粒径，查表 3-16 和表 3-17 来确定单位用水量（m_{wo}）。

表 3-16　干硬性混凝土的用水量

拌和物稠度		卵石最大公称粒径/mm			碎石最大公称粒径/mm		
		10.0	20.0	40.0	16.0	20.0	40.0
项目	指标	用水量/（kg/m³）					
维勃稠度/s	16～20	175	160	145	180	170	155
	11～15	180	165	150	185	175	160
	5～10	185	170	155	190	180	165

表 3-17　塑性混凝土的用水量

拌和物稠度		卵石最大公称粒径/mm				碎石最大公称粒径/mm			
		10.0	20.0	31.5	40.0	16.0	20.0	31.5	40.0
项目	指标	用水量/（kg/m³）							
坍落度/mm	10～30	190	170	160	150	200	185	175	165
	35～50	200	180	170	160	210	195	185	175
	55～70	210	190	180	170	220	205	195	185
	75～90	215	195	185	175	230	215	205	195

注：1. 本表用水量系采用中砂时的取值。采用细砂时，每立方米混凝土用水量可增加 5～10kg；采用粗砂时，可减少 5～10kg。

2. 掺用矿物掺和料和外加剂时，用水量应相应调整。

对于水灰比小于 0.40 的混凝土及采用特殊成型工艺的混凝土的用水量应通过试验确定。

对于掺外加剂的流动性和大流动性混凝土，其用水量和外加剂用量应分别按下式计算，即

$$m_{wo}=m_{wo}'(1-\beta) \tag{3-24}$$

式中：m_{wo}——计算配合比中混凝土的用水量（kg/m³）；

　　　m_{wo}'——未掺外加剂时推定的满足实际坍落度要求的混凝土用水量；以表 3-14 和表 3-15 中 90mm 的用水量为基础，按坍落度每增大 20mm，用水量相应增加 5kg，计算用水量；

　　　β——外加剂的减水率（%），应经混凝土试验确定。

（3）确定胶凝材料、矿物掺和料和水泥用量

混凝土的胶凝材料用量（m_{bo}）由已求得的水胶比和用水量，可按下式计算，即

$$m_{bo}=\frac{m_{wo}}{W/B} \tag{3-25}$$

式中：m_{bo}——混凝土胶凝材料用量（kg/m³）；

　　　m_{wo}——混凝土用水量（kg/m³）；

　　　W/B——混凝土水胶比。

每立方米混凝土的矿物掺和料用量（m_{fo}）应按下式计算，即

$$m_{fo}=m_{bo}\beta_f \tag{3-26}$$

式中：m_{fo}——混凝土矿物掺和料用量（kg/m³）；

　　　β_f——矿物掺和料的掺量（%）。

每立方米混凝土的水泥用量（m_{co}）应按下式计算，即

$$m_{co}=m_{bo}-m_{fo} \tag{3-27}$$

式中：m_{co}——混凝土中水泥用量（kg/m³）。

（4）确定外加剂用量

每立方米混凝土的外加剂用量（m_{ao}）应按下式计算，即

$$m_{ao}=m_{bo}\beta_a \tag{3-28}$$

式中：m_{ao}——混凝土外加剂用量（kg/m³）；

　　　m_{bo}——混凝土胶凝材料用量（kg/m³）；

　　　β_a——外加剂掺量（%），应经混凝土试验确定。

（5）确定砂率

砂率（β_s）可由试验或历史经验资料选取。如无历史资料,对于坍落度为 10～60mm 的混凝土，砂率可根据粗骨料品种、最大公称粒径及水胶比按表 3-18 选取。对于坍落度小于 10mm 的混凝土，砂率应经试验确定。对于坍落度大于 60mm 的混凝土，砂率经试验确定，也可在表 3-18 的基础上，按坍落度每增大 20mm，砂率增大 1%的幅度予以调整。

表 3-18　混凝土的砂率

水胶比（W/B）	卵石最大公称粒径/mm			碎石最大公称粒径/mm		
	10.0	20.0	40.0	16.0	20.0	40.0
	砂率/%					
0.40	26～32	25～31	24～30	30～35	29～34	27～32

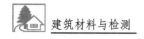

水胶比（W/B）	卵石最大公称粒径/mm			碎石最大公称粒径/mm		
	10.0	20.0	40.0	16.0	20.0	40.0
	砂率/%					
0.50	30～35	29～34	28～33	33～38	32～37	30～35
0.60	33～38	32～37	31～36	36～41	35～40	33～38
0.70	36～41	35～40	34～39	39～44	38～43	36～41

注：1. 本表数值系中砂的选用砂率，对于细砂或粗砂，可相应地减少或增大砂率。

2. 采用人工配制混凝土时，砂率应适当增大。

3. 只用一个单粒级粗骨料配制混凝土时，砂率应适当增大。

（6）计算砂、石用量

计算混凝土砂石用量（m_{so}、m_{go}）的方法有两种，即质量法和体积法。这两种方法都是通过建立关于 m_{so} 和 m_{go} 的二元一次方程组的方式来计算砂石用量。

1）质量法：该方法是在未知混凝土拌和物质量的条件下，先假定每立方米混凝土拌和物的质量为 m_{cp}，可取 2350～2450kg/m³。则混凝土拌和物的质量为各组成材料质量之和，于是建立下列方程组。

$$\begin{cases} m_{fo} + m_{co} + m_{go} + m_{so} + m_{wo} = m_{cp} \\ \beta_s = \dfrac{m_{so}}{m_{go} + m_{so}} \times 100\% \end{cases} \quad (3\text{-}29)$$

式中：m_{go}——每立方米混凝土的粗骨料用量（kg/m³）；

m_{so}——每立方米混凝土的细骨料用量（kg/m³）；

m_{wo}——每立方米混凝土的用水量（kg/m³）；

β_s——砂率（%）；

m_{cp}——每立方米混凝土拌和物的假定质量（kg/m³）。

解方程组，即可得出每立方米混凝土砂石用量（m_{so}、m_{go}）。

2）体积法：该方法假定混凝土拌和物的体积等于各组成材料的体积与拌和物中所含空气的体积之和。如取混凝土拌和物的体积为 1m³，则可建立以下关于 m_{so} 和 m_{go} 二元方程组。

$$\begin{cases} \dfrac{m_{co}}{\rho_c} + \dfrac{m_{fo}}{\rho_f} + \dfrac{m_{go}}{\rho_g} + \dfrac{m_{so}}{\rho_s} + \dfrac{m_{wo}}{\rho_w} + 0.01\alpha = 1 \\ \beta_s = \dfrac{m_{so}}{m_{go} + m_{so}} \times 100\% \end{cases} \quad (3\text{-}30)$$

式中：ρ_c——水泥的密度（kg/m³），应测定取值，也可取 2900～3100kg/m³；

ρ_f——矿物掺和料的密度（kg/m³）；

ρ_g——粗骨料的表观密度（kg/m³）；

ρ_s——细骨料的表观密度（kg/m^3）；

ρ_w——水的密度（kg/m^3），可取 1000kg/m^3；

α——混凝土的含气量，用百分数表示，在不适于引气型外加剂时，可取 1。

2. 试拌配合比

计算配合比是参照理论公式和试验参数确定的配合比，理论上讲是基本满足混凝土和易性、强度和耐久性要求的配合比。但是否满足混凝土质量要求，还需要通过试验的手段，试配少量混凝土，检验和易性和强度。

试配混凝土时，若采用试验用搅拌机，则混凝土的最小搅拌量可按表 3-19 确定，并不应小于搅拌机公称容量的 1/4，当然也不能大于搅拌机的公称容量。

表 3-19　混凝土试配的最小搅拌量

粗骨料最大公称粒径/mm	混凝土拌和物数量/L
≤31.5	20
40.0	25

混凝土拌和物拌制好后，因立即测定和易性，并根据检测结果对各组成材料用量进行适当调整。若测定的坍落度或维勃稠度比要求值大时，应在水灰比不变的前提下，增加用水量和水泥用量；当测定值比要求值小时，应在砂率不变的前提下，增加砂、石用量；当黏聚性、保水性差时，可适当加大砂率。

3. 试验室配合比

试拌配合比是根据混凝土拌和物和易性要求调整得到的配合比，是否能真正满足混凝土的强度要求，还需进行强度试验。

做强度试验时，应分别制作三个不同水胶比的混凝土试件来进行强度检测。其中一个水胶比为试拌配合比中确定的水胶比，另外两个应较试拌配合比的水胶比分别增加和减少 0.05，用水量应与试拌配合比的用水量相同，砂率可分别增大和减少 1%。

制作混凝土强度试验试件时，应检测混凝土拌和物的坍落度或维勃稠度、黏聚性、保水性及拌和物的表观密度，并作为相应配合比的混凝土拌和物性能指标。进行混凝土强度试验时，每种配合比至少应制作一组试件，标准养护 28d，再进行力学试验，测出其立方体抗压强度。

根据试验得出的混凝土强度与其相对应的灰水比（C/W）关系，用作图法或插值法确定略大于混凝土施工配制强度的灰水比，如图 3-11 所示。

调整后，应即时记录调整后的各组成材料用量（m_c、m_f、m_b、m_b、m_w），并测定调整后混凝土拌和物的表观密度 $\rho_{c,t}$（kg/m^3）。计算混凝土拌和物的理论表观密度 $\rho_{c,c}$（kg/m^3），若两值之差不超过计算值的 2%，则按以下规定调整各组成材料用量。

1）按混凝土强度试验结果，绘制强度和灰水比的线性关系曲线，并确定灰水比。

2）在试拌配合比的基础上，混凝土用水量和外加剂用量应根据水胶比调整。

3）胶凝材料用量以用水量除以确定的水胶比计算得出。

4）粗骨料和细骨料用量根据用量和胶凝材料用量进行调整。

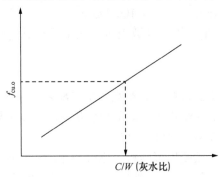

图 3-11　混凝土强度与灰水比的线性关系

若混凝土拌和物表观密度的实测值与计算值之差超过计算值的 2%，则应将配合比中各组成材料用量乘以校正系数（δ），即

$$\rho_{c,c}=m_c+m_f+m_g+m_s+m_w \qquad (3\text{-}31)$$

式中：$\rho_{c,c}$——混凝土拌和物的表观密度计算值（kg/m^3）。

$$\delta = \frac{\rho_{c,t}}{\rho_{c,c}} \qquad (3\text{-}32)$$

式中：$\rho_{c,t}$——混凝土拌和物的表观密度实测值（kg/m^3）；

　　　　δ——混凝土配合比校正系数。

生产单位可根据常用材料设计出常用的混凝土配合比备用，并在使用过程中进行验证和调整。若遇到对混凝土性能有特殊要求时，或水泥、外加剂或矿物掺和料等原材料品种、质量有显著变化时，应重新进行配合比设计。

4. 施工配合比

采用试验的方法确定的试拌配合比和试验室配合比，因试验条件限制，所用的砂石材料均为干燥状态，含水率极低。但现场堆放的砂石含水率会因天气湿度的变化而变化，若被雨水淋湿，则含水率会大幅度增加。因此，不能直接将试验室配合比运用于工程施工现场，而需要经含水率换算，获得施工配合比。

首先测定工程施工现场砂石含水率分别为 w_s、w_g，则施工配合比中混凝土各组成材料用量分别为

$$m'_c = m_c \qquad (3\text{-}33)$$

$$m'_s = m_s(1 + w_s) \qquad (3\text{-}34)$$

$$m'_g = m_g(1 + w_g) \qquad (3\text{-}35)$$

$$m'_w = m_w - m_s \cdot w_s - m_g \cdot w_g \qquad (3\text{-}36)$$

式中：m'_c、m'_s、m'_g、m'_w——施工配合比中各组成材料的用量（kg/m^3）；

　　　　m_c、m_w、m_s、m_g——试验室配合比中各组成材料的用量（kg/m^3）。

3.6　其他混凝土品种

3.6.1　商品混凝土

1. 商品混凝土简况

商品混凝土，又称为预拌混凝土，简称为"商混凝土"。商品混凝土最早出现于欧洲，到 20 世纪 70 年代，商品混凝土的发展进入黄金时期，随后其总生产量逐渐在混凝土总量处于绝对优势。商品混凝土的产生可以说是混凝土发展史上的一次"革命"，是混凝土工业走向现代化和科学化的标志。目前，商品混凝土在国外已成为一门新兴的产业。

商品混凝土是以集中预拌、远距离运输的方式向施工工地提供现浇混凝土。商品混凝土是现代混凝土与现代化施工工艺相结合的建材产品，严格地讲，它不是混凝土的品种。商品混凝土包括：大流动性混凝土、流态混凝土、泵送混凝土、自密实混凝土、防渗抗裂大体积混凝土、高强混凝土和高性能混凝土等。

2. 商品混凝土优点

与普通混凝土相比较，商品混凝土具有环保节能、节约原材料、提高劳动生产率、混凝土质量稳定可靠等优点，使其得以在工程领域广泛应用。

现场搅拌混凝土，大量的砂石、水泥等建筑材料进入施工现场，所产生的粉尘、污水、噪声等严重污染城市环境。而商品混凝土利用其先进的设备、合理的工艺、稳定的制造技术，既减少了施工现场建筑材料的堆放，明显改变了施工现场脏、乱、差等现象，又降低了工人劳动强度。随着商品混凝土行业的发展和壮大，在工业废渣和城市废弃物处理处置及综合利用方面逐步发挥更大的作用，减少环境恶化。

商品混凝土由商品混凝土搅拌站集中生产。商品混凝土搅拌站是一个专业性的混凝土生产企业，管理模式基本定型且比较单一，生产人员相对稳定，设备配置先进，生产工艺相对简洁稳定，生产出来的混凝土质量更稳定可靠。

3. 商品混凝土的质量控制

为了使商品混凝土性能稳定、经济、性价比高，应严格选择原材料、优化配合比、严格控制搅拌和运输。

1）把握好原材料进场关：混凝土原材料进场时，供方应按规定批次向需方提供质量证明文件。质量证明文件应包括形式检验报告、出厂检验报告与合格证等，外加剂产品还应提供使用说明书。原材料进场后，还应按规定进行现场检验。

2）严格计量，控制好配合比：混凝土搅拌时，应严格执行混凝土配合比通知单的有关要求。做好原材料计量，计量宜采用电子计量设备，设备精度应满足现行国家标准的有关规定，且应有法定计量部门签发的有效检定证书，并应定期校验。混凝土生产单位每月应自检一次；每一工作班开始前，应对计量设备进行零点校准。当现场粗细骨料含水率发生变化时，应及时调整称量。

3）混凝土应充分搅拌均匀：商品混凝土搅拌宜采用强制式搅拌机。为了搅拌均匀，混凝土搅拌的最短时间可按表 3-20 采用。当搅拌高强混凝土时，搅拌时间应适当延长；采用自落式搅拌机时，搅拌时间宜延。对于双卧轴强制式搅拌机，可在保证搅拌均匀的情况下适当缩短搅拌时间。

表 3-20　混凝土搅拌的最短时间

混凝土坍落度/mm	搅拌机机型	搅拌机出料量/L		
		<250	250～500	>500
		时间/s		
≤40	强制式	60	90	120
>40 且<100	强制式	60	60	90
≥100	强制式	60		

注：混凝土搅拌的最短时间是指全部材料装入搅拌筒中起，到开始卸料止的时间。

4）加强运输控制，保证混凝土质量：在运输过程中，应控制混凝土不离析、不分层和组成成分不发生变化，并应控制混凝土拌和物和易性满足施工要求。当采用搅拌罐车运送混凝土拌和物时，卸料前应采用快挡旋转搅拌罐不少于 20s；因运距过远、交通或现场等问题造成坍落度损失较大而卸料困难时，可采用在混凝土拌和物中掺入适量减水剂并快挡旋转搅拌罐的措施，减水剂掺量应有经试验确定的预案，但不得加水。当采用泵送混凝土时，混凝土运输应能保证混凝土连续泵送。混凝土拌和物从搅拌机卸出至施工现场接收的时间间隔不宜大于 90min。

3.6.2　高强混凝土

在我国，一般将强度等级大于等于 C60 以上的混凝土称为高强混凝土。在建筑工程中采用高强混凝土，不仅可减小结构断面尺寸，减轻结构自重，降低材料用量，有效地利用高强钢筋，而且能增加建筑的抗震能力，加快施工进度，降低工程造价，满足特种工程的要求。

一般情况下，混凝土强度等级从 C30 提高到 C60，可节省 10%～40%的混凝土。虽然高强混凝土比普通混凝土成本上要高一些，但由于减少了截面，结构自重减轻，这对自重占荷载主要部分的建筑物具有特别重要意义。高强混凝土的密实性能好，抗渗、抗冻性能均优于普通混凝土，其耐海水侵蚀和海浪冲刷的能力大大优于普通混凝土，因此被大量用于海洋和港口工程。高强混凝土变形小，从而使构件的刚度得以提高，大大改善了建筑物的变形性能。

1. 高强混凝土的原材料

配制高强混凝土时，宜选用强度等级不小于 42.5 的通用硅酸盐水泥。通常配制高强混凝土时，需要掺加高效胶水机，此时应注意减水剂与水泥的适应性问题，以避免混凝土坍落度损失。

配制高强混凝土时，宜选用强度高、弹性模量大、热膨胀系数小的粗骨料。在特定水灰比下，减小粗骨料的最大粒径可有效提高混凝土的强度，因此，所选粗骨料的最大粒径不宜大于 31.5mm。配制 70MPa 的混凝土时，宜选用最大粒径在 20～25mm 的粗骨料；配制 100MPa 的混凝土时，宜选用最大粒径在 14～20mm 的粗骨料；而配制强度超过 125MPa 的超高强混凝土时，粗骨料的最大粒径宜控制在 10～14mm。

细骨料对高强混凝土的影响，相对粗骨料来说要小些，但也是不可忽视的。应该选用洁净、细度模数在 2.6～3.2 的中粗砂，以细度模数为 3.0 的粗砂最好。由于细骨料比粗骨料有更大的比表面积，粗细骨料间的比率（砂率），对水泥用量和混凝土强度的影响很大，采用最佳砂率可获得最好的强度，高强混凝土由于水泥用量多，适当降低砂率不至于影响和易性。

粉煤灰、矿渣、硅粉等矿物掺和料，能改善混凝土的和易性，增加拌和物的黏聚性，有效减少拌和物的泌水和离析现象。拌和物泌水和离析是造成混凝土显微结构缺陷的主要原因。因此，在高强混凝土中掺入矿物掺和料，不仅是为了节约水泥，主要还是为了改善混凝土的微结构和性能。

高强混凝土必须采取高水泥用量和低水灰比，故必然导致混凝土拌和物的黏聚性增大、流动性变差。掺入高效减水剂后，其对水泥具有强烈的分散和润滑作用，可大幅度降低用水量，使得最大限度地降低水灰比成为可能。所以，高效减水剂自然成为高强混凝土的必要组分之一。

2. 高强混凝土配合比

高强混凝土的配合比与普通混凝土不同之处主要表现在水泥用量较多。通常水泥用量高于 400kg/m³，但水泥用量过多会导致水化热高、干缩较大，而且水泥用量超过一定范围后，混凝土的强度不再随水泥用量的增加而提高，因此水泥用量一般不大于 600kg/m³。

3. 高强混凝土的特点及应用

高强混凝土结构致密，强度高，变形小，适用于大跨度、重荷载、高耸结构。同时，因强度高，能减小混凝土构件的截面尺寸，大大降低结构自重和提高刚度。

高强混凝土常掺加高效减水剂，即使采用较小的水灰比，其拌和物的坍落度仍能达到 200～250mm。但由于混凝土中粉料用量多，很少出现混凝土拌和物离析和泌水现象。

高强混凝土水泥用量较多，因此混凝土的干缩现象不可忽视。并且水化热大，其用于大体积混凝土时易产生开裂现象。研究发现，当水胶比小于 0.29 时，混凝土的干缩略有降低。

高强混凝土的抗渗性、抗冻性和抗腐蚀性较好，能承受恶劣环境条件考验，延长建筑物的使用寿命。

3.6.3 高性能混凝土

随着现代工程结构的高度、跨度和体积不断增加，结构越来越复杂，使用的环境条件日益严酷，工程建设对混凝土性能的要求就越来越高。为了适应这一发展状态，高性

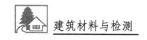

能混凝土应运而生。

高性能混凝土是指能同时满足混凝土各种性能要求，并采用传统组成材料、拌和工艺、浇筑养护方式而获得的具有特殊要求的混凝土。这种混凝土在配合比上特点，表现为能够采用较低水胶比和较少水泥用量，一般水泥用量不超过 400kg/m³，其中粉煤灰或矿渣粉的掺量可达到 30%～40%，在配制高性能混凝土时，为了同时满足低水胶比、少胶凝材料用量、良好和易性的要求，均需要使用高效减水剂。

高性能混凝土具有多方面的优越性能。

1）自密实性能：高性能混凝土用水量较低，但由于使用高效减水剂，并掺加适量活性混合材料，流动性好，抗离析性能高，具有优异的填充模式性能。它适用于结构复杂、采用普通振捣密实方法施工难以进行的混凝土结构工程。

2）强度高：高性能混凝土的抗压强度高，可使钢筋混凝土柱和拱壳等以受压为主的构件的承载力大幅度提高；在相同荷载下，可使构件的截面减少，有效节约材料；在受弯构件中，可降低截面的受压区混凝土高度。因此，可增加建筑有效空间和跨度，在一些领域中替代钢结构。

3）耐久性好。高性能混凝土比一般混凝土有更高的密实性，抗外部侵蚀能力强，抗裂性高，使用寿命长。它适用于海上钻井平台、高速公路桥面板等高耐久性、长寿命要求的工程。

3.6.4　轻混凝土

凡是干表观密度不大于 1950kg/m³ 的混凝土称为轻混凝土。轻混凝土的主要优点就是轻质，使其在工程中的应用能够获得良好的技术性能和积极效益。轻混凝土质轻且具有较良好的力学性能，故特别适用于高层、大跨度和合抗震要求的建筑。

除此之外，轻混凝土还具有良好的保温隔热性、耐火性能，以及力学性能，且在使用中表现出易于加工的特点。轻混凝土，尤其是多孔混凝土，很容易钉入钉子和进行切割加工。

轻混凝土按其表观密度减小提劲的不同，又分为轻骨料混凝土、大孔混凝土和多孔混凝土。

1. 轻骨料混凝土

轻骨料混凝土采用密度较小、或轻质多孔的轻骨料拌制而成，按轻骨料种类，又分为全轻混凝土、砂轻混凝土、大孔轻骨料混凝土和次轻混凝土。全轻混凝土的粗细骨料均采用轻骨料；砂轻混凝土是以轻质砂粒作为细骨料；大孔轻骨料混凝土中有轻粗骨料与水泥、水拌制的无砂或少砂的混凝土；次轻混凝土是在轻骨料中掺入部分普通粗骨料的混凝土，是轻骨料混凝土中体积密度最大的混凝土。

轻骨料品种多，常以轻骨料命名混凝土，如粉煤灰陶粒混凝土、黏土陶粒混凝土、页岩陶粒混凝土、浮石混凝土等。

轻骨料混凝土按其立方体抗压强度标准值分为 13 个强度等级，分别用 LC5.0、LC7.5、LC10、LC15、LC20、LC25、LC30、LC35、LC40、LC45、LC50、LC55、LC60

表示。同时，轻骨料混凝土按其干表观密度划分为 14 个密度等级，如表 3-21 所示。

表 3-21 轻骨料混凝土的密度等级

密度等级	干表观密度的变化范围/(kg·m³)	密度等级	干表观密度的变化范围/(kg·m³)
600	560~650	1300	1260~1350
700	660~750	1400	1360~1450
800	760~850	1500	1460~1550
900	860~950	1600	1560~1650
100	950~1050	1700	1660~1750
1100	1060~1150	1800	1760~1850
1200	1160~1250	1900	1860~1950

轻骨料混凝土具有表观密度较小而强度较高的特点，适用于多层和高层建筑、大跨度结构，以及耐火等级要求高的建筑，同时其良好的保温隔热性能和变形性能，使得其在有节能要求的建筑、抗震结构中得以使用。

2. 大孔混凝土

大孔混凝土中不掺细骨料，水泥浆只能包裹在粗骨料的表面将其黏接成为整体，而粗骨料颗粒之间的间隙因没有足量的砂浆填充而形成混凝土内部的孔隙。大孔混凝土按所用粗骨料分为普通大孔混凝土和轻骨料大孔混凝土。普通大孔混凝土是用碎石、卵石、重矿渣等配制而成。轻骨料大孔混凝土则是采用轻质陶粒、浮石、煤渣等配制而成。有时，为了提高大孔混凝土的强度，也掺入少量细骨料，拌制成少砂混凝土。

普通大孔混凝土因内部孔隙率大，自重轻，强度较低。其表观密度一般在 1500~1900kg/m³，抗压强度为 3.5~10MPa。轻骨料大孔混凝土更轻，其表观密度在 500~1500kg/m³，抗压强度为 1.5~7.5MPa。

大孔混凝土适用于制作墙体用小型空心砌块和各种板材，也可用于现浇墙体。普通大孔混凝土还可制作乘坐滤水管、滤水板等，广泛应用于市政工程。

3. 多孔混凝土

多孔混凝土中一般不掺入粗、细骨料，而掺入引气剂或发泡剂，使得混凝土内部产生大量微细小孔或泡沫。根据制造原理不同，多孔混凝土分为加气混凝土和泡沫混凝土两种。

加气混凝土时采用钙质材料、硅质材料和适量加气剂为原料，经磨细、配料、搅拌、浇筑、切割、养护成型。加气剂一般采用铝粉，铝粉在混凝土料浆中，与钙质材料中 $Ca(OH)_2$ 发生化学反应而放出氢气，形成气泡，使得混凝土呈现为多孔结构。

多孔混凝土轻质，其表观密度不超过 1000kg/m³，通常在 300~800kg/m³，保温隔热性能优良，可加工性能好，可钉、可锯、可刨，并可使用胶黏剂黏结。加气混凝土适用于承重和非承重的内墙和外墙。施工中，因其吸水率较大，应注意加气混凝土吸水以及水分蒸发所带来的影响。

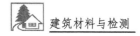

泡沫混凝土时将水泥等料浆与泡沫剂拌和，经搅拌、发泡、浇筑、养护而成。其技术性能和应用于相同体积密度的加气混凝土大体相同。

【小结】

本章重点需要掌握普通混凝土的相关内容，包括组成材料的选择、主要技术性能及指标检测、技术性能影响因素和改善措施、配合比设计等。对其他品种混凝土仅需了解。

【思考与练习】

1. 试述普通混凝土有哪些组成材料？各自起什么作用？

2. 减水剂是如何发挥减水、增强作用的？

3. 任何水都能用来拌制混凝土吗？为什么？

4. 什么是混凝土拌和物和易性？它包含哪三个方面内容？

5. 影响和易性的主要因素有哪些？采取哪些措施可改善和易性？

6. 混凝土强度指标有哪些？各有什么用途？

7. 影响混凝土强度的主要因素有哪些？采取哪些措施可以提高混凝土的强度？

8. 何为混凝土耐久性？它包括哪些性能？各自指标如何？

9. 试验室配合比与施工配合比的区别在哪儿？若将试验室配合比直接应用于施工现场配制混凝土，会出现什么问题？

10. 做施工配合比练习。

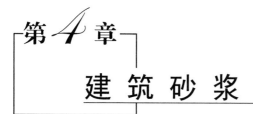

第4章 建筑砂浆

| 教学目标 | 1. 掌握建筑砂浆的技术性质及其测定方法。
2. 掌握砌筑砂浆的强度及其配合比设计。
3. 了解其他品种砂浆。 |

4.1 建筑砂浆概述

4.1.1 建筑砂浆的定义及种类

建筑砂浆是由无机胶凝材料、细集料、掺和料、水，以及根据性能确定的各种组分按适当比例配合、拌制并经硬化而成的工程材料。它与混凝土的区别在于不含有粗骨料，因此建筑砂浆也被称为细骨料混凝土。

建筑砂浆的种类很多，根据用途可分为：砌筑砂浆、抹面砂浆、装饰砂浆、防水砂浆、勾缝砂浆，以及耐酸、耐热等特种砂浆。根据生产方式不同，分为施工现场拌制的砂浆和由搅拌站生产的商品砂浆。根据所用的胶凝材料不同，可分为水泥砂浆、石灰砂浆和混合砂浆（包括水泥石灰砂浆、水泥黏土砂浆、石灰黏土砂浆等）。

4.1.2 建筑砂浆的主要应用

建筑砂浆是建筑工程中用量最大、用途最广的建筑材料之一。它被广泛用于砌筑（砖、石、砌块），抹灰（如室内、外抹灰），勾缝（如大型墙板、砖石墙的勾缝），黏结（镶贴石材，粘贴面砖）等方面。

水泥砂浆宜用于砌筑潮湿环境以及强度要求较高的砌体；水泥石灰砂浆宜用于砌筑干燥环境中的砌体；多层房屋的墙体一般采用强度等级为 M5 的水泥石灰砂浆；砖柱、砖拱、钢筋砖过梁等一般采用强度等级为 M5～M10 的水泥砂浆；砖基础一般采用不低于 M5 的水泥砂浆；低层房屋或平房可采用石灰砂浆；简易房屋可采用石灰黏土砂浆。

4.2　砌筑砂浆组成材料

砌筑砂浆是将砖、石、砌块等块材经砌筑成为砌体，起黏结、衬垫和传递荷载作用的砂浆。它的主要作用是将分散的块体材料牢固地黏结成为整体，并使荷载能均匀地往下传递；填充砌体材料之间的缝隙，提高建筑物的保温、隔声、防潮等性能。

1. 水泥

水泥是砌筑砂浆的主要胶凝材料。水泥宜采用通用硅酸盐水泥或砌筑水泥，且应符合现行国家标准《通用硅酸盐水泥》（GB 175—2007）和《砌筑水泥》（GB/T 3183—2003）的规定。水泥强度等级应根据砂浆品种及强度等级的要求进行选择。一般水泥砂浆采用的水泥，强度不宜大于 32.5 级，水泥混合砂浆采用的水泥，强度不宜大于 42.5 级。M15 及以下强度等级的砌筑砂浆宜选用 32.5 级的通用硅酸盐水泥或砌筑水泥；M15 以上强度等级的砌筑砂浆宜选用 42.5 级通用硅酸盐水泥。选用水泥的强度一般为砂浆强度的 4～5 倍。工程上较多采用的砂浆的强度等级为 M5 和 M7.5。水泥强度过高，水泥用量少，会影响砂浆的和易性。如果水泥强度等级过高，则可加入混合材料进行调整。对于一些特殊工程部位，如配制构件的接头、接缝或用于结构加固、修补裂缝，应采用膨胀水泥。

2. 水

拌制砂浆用水要求与混凝土拌和水要求相同，未经试验鉴定的非洁净水、生活污水、工业废水均不能用来拌制及养护砂浆。

3. 砂

砂浆常用普通砂拌制，要求砂坚固清洁，级配适宜，最大粒径通常应控制在砂浆厚度的 1/5～1/4，使用前必须过筛。砌筑砂浆中，砖砌体宜选用中砂，毛石砌体宜选用粗砂。砂子中的含泥量应有所控制，水泥砂浆、混合砂浆的强度等级≥M5 时，含泥量应≤5%；强度等级＜M5 时，含泥量应≤10%。若使用细砂配制砂浆时，砂子中的含泥量应经试验来确定。

4. 外掺料

为了改善砂浆的性质，减少水泥用量，降低成本，通常往砂浆中掺入石灰膏、黏土膏及粉煤灰等工业废料制成混合砂浆。

砌筑砂浆用石灰膏、电石膏应符合下列规定。

1）生石灰熟化成石灰膏时，应用孔径不大于 3mm×3mm 的网过滤，熟化时间不得少于 7d；磨细生石灰粉的熟化时间不得少于 2d。沉淀池中储存的石灰膏，应采取措施防止干燥、冻结和污染。严禁使用脱水硬化的石灰膏。石灰膏稠度应控制在 120mm 左右。

2）制作电石膏的电石渣应用孔径不大于 3mm×3mm 的网过滤，检验时应加热至

70℃后至少保持 20min，并应待乙炔挥发完后再使用。

粉煤灰、粒化高炉矿渣粉、硅灰、天然沸石粉应分别符合国家现行标准《用于水泥和混凝土中的粉煤灰》（GB/T 1596—2005）、《用于水泥和混凝土中的粒化高炉矿渣粉》（GB/T 18046—2008）、《高强高性能混凝土用矿物外加剂》（GB/T 18736—2002）和《天然沸石粉在混凝土和砂浆中应用技术规程》（JGJ/T 112—1997）的规定。当采用其他品种矿物掺和料时，应有可靠的技术依据，并应在使用前进行试验验证。

采用保水增稠材料时，应在使用前进行试验验证，并应有完整的形式检验报告。

外加剂应符合国家现行有关标准的规定，引气型外加剂还应有完整的形式检验报告。必要时可向砂浆中掺入适量的塑化剂，如微沫剂（松香、碱和适量水熬成的混合物）等，能有效地改善砂浆的和易性。

4.3 砌筑砂浆主要技术性能及检测

经拌和后的砂浆应具有以下性质：满足和易性要求；满足设计种类和强度等级的要求；具有足够的黏结力。

新拌砂浆应具有良好的和易性。砂浆的和易性包括流动性和保水性两个部分内容。和易性良好的砂浆容易在粗糙的砖石底面上铺设成均匀的薄层，而且能够和底面紧密黏结，既能提高劳动效率，又能保证工程质量。

4.3.1 砂浆稠度及检测

砂浆的流动性也称为稠度，是指砂浆在自重或外力作用下流动的性能，用"沉入度"表示。

砂浆稠度的大小是以砂浆稠度测定仪（图 4-1）的标准圆锥自由沉入砂浆 10s 的深度，用毫米（mm）表示。标准圆锥沉入的深度越深，表明砂浆的流动性越大。砂浆的流动性不能过大，否则强度会下降，并且会出现分层、析水的现象；流动性过小，砂浆偏干，又不便于施工操作，灰缝不易填充，所以新拌的砂浆应具有要求的稠度。

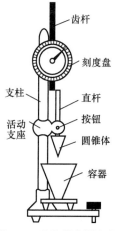

图 4-1 砂浆稠度测定仪

1. 试验仪器

稠度试验所用仪器应符合下列规定：

1）砂浆稠度仪：如图 4-1 所示，由试锥、容器和支座三个部分组成。试锥由钢材或铜材制成，试锥高度为 145mm，锥底直径为 75mm，试锥连同滑杆的质量应为（300±2）g；盛载砂浆容器由钢板制成，筒高为 180mm，锥底内径为 150mm；支座分底座、支架及刻度显示三个部分，由铸铁、钢及其他金属制成。

2）钢制捣棒：直径 10mm、长 350mm，端部磨圆。

3）秒表等。

2. 试验步骤

稠度试验应按下列步骤进行：

1）用少量润滑油轻擦滑杆，再将滑杆上多余的油用吸油纸擦净，使滑杆能自由滑动。

2）用湿布擦净盛浆容器和试锥表面，将砂浆拌和物一次装入容器，使砂浆表面低于容器口约 10mm 左右。用捣棒自容器中心向边缘均匀地插捣 25 次，然后轻轻地将容器摇动或敲击 5～6 下，使砂浆表面平整，然后将容器置于稠度测定仪的底座上。

3）拧松制动螺丝，向下移动滑杆，当试锥尖端与砂浆表面刚接触时，拧紧制动螺丝，使齿条侧杆下端刚接触滑杆上端，读出刻度盘上的读数（精确至 1mm）。

4）拧松制动螺丝，同时计时，10s 时立即拧紧螺丝，将齿条测杆下端接触滑杆上端，从刻度盘上读出下沉深度（精确至 1mm），二次读数的差值即为砂浆的稠度值。

5）盛装容器内的砂浆，只允许测定一次稠度，重复测定时，应重新取样测定。

3. 试验结果

稠度试验结果应按下列要求确定。

1）取两次试验结果的算术平均值，精确至 1mm。

2）如两次试验值之差大于 10mm，应重新取样测定。

4.3.2 砂浆分层度及检测

砂浆分层度试验适用于测定砂浆拌和物在运输及停放时内部组分的稳定性。

1. 试验仪器

分层度试验所用仪器应符合下列规定。

1）砂浆分层度筒（图 4-2）内径为 150mm，上节高度为 200mm，下节带底净高为 100mm，用金属板制成，上、下层连接处需加宽至 3～5mm，并设有橡胶热圈。

2）振动台：振幅（0.5±0.05）mm，频率（50±3）Hz。

3）稠度仪、木锤等。

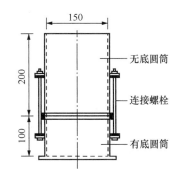

图 4-2　砂浆分层度测筒（单位：mm）

2. 试验步骤

分层度试验应按下列步骤进行。

1）首先将砂浆拌和物按稠度试验方法测定稠度。

2）将砂浆拌和物一次装入分层度筒内，待装满后，用木锤在容器周围距离大致相等的四个不同部位轻轻敲击 1～2 下，如砂浆沉落到低于筒口，则应随时添加，然后刮去多余的砂浆并用抹刀抹平。

3）静置 30min 后，去掉上节 200mm 砂浆，剩余的 100mm 砂浆倒出放在拌和锅内拌 2min，再按第 4 章阐述的稠度试验方法测其稠度。前、后测得的稠度之差即为该砂浆的分层度值（mm）。

也可采用快速法测定分层度，其步骤是：①按稠度试验方法测定稠度；②将分层度筒预先固定在振动台上，砂浆一次装入分层度筒内，振动 20s；③去掉上节 200mm 砂浆，剩余 100mm 砂浆倒出放在拌和锅内拌 2min，再按稠度试验方法测其稠度，前后测得的稠度之差即为是该砂浆的分层度值。但如有争议时，以标准法为准。

3. 试验结果

分层度试验结果应按下列要求确定。

1）取两次试验结果的算术平均值作为该砂浆的分层度值。

2）两次分层度试验值之差如大于 10mm，应重新取样测定。

4.3.3 砂浆强度及检测

砂浆强度试验适用于测定砂浆立方体的抗压强度。

1. 试验仪器

砂浆立方体抗压强度试验所用仪器设备应符合下列规定。

1）试模：尺寸为 70.7mm×70.7mm×70.7mm 的带底试模，每组试件三个。材质规定参照《混凝土试模》（JG 3019—94）4.1.3 条及 4.2.1 条，应具有足够的刚度并拆装方便。试模的内表面应机械加工，其不平度应为每 100mm 不超过 0.05mm，组装后各相邻面的不垂直度不应超过±0.5°。

2）钢制捣棒：直径为 10mm，长为 350mm，端部应磨圆。

3）压力试验机：精度为 1%，试件破坏荷载应不小于压力机量程的 20%，且不大于全量程的 80%。

4）垫板：试验机上、下压板及试件之间可垫以钢垫板，垫板的尺寸应大于试件的承压面，其不平度应为每 100mm 不超过 0.02mm。

5）振动台：空载中台面的垂直振幅应为（0.5±0.05）mm，空载频率应为（50±3）Hz，空载台面振幅均匀度不大于 10%，一次试验至少能固定（或用磁力吸盘）三个试模。

2. 试验步骤

（1）砂浆立方体抗压强度试件的制作

先用黄油等密封材料涂抹试模的外接缝，试模内涂刷薄层机油或脱模剂，将拌制好的砂浆一次性装满砂浆试模，成型方法根据稠度而定。当稠度≥50mm 时，采用人工振捣成型；当稠度<50mm 时，采用振动台振实成型。

1）人工振捣：用捣棒均匀地由边缘向中心按螺旋方式插捣 25 次，插捣过程中若砂浆沉落低于试模口，应随时添加砂浆，可用油灰刀插捣数次，并用手将试模一边抬高 5～10mm 各振动 5 次，使砂浆高出试模顶面 6～8mm。

2）机械振动：将砂浆一次装满试模，放置到振动台上，振动时试模不得跳动，振动 5～10s 或持续到表面出浆为止，不得过振。

待表面水分稍干后，将高出试模部分的砂浆沿试模顶面刮去并抹平。

（2）砂浆立方体抗压强度试件的养护

试件制作后应在室温为（20±5）℃的环境下静置（24±2）h，当气温较低时，可适当延长时间，但不应超过两个昼夜，然后对试件进行编号、拆模。试件拆模后应立即放入温度为（20±2）℃、相对湿度为 90% 以上的标准养护室中养护。养护期间，试件彼此间隔不小于 10mm，混合砂浆试件上面应覆盖以防有水滴在试件上。

（3）砂浆立方体试件抗压强度检测

试件从养护地点取出后应及时进行试验。试验前将试件表面擦试干净，测量尺寸，并检查其外观。并据此计算试件的承压面积，如实测尺寸与公称尺寸之差不超过 1mm，可按公称尺寸进行计算。

将试件安放在试验机的下压板（或下垫板）上，试件的承压面应与成型时的顶面垂直，试件中心应与试验机下压板（或下垫板）中心对准。开动试验机，当上压板与试件（或上垫板）接近时，调整球座，使接触面均衡受压。承压试验应连续而均匀地加荷，加荷速度应为 0.25～1.5kN/s（砂浆强度不大于 5MPa 时，宜取下限；砂浆强度大于 5MPa 时，宜取上限）。当试件接近破坏而开始迅速变形时，停止调整试验机油门，直至试件破坏，然后记录一组三个破坏荷载。

3. 试验结果

砂浆立方体抗压强度应按式（4-1）计算。

$$f_{m,cu} = K \frac{N_u}{A} \qquad (4-1)$$

式中： $f_{m,cu}$——砂浆立方体试件抗压强度（MPa）；

   N_u——试件破坏荷载（N）；

   A——试件承压面积（mm^2）；

   K——换算系数，取 1.3。

砂浆立方体试件抗压强度应精确至 0.1MPa。

应以三个测量值的算术平均值作为该组试件的代表值。当三个测量值的最大值或最小值中如有一个与中间值的差值超过中间值的 15%时，则把最大值及最小值一并舍除，取中间值作为该组试件的抗压强度值；当有两个测值与中间值的差值均超过中间值的15%时，则该组试件的试验结果无效。

4.3.4 砂浆黏结力及检测

砂浆与砌筑材料黏结力的大小，直接影响砌体的强度、耐久性和抗震性能。一般情况下，砂浆的抗压强度越高，与砌筑材料的黏结力也越大。此外，砂浆与砌筑材料的黏结状况与砌筑材料表面的状态、洁净程度、湿润状况、砌筑操作水平以及养护条件等因素也有着直接关系。

砂浆黏结力按《建筑砂浆基本性能试验方法标准》（JGJ/T 70—2009）的规定检测。利用拉伸黏结强度试验测定砂浆拉伸黏结强度。

1. 试验条件

标准试验条件为温度（23±2）℃，相对湿度 45%～75%。

2. 仪器设备

仪器设备有：

1）拉力试验机：破坏荷载应在其量程的 20%～80%范围内，精度 1%，最小示值 1N；

2）拉伸专用夹具：符合《建筑室内用腻子》（JG/T 3049—1998）的要求。

3）成型框：外框尺寸为 70mm×70mm，内框尺寸为 40mm×40mm，厚度为 6mm，材料为硬聚氯乙烯或金属。

4）钢制垫板：外框尺寸为 70mm×70mm，内框尺寸为 43mm×43mm，厚度为 3mm。

3. 试件制备

（1）基底水泥砂浆试件的制备

1）原材料：水泥为符合《通用硅酸盐水泥》（GB 175—2007）的 42.5 级水泥；砂为符合《普通混凝土用砂、石质量及检验方法标准》（JGJ 52—2006）的中砂；水符合《混凝土用水标准》（JGJ 63—2006）的有关规定。

2）配合比：水泥∶砂∶水=1∶3∶0.5（质量比）。

3）成型：按上述配合比制成的水泥砂浆倒入 70mm×70mm×20mm 的硬聚氯乙烯或金属模具中，振动成型或人工成型。10.0.4.3 条人工成型，试模内壁事先宜涂刷水性脱模剂，待干、备用。

成型 24h 后脱模，放入（23±2）℃水中养护 6d，再在试验条件下放置 21d 以上。试验前用 200# 砂纸或磨石将水泥砂浆试件的成型面磨平，备用。

（2）砂浆料浆的制备

1）干混砂浆料浆的制备：

① 待检样品应在试验条件下放置 24h 以上。

② 称取不少于 10kg 的待检样品，按产品制造商提供的比例进行水的称量，若给出一个值域范围，则采用平均值。

③ 将待检样品放入砂浆搅拌机中，启动机器，徐徐加入规定量的水，搅拌 3～5min。搅拌好的料应在 2h 内用完。

2）湿拌砂浆料浆的制备：

① 待检样品应在试验条件下放置 24h 以上。

② 按产品制造商提供比例进行物料的称量，干物料总量不少于 10kg。

③ 将称好的物料放入砂浆搅拌机中，启动机器，徐徐加入规定量的水，搅拌 3～5min。搅拌好的料应在规定时间内用完。

3）现拌砂浆料浆的制备：

① 待检样品应在试验条件下放置 24h 以上。

② 按设计要求的配合比进行物料的称量，干物料总量不少于 10kg。

③ 将称好的物料放入砂浆搅拌机中，启动机器，徐徐加入规定量的水，搅拌 3～5min。搅拌好的料应在 2h 内用完。

（3）拉伸黏结强度试件的制备

将成型框放在制备好的水泥砂浆试块的成型面上，将制备好的干混砂浆料浆或直接从现场取来的湿拌砂浆试样倒入成型框中，用捣棒均匀插捣 15 次，人工颠实 5 次，再转 90°，再颠实 5 次，然后用刮刀以 45° 方向抹平砂浆表面，轻轻脱模，在温度（23±2）℃、相对湿度 60%～80% 的环境中养护至规定龄期。每一砂浆试样至少制备 10 个试件。

4. 试验步骤

1）将试件在标准试验条件下养护 13d，在试件表面涂上环氧树脂等高强度黏合剂，然后将上夹具对正位置放在黏合剂上，并确保上夹具不歪斜，继续养护 24h。

2）测定拉伸黏结强度。

3）将钢制垫板套入基底砂浆块上，将拉伸黏结强度夹具安装到试验机上，试件置于拉伸夹具中，夹具与试验机的连接宜采用球铰活动连接，以（5±1）mm/min 速度加荷至试件破坏。试验时破坏面应在检验砂浆内部，则认为该值有效并记录试件破坏时的荷载值。若破坏形式为拉伸夹具与黏合剂破坏，则试验结果无效。

5. 试验结果

拉伸黏结强度的计算公式为

$$f_{at} = \frac{F}{A_z} \tag{4-2}$$

式中：f_{at}——砂浆的拉伸黏结强度（MPa）；

$\qquad$ F——试件破坏时的荷载（N）；

$\qquad$ A_z——黏结面积（mm^2）。

单个试件的拉伸黏结强度值应精确至 0.001MPa，计算 10 个试件的平均值。如单个试件的强度值与平均值之差大于 20%，则逐次舍弃偏差最大的试验值，直至各试验值与平均值之差不超过 20%；当 10 个试件中有效数据不少于 6 个时，取剩余数据的平均值为试验结果，结果精确至 0.01MPa；当 10 个试件中有效数据不足 6 个时，则此组试验结果无效，应重新制备试件进行试验。

有特殊条件要求的拉伸黏结强度，按要求条件处理后，重复上述试验。

4.3.5　砂浆其他性能检测

1. 密度试验

本方法适用于测定砂浆拌和物捣实后的单位体积质量（质量密度），以确定每立方米砂浆拌和物中各组成材料的实际用量。

（1）试验仪器

质量密度试验所用仪器应符合下列规定。

1）容量筒：金属制成，内径 108mm，净高 109mm，筒壁厚 2mm，容积为 1L。

2）天平：称量 5kg，感量 5g。

3）钢制捣棒：直径 10mm，长 350mm，端部磨圆。

4）砂浆密度测定仪（图 4-3）。

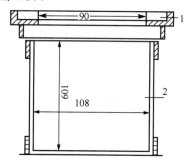

图 4-3　砂浆密度测定仪

1—漏斗；2—容量筒

5）振动台：振幅（0.5±0.05）mm，频率（50±3）Hz。

6）秒表。

（2）试验步骤

砂浆拌和物质量密度试验应按下列步骤进行。

1）测定砂浆拌和物的稠度。

2）用湿布擦净容量筒的内表面，称量容量筒质量 m_1，精确至 5g。

3）捣实可采用手工或机械方法：当砂浆稠度大于 50mm 时，宜采用人工插捣法；

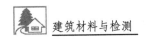

当砂浆稠度不大于 50mm 时，宜采用机械振动法。

① 采用人工插捣时，将砂浆拌和物一次装满容量筒，使稍有富余，用捣棒由边缘向中心均匀地插捣 25 次；插捣过程中如砂浆沉落到低于筒口，则应随时添加砂浆，再用木锤沿容器外壁敲击 5～6 下。

② 采用振动法时，将砂浆拌和物一次装满容量筒连同漏斗在振动台上振 10s，振动过程中如砂浆沉入到低于筒口，应随时添加砂浆。

4）捣实或振动后将筒口多余的砂浆拌和物刮去，使砂浆表面平整，然后将容量筒外壁擦净，称出砂浆与容量筒总质量 m_2，精确至 5g。

（3）试验结果

砂浆拌和物的质量密度的计算公式为

$$\rho = \frac{m_2 - m_1}{V} \times 1000 \qquad (4\text{-}3)$$

式中：ρ——砂浆拌和物的质量密度（kg/m³）；

m_1——容量筒质量（kg）；

m_2——容量筒及试样质量（kg）；

V——容量筒容积（L）。

取两次试验结果的算术平均值，精确至 10kg/m³。

2. 保水性试验

本方法适用于测定砂浆保水性，以判定砂浆拌和物在运输及停放时内部组分的稳定性。

（1）试验仪器

保水性试验所用仪器应符合下列规定。

1）金属或硬塑料圆环试模：内径 100mm、内部高度 25mm。

2）可密封的取样容器，应清洁、干燥。

3）2kg 的重物。

4）医用棉纱：尺寸为 110mm×110mm，宜选用纱线稀疏，厚度较薄的棉纱。

5）超白滤纸：符合《化学分析滤纸》（GB/T 1914—2007）的中速定性滤纸，直径为 110mm，面密度为 200g/m²。

6）两片金属或玻璃的方形或圆形不透水片，边长或直径大于 110mm。

7）天平：量程 200g，感量 0.1g；及量程 2000g，感量 1g。

8）烘箱。

（2）试验步骤

保水性试验应按下列步骤进行。

1）称量下不透水片与干燥试模质量 m_1 和八片中速定性滤纸质量 m_2。

2）将砂浆拌和物一次性填入试模，并用抹刀插捣数次。当填充砂浆略高于试模边缘时，用抹刀以 45°一次性将试模表面多余的砂浆刮去，然后再用抹刀以较平的角度在试模表面反方向将砂浆刮平。

3）抹掉试模边的砂浆，称量试模、下不透水片与砂浆总质量 m_3。

4）用两片医用棉纱覆盖在砂浆表面，再在棉纱表面放上八片滤纸，用不透水片盖在滤纸表面，以 2kg 的重物压着不透水片。

5）静止 2min 后移走重物及不透水片，取出滤纸（不包括棉砂），迅速称量滤纸质量 m_4。

6）从砂浆的配比及加水量计算砂浆的含水率，如无法计算，可按附录试验操作。

（3）试验结果

砂浆保水性应按下式计算。

$$W=\left[1-\frac{m_4-m_2}{\alpha\times(m_3-m_1)}\right]\times100\%\qquad(4\text{-}4)$$

式中：W——保水性（%）；

　　　m_1——下不透水片与干燥试模质量（g）；

　　　m_2——八片滤纸吸水前的质量（g）；

　　　m_3——试模、下不透水片与砂浆总质量（g）；

　　　m_4——八片滤纸吸水后的质量（g）；

　　　α——砂浆含水率（%）。

取两次试验结果的平均值作为结果，如两个测定值中有一个超出平均值的 5%，则此组试验结果无效。

　　附：砂浆含水率测试方法

　　称取 100g 砂浆拌和物试样，置于一个干燥并已称重的盘中，在（105±5）℃的烘箱中烘干至恒重，砂浆含水率应按下式计算。

$$\alpha=\frac{m_5}{m_6}\times100\%\qquad(4\text{-}5)$$

式中：α——砂浆含水率（%）；

　　　m_5——烘干后砂浆样本损失的质量（g）；

　　　m_6——砂浆样本的总质量（g）。

砂浆含水率值应精确至 0.1%。

3．凝结时间试验

本方法适用于用贯入阻力法确定砂浆拌和物的凝结时间。

（1）试验仪器

凝结时间试验所用仪器应符合下列规定。

1）砂浆凝结时间测定仪由试针、容器、台秤和支座四个部分组成，并应符合下列规定。

① 试针：不锈钢制成，截面积为 30mm²。

② 盛砂浆容器：由钢制成，内径 140mm，高 75mm。

③ 压力表：称量精度为 0.5N。

④ 支座：分为分底座、支架及操作杆三个部分，由铸铁或钢制成。

2）时钟等。

（2）试验步骤

凝结时间试验应按下列步骤进行。

1）将制备好的砂浆拌和物装入砂浆容器内，并低于容器上口 10mm，轻轻敲击容器，并予以抹平，盖上盖子，放在（20±2）℃的试验条件下保存。

2）砂浆表面的泌水不清除，将容器放到压力表圆盘上，然后通过以下步骤来调节测定仪：

① 调节螺母 3，使贯入试针与砂浆表面接触。

② 松开调节螺母 2，再调节螺母 1，以确定压入砂浆内部的深度为 25mm 后再拧紧螺母 2。

③ 旋动调节螺母 8，使压力表指针调到零位。

3）测定贯入阻力值，用截面为 30mm² 的贯入试针与砂浆表面接触，在 10s 内缓慢而均匀地垂直压入砂浆内部 25mm 深，每次贯入时记录仪表读数 N_p，贯入杆离开容器边缘或已贯入部位至少 12mm。

4）在（20±2）℃的试验条件下，实际贯入阻力值，在成型后 2h 开始测定，以后每隔 0.5h 测定一次，至贯入阻力值达到 0.3MPa 后，改为每 15min 测定一次，直至贯入阻力值达到 0.7MPa 为止。

注：

① 施工现场凝结时间的测定，其砂浆稠度、养护和测定的温度与现场相同。

② 在测定湿拌砂浆的凝结时间时，时间间隔可根据实际情况来定。如可定为受检砂浆预测凝结时间的 1/4、1/2、3/4 等来测定，当接近凝结时间时改为每 15min 测定一次。

（3）试验结果

砂浆贯入阻力值的计算公式为

$$f_p = \frac{N_p}{A_p} \tag{4-6}$$

式中：f_p——贯入阻力值（MPa）；

N_p——贯入深度至 25mm 时的静压力（N）；

A_p——贯入试针的截面积，即 30mm²。

砂浆贯入阻力值应精确至 0.01MPa。

由测得的贯入阻力值，可按下列方法确定砂浆的凝结时间：分别记录时间和相应的贯入阻力值，根据试验所得各阶段的贯入阻力与时间的关系绘图，由图求出贯入阻力值达到 0.5MPa 的所需时间 t_s（min），此时的 t_s 值即为砂浆的凝结时间测定值，或采用内插法确定。

砂浆凝结时间测定，应在一盘内取两个试样，以两个试验结果的平均值作为该砂浆的凝结时间值，两次试验结果的误差不应大于 30min，否则应重新测定。

4.3.6 砂浆取样、试件制作及养护

1. 取样

1）建筑砂浆试验用料应从同一盘砂浆或同一车砂浆中取样。取样量应不少于试验

所需量的 4 倍。

2）施工中取样进行砂浆试验时，其取样方法和原则应按相应的施工验收规范执行。一般在使用地点的砂浆槽、砂浆运送车或搅拌机出料口，至少从三个不同部位取样。现场取来的试样，试验前应人工搅拌均匀。

3）从取样完毕到开始进行各项性能试验不宜超过 15min。

2. 试样制作及养护

1）在试验室制备砂浆拌和物时，所用材料应提前 24h 运入室内。拌和时试验室的温度应保持在（20±5）℃。

应当注意的是，需要模拟施工条件下所用的砂浆时，所用原材料的温度宜与施工现场保持一致。

2）试验所用原材料应与现场使用材料一致。砂应通过公称粒径 5mm 的砂石筛。

3）试验室拌制砂浆时，材料用量应以质量计。称量精度：水泥、外加剂、掺和料等为 ±0.5%；砂为 ±1%。

4）在试验室搅拌砂浆时应采用机械搅拌，搅拌机应符合《试验用砂浆搅拌机》（JG/T 3033—1996）的规定，搅拌的用量宜为搅拌机容量的 30%～70%，搅拌时间不应少于 120s。掺有掺和料和外加剂的砂浆，其搅拌时间不应少于 180s。

4.4 砌筑砂浆配合比设计

砌筑砂浆配合比设计可通过查有关资料或手册来选用，或通过计算来进行，确定初步配合比后，再进行试拌、调整，确定最终的施工配合比。

4.4.1 砌筑砂浆配合比的基本要求

砌筑砂浆配合比应满足以下基本要求。

1）和易性要求：砂浆拌和物的和易性应利于施工操作。

2）体积密度要求：水泥砂浆≥1900kg/m³，水泥混合砂浆≥1800kg/m³。

3）强度要求：应达到设计要求的强度等级。

4）耐久性要求：应达到设计要求的耐久年限。

5）经济性要求：砂浆应尽可能考虑经济性要求，控制水泥和掺和料用量。

4.4.2 砌筑砂浆初步配合比设计步骤

1. 水泥混合砂浆配合比计算

（1）计算砂浆试配强度（$f_{m,o}$）

砂浆试配强度的计算公式为

$$f_{m,o} = k \cdot f_2 \tag{4-7}$$

式中：$f_{m,o}$——砂浆的试配强度（MPa），应精确至 0.1MPa；

f_2——砂浆强度等级值（MPa），应精确至 0.1MPa；

K——系数，按表 4-1 取值。

表 4-1　砂浆强度标准差 σ 及 K 值

施工水平	强度标准差 σ/(MPa)							K
	M5	M7.5	M10	M15	M20	M25	M30	
优良	1.00	1.50	2.00	3.00	4.00	5.00	6.00	1.15
一般	1.25	1.88	2.50	3.75	5.00	6.25	7.50	1.20
较差	1.50	2.25	3.00	4.50	6.00	7.50	9.00	1.25

砂浆强度标准差的确定应符合下列规定。

1）当有统计资料时，砂浆强度标准差应按下式计算。

$$\sigma = \sqrt{\frac{\sum_{i=1}^{n} f_{m,i}^2 - n\mu_{f_m}^2}{n-1}} \qquad (4-8)$$

式中：$f_{m,i}$——统计周期内同一品种砂浆第 i 组试件的强度（MPa）；

μ_{f_m}——统计周期内同一品种砂浆 n 组试件强度的平均值（MPa）；

n——统计周期内同一品种砂浆试件的总组数，$n \geq 25$。

2）当无统计资料时，砂浆强度标准差可按表取值。

（2）计算每立方米砂浆中的水泥用量（Q_C）

1）每立方米砂浆中的水泥用量，应按下式计算。

$$Q_C = 1000(f_{m,o} - \beta)/(\alpha \cdot f_{ce}) \qquad (4-9)$$

式中：Q_C——每立方米砂浆的水泥用量（kg），应精确至 1kg；

f_{ce}——水泥的实测强度（MPa），应精确至 0.1MPa；

α, β——砂浆的特征系数，其中 α 取 3.03，β 取 -15.09。

应当注意的是，各地区也可用本地区试验资料确定 α、β 值，统计用的试验组数不得少于 30 组。

2）在无法取得水泥的实测强度值时，可按下式计算。

$$f_{ce} = \gamma_c \cdot f_{ce,k} \qquad (4-10)$$

式中：$f_{ce,k}$——水泥强度等级值（MPa）；

γ_c——水泥强度等级值的富余系数，宜按实际统计资料确定；无统计资料时可取 1.0。

（3）计算每立方米砂浆中石灰膏用量（Q_D）

$$Q_D = Q_A - Q_C \qquad (4-11)$$

式中：Q_D——每立方米砂浆的石灰膏用量（kg），应精确至 1kg；石灰膏使用时的稠度宜为（120±5）mm；

Q_C——每立方米砂浆的水泥用量（kg），应精确至 1kg；

Q_A——每立方米砂浆中水泥和石灰膏总量，应精确至 1kg，可为 350kg。

（4）确定每立方米砂浆中的砂用量（Q_s）

每立方米砂浆中的砂用量，应按干燥状态（含水率小于 0.5%）的堆积密度值作为计算值（kg）。

（5）按砂浆稠度选每立方米砂浆用水（Q_W）

每立方米砂浆中的用水量，可根据砂浆稠度等要求在 210～310kg 范围内选用。

注：

1）混合砂浆中的用水量，不包括石灰膏中的水。

2）当采用细砂或粗砂时，用水量分别取上限或下限。

3）稠度小于 70mm 时，用水量可小于下限。

4）施工现场气候炎热或干燥季节，可酌量增加用水量。

2. 水泥砂浆的配合比

水泥砂浆的配合比见表 4-2。

表 4-2　每立方米水泥砂浆材料用量（单位：kg/m³）

强度等级	水泥	砂	用水量
M5	200～230	砂的堆积密度值	270～330
M7.5	230～260		
M10	260～290		
M15	290～330		
M20	340～400		
M25	360～410		
M30	430～480		

注：1. M15 及 M15 以下水泥砂浆，采用 32.5 强度等级水泥；M15 以上水泥砂浆，采用 42.5 强度等级水泥。
　　2. 当采用细砂或粗砂时，用水量分别取上限或下限。
　　3. 稠度小于 70mm 时，用水量可小于下限。
　　4. 施工现场气候炎热或干燥季节，可酌情增加用水量。

3. 水泥粉煤灰砂浆配合比

水泥粉煤灰砂浆配合比见表 4-3。

表 4-3　每立方米水泥粉煤灰砂浆材料用量（单位：kg/m³）

强度等级	水泥和粉煤灰总量	粉煤灰	砂	用水量
M5	210～240	粉煤灰掺量可占胶凝材料总量的 15%～25%	砂的堆积密度值	270～330
M7.5	240～270			
M10	270～300			
M15	300～330			

注：1. 表中水泥强度等级为 32.5 级。
　　2. 当采用细砂或粗砂时，用水量分别取上限或下限。
　　3. 稠度小于 70mm 时，用水量可小于下限。
　　4. 施工现场气候炎热或干燥季节，可酌情增加用水量。
　　5. 试配强度应按计算。

4.4.3　砌筑砂浆配合比试配、调整与确定

砌筑砂浆试配时应考虑工程实际要求，搅拌应符合相关规定。

按计算或查表所得配合比进行试拌时，应按现行行业标准《建筑砂浆基本性能试验方法标准》（JGJ/T 70—2009）测定砌筑砂浆拌和物的稠度和保水率。当稠度和保水率不能满足要求时，应调整材料用量，直到符合要求为止，然后确定为试配时的砂浆基准配合比。

试配时至少应采用三个不同的配合比，其中一个配合比应为按本规程得出的基准配合比，其余两个配合比的水泥用量应按基准配合比分别增加及减少10%。在保证稠度、保水率合格的条件下，可将用水量、石灰膏、保水增稠材料或粉煤灰等活性掺和料用量做相应的调整。砌筑砂浆试配时稠度应满足施工要求，并应按现行行业标准《建筑砂浆基本性能试验方法标准》（JGJ/T 70—2009）分别测定不同配合比砂浆的表观密度及强度，并应选定符合试配强度及和易性要求、水泥用量最低的配合比作为砂浆的试配配合比。

砂浆的理论表观密度值的计算公式为

$$\rho_t = Q_C + Q_D + Q_S + Q_W \tag{4-12}$$

式中：ρ_t——砂浆的理论表观密度值（kg/m³），应精确至10kg/m³。

砂浆配合比校正系数 δ 的计算公式为

$$\delta = \rho_c / \rho_t \tag{4-13}$$

式中：ρ_c——砂浆的实测表观密度值（kg/m³），应精确至10kg/m³。

当砂浆的实测表观密度值与理论表观密度值之差的绝对值不超过理论值的2%时，可将试配配合比确定为砂浆设计配合比；当绝对值超过2%时，应将试配配合比中每项材料用量均乘以校正系数（δ）后，确定为砂浆设计配合比。

例4-1　计算用于砌筑烧结空心砖墙的水泥石灰砂浆的配合比，要求砂浆强度等级为M7.5、稠度为60～80mm、分层度小于30mm。采用强度等级为42.5级的普通硅酸盐碱水泥；含水率为2%的中砂，其堆积密度为1450kg/m³；用实测稠度为120mm±5mm的石灰膏，施工水平一般。

解：

1）确定砂浆试配强度：

$$f_{m,o} = k \cdot f_2$$

f_2=7.5MPa，查表 $k=1.20$，则

$$f_{m,o} = 1.20 \times 7.5 = 9.0 \text{(MPa)}$$

2）计算水泥用量：

$$Q_C = \frac{1000(f_{m,o} - \beta)}{\alpha \cdot f_{ce}} = \frac{1000(9.0 + 15.09)}{3.03 \times 42.5} = 187 \text{(kg/m}^3\text{)}$$

3）计算石灰膏用量 Q_D：取砂浆中水泥和石灰膏总量 Q_A=300（kg/m³），则
$$Q_D = Q_A - Q_C = 300 - 187 = 113 \text{（kg/m}^3\text{）}$$

4）根据砂子堆积密度和含水率，计算用砂量 Q_S：
$$Q_S = 1450 \times (1 + 2\%) = 1479 \text{（kg/m}^3\text{）}$$

5）确定用水量 Q_W：

选择用水量 $\qquad Q_W = 300kg/m^3$

6）该水泥石灰砂浆试配时，其组成材料的配合比为

水泥：石灰膏：砂：水＝187：113：1479：300

7）试配并调整配合比：对计算配合比砂浆进行试配与调整，并最后确定施工所用的砂浆配合比。

4.5 其他品种砂浆

4.5.1 抹面砂浆

抹面砂浆又称为抹灰砂浆，是指涂抹于建筑物或构筑物表面上的砂浆。按其功能不同，其又分为一般抹面砂浆和装饰抹面砂浆两大类。为了便于施工，保证工程质量，强度对抹面砂浆并不是主要矛盾，主要应该具有较好的和易性及黏结力。

1. 一般抹面砂浆

一般抹面砂浆的功用是保护建筑物不受风、雨、雪和大气中有害气体的侵蚀，提高砌体的耐久性，并使建筑物保持光洁，增加美观。

抹面砂浆有外墙使用和内墙使用两种。为保证抹灰层表面平整，避免开裂与脱落，施抹时通常分底层、中层和面层三个层次涂抹。底层砂浆主要起与基底材料黏结的作用，要根据所用基底材料的不同，选用不同种类的砂浆。如砖墙常用白灰砂浆，当有防潮、防水要求时，则要选用水泥砂浆；对于混凝土基底，宜选用混合砂浆或水泥砂浆；对于板条、苇箔上的抹灰，多用掺麻刀或玻璃丝的砂浆。中层砂浆主要起找平的作用，所使用的砂浆基本上与底层相同。面层砂浆主要起装饰作用并兼对墙体进行保护，通常要求使用较细的砂子，且要求施抹平整，色泽均匀。为了防止表面开裂，常掺入些麻刀或无机纤维，以代替砂子。

各种抹面砂浆的配合比可参考表 4-4。

表 4-4 各种抹面砂浆配合比

材　　料	配合比（体积比）	应用范围
石灰：砂子	1：2～1：4	用于砖石墙的表面（檐口、勒脚、女儿墙以及潮湿房间的墙除外）
石灰：黏土：砂子	1：1：4～1：1：8	干燥环境的墙表面
石灰：石膏：砂子	1：0.4：2～1：1：3	用于不潮湿房间的木质表面
石灰：石膏：砂子	1：0.6：2～1：1.5：3	用于不潮湿的墙及天花板
石灰：石膏：砂子	1：2：2～1：2：4	用于不潮湿房间的踢脚线及其他修饰工程
石灰：水泥：砂子	1：0.5：4.5～1：1：6	用于檐口、勒脚、女儿墙外脚及比较潮湿的一切部位
水泥：砂子	1：3～1：2.5	用于浴室、潮湿车间墙裙、勒脚等地面基层
水泥：砂子	1：2～1：1.5	用于地面、天棚或墙面面层
水泥：砂子	1：0.5～1：1	用于混凝土地面、随时压光
水泥：石膏：砂子：锯末	1：1：3：5	用于吸声粉刷

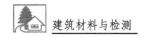 建筑材料与检测

续表

材　料	配合比（体积比）	应用范围
水泥：白石子	1：2～1：1	用于水磨石（打底用 1：2.5 水泥砂浆）
水泥：石灰：白石子	1：（0.5～1）：（1.5～2）	用于水刷石（打底用 1：2～1：2.5 水泥砂浆）
水泥：石子	1：1.5	用于剁假石（打底用 1：2～1：2.5 水泥砂浆）
白灰：麻刀	100：2.5（质量比）	用于木板条、天棚的底层
白灰膏：麻刀	100：1.3（质量比）	用于木板条天棚的面层（或100kg灰膏加 3.8kg 纸筋）

2. 装饰抹面砂浆

装饰抹面砂浆是用于室内外装饰以增加建筑物美感为主要目的的砂浆，因而它应具有特殊的表面形式及不同的色泽与质感。

装饰抹面砂浆常以白水泥、石灰、石膏或普通水泥为胶结材料，以白色、浅色或彩色的天然砂、大理石及花岗石的石粒或特制的塑料色粒为骨料。为了进一步满足人们对建筑艺术的需求，还可利用各种矿物颜料调制成多种色彩，但所加入的颜料应具有耐碱、耐光和不溶解等性质。

装饰砂浆的表面可进行各种艺术性的处理，以形成不同形式的风格，达到不同的建筑艺术效果，如制成水磨石、水刷石、剁假石、麻点、干黏石、黏花、拉毛、拉条以及人造大理石等。但这些装饰工艺有它固有的缺点，如需要多层次湿作业、劳动强度大、效率低等，所以近年来广泛以喷涂、弹涂或滚涂等新工艺来替代，效果较好。

4.5.2　预拌砂浆

预拌砂浆是指由专业化厂家生产的用于建筑工程中的各种砂浆拌和物。预拌砂浆分为预拌干混（又称为干粉、干拌）砂浆和预拌湿拌砂浆两种，统称为预拌砂浆。

干混砂浆起源于 19 世纪的奥地利，20 世纪 50 年代以后欧洲的干混砂浆迅速发展。目前，在欧美国家中，每 100 万人口的城市就有两个干混砂浆生产厂，规模一般为 30～50 万 t／年。2001 年欧洲干混砂浆的总消耗量约为 7000 万 t。德国是世界干混砂浆最发达的国家之一，2002 年水泥用量为 2880 万 t，其中用于商品混凝土有 1340 万 t，用于混凝土预制构件有 940 万 t，用于现拌混凝土有 250 万 t，用于商品砂浆有 180 万 t，用于其他项目的为 170 万 t，水泥的平均价格为 800～900 元/t。1999 年，德国建筑砂浆用量为 1143 万 t，其中干混砂浆占 87%，预拌砂浆占 13%，干混砂浆用量为 995 万 t，平均价格为 1000～1200 元/t，产值约 110 亿元（人民币），其中抹灰砂浆为 308 万 t，砌筑砂浆为 241 万 t，装饰砂浆为 81 万 t，特种砂浆 332 万 t，干混混凝土 34 万 t。截至 2000 年，德国有年产 10 万 t 生产规模以上的工厂 150 多家，大约每 50 万人口就拥有 1 家大型干粉建材厂。

干混砂浆的生产方式是将精选的细集料经筛分烘干处理后与无机胶凝材料和各种有机高分子外加剂按一定比例混合而成的颗粒状或粉状混合物，以袋装和散装方式送到工地。如按照性能划分，干混砂浆分为普通和特种两大类，普通干混砂浆主要用于地面、抹灰和砌筑工程用；特种干混砂浆有装饰砂浆、地面自流平砂浆、瓷砖黏结砂浆、抹面抗裂砂浆和修补砂浆等。

当前，中国经济正处于高速发展阶段，而发展预拌砂浆是符合发展循环经济，建设节约型社会实现可持续发展战略的要求。

推广预拌砂浆能够节约资源、改善环境，减少施工现场粉尘排放。预拌砂浆是工厂化生产，能够大量利用工业废渣，减少对环境的影响和土地的污染。据了解，2004 年全国生产水泥 9.7 亿 t，最少要产生十几亿 t 石灰石尾矿，如果将这些工业固体废物或工业尾矿利用起来制成人工机制砂，就能够减少对天然河沙采掘，保护河道与土地。全国每年要使用十几亿 t 建筑砂浆，仅此一项能在全国推广，就能够大量减少天然沙的使用，对环境与资源将做出巨大贡献。此外，砂浆对施工现场环境影响也很大。据北京市环境保护科学院《北京市大气污染控制对策研究》课题测试结果表明：北京城八区排放的总悬浮颗粒物中，施工直接排放的粉尘约占 10%，现场搅拌砂浆除了在施工扬尘中占有很大比重外，砂、石、水泥在运输途中的遗撒也是扬尘的主要来源之一。据测算，仅北京市城区内取消现场搅拌砂浆，每年就可减少粉尘排放 7660t。因此，推广使用预拌砂浆，取消现场搅拌迫在眉睫。

推广预拌砂浆是提高工程质量、实现施工现代化的需要。传统配制砂浆方式由于受施工人员的技术熟练程度以及水泥、砂子等原材料质量的影响，常见的建筑物的抹灰砂浆开裂就是采用传统的黏土砖墙使用水泥砂浆抹灰引起的，而推广使用预拌砂浆可以避免这些问题。预拌砂浆在工厂生产，运到现场后湿砂浆可直接使用，干混砂浆只需加入适量的水搅拌即可，施工工艺简单，施工效率比传统搅拌砂浆要高很多倍。

推广预拌砂浆是发展散装水泥、实现现代物流的需要。预拌砂浆与散装水泥一样都是现代物流的具体体现，不仅砂浆是在工厂里生产，而且也采用现代运输方式。所以，干混砂浆俗称为建筑业的"方便面"，是建筑砂浆现代物流的最好体现，它可以节约资源、保护环境，实现施工技术的现代化与物流现代化。

4.5.3　特种砂浆

为满足专门工程需要的砂浆称为特种砂浆。特种砂浆的种类很多，现将常用的防水砂浆、保温砂浆和聚合物水泥砂浆介绍如下。

1. 防水砂浆

防水砂浆是指在水泥砂浆中掺入防水剂配制而成的特种砂浆。

防水砂浆常用来制作刚性防水层。这种刚性防水层只适用于不受振动和具有一定刚度的混凝土或砖石砌体工程，不适合在变形较大或可能发生不均匀沉降的建筑物上使用。防水砂浆中常用的防水剂有氯化物金属盐类、硅酸钠类及金属皂类等。

氯化物金属盐类防水剂，简称为氯盐防水剂，主要是氯化钙及氯化铝和水按一定的配合比例（大致是 10∶1∶11）配制成的液体。这种防水剂掺入砂浆后（掺入水泥质量的 3%～5%），在砂浆的凝结硬化过程中，能生成一种不透水的复盐，提高砂浆结构的密实度，从而提高砂浆的抗渗性。

硅酸钠类防水剂又称为四矾水玻璃防水剂，这种防水剂是以蓝矾（硫酸铜）、明矾（钾铝矾）、红矾（重铬酸钾）和紫矾（铬矾）各取一份溶于 60 份沸水中，再降温至 50℃，

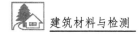

投入 400 份水玻璃中，拌匀即制成四矾水玻璃防水剂。此剂加入水泥浆后，形成大量胶体，堵塞毛细管道和孔隙，提高了砂浆的防水性。

金属皂类防水剂是由硬脂酸（皂）、氨水、氢氧化钾（或碳酸钠）和水按比例混合后加热皂化而成。金属皂起填充微细孔隙和堵塞毛细管的作用，掺量为水泥质量的 3% 左右。

防水砂浆的配合比，一般取水泥：砂子=1：2.5～1：3，水灰比应在 0.50～0.55。最好选用 32.5MPa 号以上的普通水泥和洗净的中砂，将一定量的防水剂溶于拌和水中，与事先拌匀的水泥、砂混合料再次拌和均匀，即可使用。

2. 保温砂浆

保温砂浆是以水泥作胶结材料，以粒状轻质保温材料为骨料，加水拌和而成。保温砂浆常用于施工工程中的现浇保温、隔热层。保温砂浆中常用的粒状骨料有膨胀蛭石和膨胀珍珠岩。

蛭石是一种复杂的铁、镁含水硅铝酸类的矿物，经干燥、破碎、筛选、煅烧、膨胀成层状碎片形颗粒。由于其在高温煅烧时颗粒的形成过程极似水蛭的蠕动，由此而得名。珍珠岩则是一种酸性火山玻璃质岩石，经破碎、筛分、预热，在 1250℃ 的高温下焙烧，体积产生大的膨胀并都呈颗粒状，即为膨胀珍珠岩。这两种散粒材料的堆集密度小，导热系数小，成本低，性能优良，是配制保温砂浆较为理想的骨料。

保温砂浆适合选用普通硅酸盐水泥，水泥与轻骨料的体积比为 1：12，水灰比在 0.58～0.65。砂浆的稠度应以外观疏松、手握成团而不散，挤不出或仅能挤出少量的灰浆时为宜。施抹时铺设虚厚约为设计厚度的 130%，然后轻压至要求的高度。做好的保温层平面应以 1：3 水泥砂浆找平。

3. 聚合物水泥砂浆

聚合物水泥砂浆是在水泥砂浆中加入聚合物乳液配制而成的。工程上多采用的聚合物有聚醋酸乳液、不饱和聚酯树脂以及环氧树脂等。

聚合物水泥砂浆在硬化过程中，聚合物与水泥不发生化学反应，水泥水化物被乳液微粒所包裹，成为相互填充的结构。聚合物水泥砂浆的黏结力很强，同时其耐蚀、耐磨及抗渗性能都高于一般的水泥砂浆。

在水泥砂浆中掺加具有特殊性能的细骨料，还可得到具有某种防护能力的砂浆。例如，掺入重晶石砂（粉）时，砂浆具有防 X 射线的能力；掺入硼砂、硼酸等可配制成具有抗中子辐射能力的加硼水泥砂浆；掺入石英砂后可使砂浆的耐磨性大大提高等。

4. 吸声砂浆

一般绝热砂浆是由轻质多孔骨料制成的，都具有吸声性能。另外，吸声砂浆也可用水泥、石膏、砂、锯末按体积比为 1：1：3：5 配制成吸声砂浆，或在石灰、石膏砂浆中掺入玻璃纤维、矿棉等松软纤维材料制成。吸声砂浆主要用于室内墙壁和平顶的吸声。

5. 耐酸砂浆

用水玻璃（硅酸钠）与氟硅酸钠拌制可配成耐酸砂浆，有时可掺入一些石英岩、花岗岩、铸石等细骨料。水玻璃硬化后具有很好的耐酸性能。耐酸砂浆多用作衬砌材料、耐酸地面和耐酸容器的内壁防护层。

【小结】

本章介绍了砂浆的种类、用途，以及砂浆原材料的品种及质量要求。应重点掌握砌筑砂浆的性质、试验，及其配合比计算。

【思考与练习】

1. 试述建筑砂浆的分类及用途。

2. 砌筑砂浆由哪些材料组成？对各材料的主要质量要求是什么？

3. 砌筑砂浆的和易性包括哪些指标？为什么说和易性与砌体强度有直接关系？

4. 怎样测定砌筑砂浆的强度？分多少个强度等级？各等级的砂浆应用场合如何？

5. 对抹面砂浆的主要技术要求是什么？

6. 装饰砂浆有几种作法？其主要功用如何？

第5章 建筑钢材

教学目标　掌握建筑钢材的技术性质。

5.1　建筑钢材概述

建筑钢材主要是指用于钢结构中的各种型材（如角钢、槽钢、工字钢、圆钢等）、钢板、钢管和用于钢筋混凝土结构中的各种钢筋、钢丝等。

建筑钢材具有组织均匀密实，强度和硬度很高，塑性和韧性很好，既可铸造，又可进行压力加工，可焊接、铆接和切割，便于拼装等优点，所以建筑钢材用量最大。它不仅适用于一般建筑，更适用于大跨度与高层建筑。但钢材有容易锈蚀、维护费用高等缺点。

5.1.1　钢及钢材

钢是指含碳量在 2.11% 以下的铁、碳合金。炼钢的目的是在炼钢炉内，用高温氧化的方法，使铁水中的杂质氧化成渣排掉，以减少生铁中的碳及硫、磷等杂质的含量，获得技术性质和质量远较生铁为佳的钢。因此，从钢中除去杂质的程度可以衡量所得产品的质量。

5.1.2　建筑钢材种类

根据炼钢设备不同，炼钢方法可分为转炉、平炉和电炉三种。

按化学成分，钢可分为碳素钢和合金钢两大类。

碳素钢是以铁碳合金为主体，含碳量低于 2.1%，除含有极少量的 Si、Mn 和微量的 S、P 之外，不含别的合金元素的钢。根据含碳量的高低，它又分为低碳钢（C<0.25%）、中碳钢（0.25%≤C≤0.60%）和高碳钢（C>0.60%）三种。根据硫、磷杂质含量的多少，它又分为普通碳素钢（S≤0.050%，P≤0.045%）、优质碳素钢（S≤0.035%，P≤0.035%）、高级优质碳素钢（S≤0.025%，P≤0.025），以及特级优质碳素钢（S≤0.015%，P≤0.025%）

四种。

合金钢是指在碳素钢中，加入一定量的合金元素，如 Si、Mn、Ti、V、Cr 等的钢。按含合金元素总量的多少，又可分为低合金钢（总含量＜5%）、中合金钢（总含量为 5%～10%）与高合金钢（总含量＞10%）三种。建筑工程中常用的是低碳钢和低合金钢。

按用途分类，钢可分为结构钢、工具钢、专用钢和特殊钢等。

按钢在熔炼过程中脱氧程度不同，钢分为脱氧充分的为镇静钢（代号 Z）和特殊镇静钢（代号 TZ）、脱氧不充分的为沸腾钢（代号 F），以及介于二者之间的为半镇静钢（代号 b）。

5.1.3 建筑钢材的保管

钢材因受到周围介质的化学或电化学作用而逐渐破坏的现象称为腐蚀。钢材受腐蚀的原因很多，而且很普遍。由于钢材腐蚀所造成的损失是一个严重的问题，据统计，1860～1920 年期间，世界钢产量的 1/3 因遭腐蚀而破坏。随着工业的不断发展，钢的产量和使用量均逐年增加，如何保护钢材不因腐蚀而造成巨大损失，是一个具有重大意义的问题。

1. 钢材的锈蚀

按照周围侵蚀介质所发生的作用，钢材腐蚀可分为化学锈蚀和电化学锈蚀两大类。

化学锈蚀是指钢材与周围介质（如氧气、二氧化碳、二氧化硫和水等）发生化学反应，生成疏松的氧化物而产生的锈蚀。一般情况下，是钢材表面 FeO 保护膜被氧化成黑色的 Fe_3O_4。在常温下，钢材表面能形成 FeO 保护膜，可防止钢材进一步锈蚀。所以，在干燥环境中化学锈蚀速度缓慢，但在温度和湿度较大的情况下，这种锈蚀进展加快。

电化学锈蚀是指钢材与电解溶液接触而产生电流，形成原电池而引起的锈蚀。电化学锈蚀是建筑钢材在存放和使用中发生锈蚀的主要形式。钢材由不同的晶体组织构成，并含有杂质，由于这些成分的电极电位不同，当有电解质溶液存在时，形成许多微电池。电化学锈蚀过程如下：

$$阳极：Fe=2Fe^+ +2e$$
$$阴极：H_2O+1/2O_2=2OH^- -2e$$
$$总反应式：2Fe^+ +2OH^- =Fe(OH)_2$$

$Fe(OH)_2$ 不溶于水，但易被氧化，即 $2Fe(OH)_2 + H_2O+1/2O_2=2Fe(OH)_3$（红棕色铁锈），该氧化过程会发生体积膨胀。由此可知，钢材发生电化学锈蚀的必要条件是水和氧气的存在。

钢材锈蚀后，受力面积减小，使承载能力下降。在钢筋混凝土中，因锈蚀时固相体积增大，从而引起钢筋混凝土顺筋开裂。

2. 钢材的防锈

防止钢材锈蚀主要有三种方法。

1）制成合金钢：在碳素钢中加入能提高抗腐蚀能力的合金元素，制成合金钢，如加入铬、镍元素制成不锈钢，或加入 0.1%～0.15%的铜，制成含铜的合金钢，可显著提

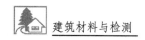

高抗锈蚀的能力。

2）表面覆盖：在钢材表面用电镀或喷镀的方法覆盖其他耐蚀金属，以提高其抗锈能力，如镀锌、镀锡、镀铬、镀银等。另一种方法是在钢材表面涂以防锈油漆或塑料涂层，使之与周围介质隔离，防止钢材锈蚀。油漆防锈是建筑上常用的一种方法，它简单易行，但不耐久，要经常维修。油漆防锈的效果主要取决于防锈漆的质量。

3）设置阳极或阴极保护：阳极保护是在钢结构附近埋设废钢铁，外加直流电源，将阴极接在被保护的钢结构上，阳极接在废钢铁上，通电后废钢铁成为阳极而被腐蚀，钢结构成为阴极而被保护。

阴极保护是在被保护的钢结构上，连接一块比钢铁更活泼的金属，如锌、镁等，使锌、镁成为阳极而被腐蚀，钢结构成为阴极而被保护。混凝土中钢筋的防锈，一方面是依靠水泥石的高碱度（pH≥12）介质，使钢筋表面产生一层具有保护作用的钝化膜而不生锈；另一方面是保证混凝土的密实度，保证足够的钢筋保护层，限制含氯盐外加剂的掺入或同时掺入阻锈剂等方法，保护钢筋不被锈蚀。

3. 钢材的防火

钢是不燃性材料，但这并不表明钢材能够抵抗火灾。火灾可分为大自然火灾和建筑物火灾两大类。事实证明，建筑火灾发生的次数最多、损失最大，约占全部火灾的80%左右。

耐火试验与火灾案例调查表明：以失去支持能力为标准，无保护层时钢柱和钢屋架的耐火极限只有0.25h，而裸露钢梁的耐火极限仅为0.15h。温度在200℃以内，可以认为钢材的性能基本不变；当温度超过300℃以后，钢材的弹性模量、屈服点和极限强度均开始显著下降，而塑性伸长率急剧增大，钢材产生徐变；温度超过400℃时，强度和弹性模量都急剧降低；到达600℃时，弹性模量、屈服点和极限强度均接近于零，已失去承载能力。所以，没有防火保护层的钢结构是不耐火的。当发生火灾后，热空气向构件传热主要是辐射、对流，而钢构件内部传热是热传导。随着温度的不断升高，钢材的热物理特性和力学性能发生变化，钢结构的承载能力下降。火灾下钢结构的最终失效是由于构件屈服或屈曲造成的。钢结构防火保护的基本原理是采用绝热或吸热材料，阻隔火焰和热量，推迟钢结构的升温速率。防火方法以包覆法为主，即以防火涂料、不燃性板材或混凝土和砂浆将钢构件包裹起来。

（1）防火涂料包裹法

此方法是采用防火涂料，紧贴钢结构的外露表面，将钢构件包裹起来，是目前最为流行的做法。

防火涂料按受热时的变化分为膨胀型（薄型）和非膨胀型（厚型）两种；按施用处不同可分为室内、露天两种；按所用黏结剂的不同，可分为有机类、无机类。膨胀型防火涂料的涂层厚度一般为2～7mm，附着力较强，有一定的装饰效果。由于其内含膨胀组分，遇火后会膨胀增厚5～10倍，形成多孔结构，从而起到良好的隔热防火作用，根据涂层厚度可使构件的耐火极限达到0.5～1.5h。

非膨胀型防火涂料的涂层厚度一般为8～50mm，呈粒状面，密度小、强度低，喷涂后须再用装饰面层隔护，耐火极限可达 0.5～3.0h。为使防火涂料牢固地包裹钢构件，可在涂层内埋设钢丝网，并使钢丝网与钢构件表面的净距离保持在 6mm 左右。

（2）不燃性板材包裹法

不燃性板材包裹法中常用的不燃性板材有防火板、石膏板、硅酸钙板、蛭石板、珍珠岩板和矿棉板等，可通过黏结剂或钢钉、钢箍等固定在钢构件上，将其包裹起来。

（3）实心包裹法

实心包裹法一般采用混凝土，将钢结构浇筑在其中。

5.2 钢材的主要技术性质

钢材的技术性质包括力学性能、工艺性能和化学性能等，其中力学性能是最重要的性能。

5.2.1 力学性能

1. 拉伸性能

拉伸性能是建筑钢材最主要的技术性能。通过拉伸性能试验可以测得钢材屈服强度、抗拉强度和断裂伸长率，这些是钢材的重要技术性能指标。建筑钢材的抗拉性能可用低碳钢受拉时的应力-应变曲线来阐明，如图 5-1 所示。低碳钢从受拉至拉断，分为以下四个阶段。

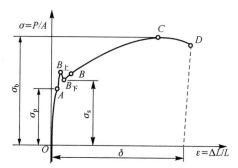

图 5-1 低碳钢受拉的应力-应变曲线

（1）弹性阶段

OA 为弹性阶段。在 OA 范围内，随着荷载的增加，应变随应力呈正比关系增加。如卸去荷载，试件将恢复原状，表现为弹性变形，与 A 点相对应的应力为弹性极限，用 σ_p 表示。在这一范围内，应力与应变的比值为一常量，称为弹性模量，用 E 表示，即 $E=\sigma/\varepsilon$。弹性模量反映钢材的刚度，是钢材在受力条件下计算结构变形的重要指标。常用低碳钢的弹性模量 $E=2.0\times10^5～2.1\times10^5$MPa，弹性极限 $\sigma_p=180～200$MPa。

（2）屈服阶段

AB 为屈服阶段。在 AB 曲线范围内，应力与应变不呈比例，低碳钢开始产生塑性变形，应变增加的速度大于应力增长速度，钢材抵抗外力的能力发生"屈服"了。

图 5-1 中 $B_上$ 点是这一阶段应力最高点，称为屈服上限；$B_下$ 点为屈服下限。因 $B_下$ 比较稳定易测，故一般以 $B_下$ 点对应的应力作为屈服点，用 σ_s 表示。常用低碳钢的 σ_s 为 195～300MPa。

该阶段在材料万能试验机上表现为指针不动（即使加大送油）或来回窄幅摇动。

钢材受力到达屈服点后，变形即迅速发展，尽管尚未破坏但已不能满足使用要求。故设计中一般以屈服点作为强度取值依据。

（3）强化阶段

BC 为强化阶段。过 B 点后，抵抗塑性变形的能力又重新提高，变形发展速度比较快，随着应力的提高而增强。对应于最高点 C 的应力，称为抗拉强度，用 σ_b 表示，常用低碳钢的 σ_b 为 385～520MPa。

抗拉强度不能直接利用，但屈服点与抗拉强度的比值（即屈强比 σ_s/σ_b），能反映钢材的安全可靠程度和利用率。屈强比越小，表明材料的安全性和可靠性越高，结构越安全。但屈强比过小，则钢材有效利用率太低，造成浪费。常用碳素钢的屈强比为 0.58～0.63，合金钢为 0.65～0.75。

（4）颈缩阶段

CD 为颈缩阶段。过 C 点后，材料变形迅速增大，而应力反而下降。试件在拉断前，于薄弱处截面显著缩小，产生"颈缩现象"，直至断裂。通过拉伸试验，除能检测钢材屈服强度和抗拉强度等强度指标外，还能检测出钢材的塑性。塑性表示钢材在外力作用下发生塑性变形而不破坏的能力，它是钢材的一个重要性指标。钢材塑性用断裂伸长率或断面收缩率表示。将拉断后的试件于断裂处对接在一起（图 5-2），测得其断后标距 l_1。试件拉断后标距的伸长量与原始标距（l_0）的百分比称为断裂伸长率（δ）。断裂伸长率的计算公式如下：

$$\delta = \frac{l_1 - l_0}{l_0} \times 100\% \qquad (5-1)$$

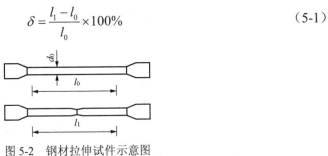

图 5-2　钢材拉伸试件示意图

钢材拉伸时塑性变形在试件标距内的分布是不均匀的，颈缩处的伸长较大。所以原始标距（l_0）与直径（d_0）之比越大，颈缩处的伸长值在总伸长值中所占的比例就越小，计算出的断裂伸长率（δ）也越小。通常钢材拉伸试件取 $l_0=5d_0$ 或 $l_0=10d_0$，对应的伸长率分别记为 δ_5 和 δ_{10}，对于同一钢材，$\delta_5 > \delta_{10}$。测定试件拉断处的截面积（A_1）。试件拉断前后截面积的改变量与原始截面积（A_0）的百分比称为断面收缩率（φ）。断面收缩率的计算公式如下：

$$\varphi = \frac{A_0 - A_1}{A_0} \times 100\% \qquad (5-2)$$

断裂伸长率和断面收缩率都表示钢材断裂前经受塑性变形的能力。断裂伸长率越大或者断面收缩率越高，表示钢材塑性越好。尽管结构是在钢的弹性范围内使用，但在应力集中处，其应力可能超过屈服点，此时产生一定的塑性变形，可使结构中的应力产生重分布，从而使结构免遭破坏。另外，钢材塑性大，则在塑性破坏前，有很明显的塑性变形和较长的变形持续时间，便于人们发现和补救问题，从而保证钢材在建筑上的安全使用；也有利于钢材加工成各种形状。

中碳钢与高碳钢（硬钢）拉伸时的应力-应变曲线与低碳钢不同，无明显屈服现象，断裂伸长率小，断裂时呈脆性破坏，其应力-应变曲线如图 5-3 所示。这类钢材由于不能测定屈服点，规范规定以产生 0.2%残余变形时的应力值作为名义屈服点，也称为条件屈服点用 $\sigma_{0.2}$ 表示。

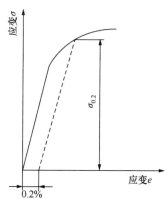

图 5-3　高碳钢受拉应力-应变图

2. 冲击韧性

冲击韧性是指钢材抵抗冲击荷载作用的能力，用冲断试件所需能量的多少来表示。钢材的冲击韧性试验是采用中部加工有 V 型或 U 型缺口的标准弯曲试件，置于冲击机的支架上，试件非切槽的一侧对准冲击摆，如图 5-4 所示。当冲击摆从一定高度自由落下将试件冲断时，试件吸收的能量等于冲击摆所做的功，以缺口底部处单位面积上所消耗的功，即为冲击韧性指标。冲击韧性的计算公式如下：

$$\alpha_k = \frac{mg(H-h)}{A} \tag{5-3}$$

式中：α_k——冲击韧性（J/cm^2）。

　　　　m——摆锤质量（$9.81m/s^2$）。

　　　　A——试件槽口处断面积（cm^2）。

α_k 值越大，冲击韧性越好，即其抵抗冲击作用的能力越强，脆性破坏的危险性越小。

影响钢材冲击韧性的因素很多，当钢材内硫、磷的含量高，脱氧不完全，存在化学偏析，含有非金属夹杂物及焊接形成的微裂纹，都会使钢材的冲击韧性显著下降。同时环境温度对钢材的冲击韧性影响也很大。

试验表明，冲击韧性随温度的降低而下降，开始时下降缓慢，当达到一定温度范围时，突然下降很快而呈脆性。这种性质称为钢材的冷脆性，这时的温度称为脆性转变温度，如图 5-5 所示。脆性转变温度越低，钢材的低温冲击韧性越好。因此，在负温下使用的结构，应当选用脆性转变温度低于使用温度的钢材。脆性临界温度的测定较复杂，规范中通常是根据气温条件规定-20℃或-40℃的负温冲击值作为冲击韧性指标。

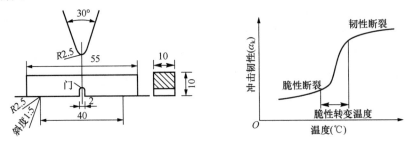

图 5-4　冲击韧性试验示意图（单位：mm）　　图 5-5　钢材的冲击韧性与温度的关系

冷加工时效处理也会使钢材的冲击韧性下降。钢材的时效是指钢材随时间的延长，钢材强度逐渐提高而塑性、韧性下降的现象。完成时效的过程可达数十年，但钢材如经过冷加工或使用中受振动和反复荷载作用，时效可迅速发展。因时效导致钢材性能改变的程度称为时效敏感性。时效敏感性大的钢材，经过时效后，冲击韧性的降低显著。为了保证结构安全，对于承受动荷载的重要结构，应当选用时效敏感性小的钢材。

3. 疲劳强度

钢材在交变荷载反复作用下，可在远小于抗拉强度的情况下突然破坏，这种破坏称为疲劳破坏。钢材的疲劳破坏指标用疲劳强度（或称疲劳极限）来表示，它是指试件在交变应力下，作用 10^7 周次，不发生疲劳破坏的最大应力值。

钢材的疲劳破坏是由拉应力引起。首先在局部开始形成微细裂纹，其后裂纹尖端处产生应力集中而使裂纹迅速扩展直至钢材断裂。因此，钢材的内部成分的偏析和夹杂物的多少，以及最大应力处的表面光洁程度、加工损伤等，都是影响钢材疲劳强度的因素。

疲劳破坏经常突然发生，因而有很大的危险性，往往造成严重事故。在设计承受反复荷载且须进行疲劳验算的结构时，应当了解所用钢材的疲劳强度。

4. 硬度

钢材的硬度是指其表面抵抗硬物压入产生局部变形的能力。测定钢材硬度的方法有布氏法、洛氏法和维氏法等，建筑钢材常用布氏硬度表示，其代号为 HB。布氏法的测定原理是利用直径为 D（mm）的淬火钢球，以荷载 P（N）将其压入试件表面，经规定的持续时间后卸去荷载，得直径为 d（mm）的压痕，以压痕表面积 A（mm^2）除荷载 P，即得布氏硬度（HB）值，此值无量纲。图 5-6 是布氏硬度测定示意图。

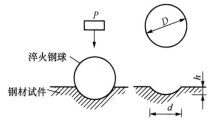

图 5-6 布氏硬度测定示意图

在测定前应根据试件厚度和估计的硬度范围,按试验方法的规定选定钢球直径、所加荷载及荷载持续时间。布氏法适用于 HB<450 的钢材,测定时所得压痕直径应在 $0.25D<d<0.6D$ 范围内,否则测定结果不准确。当被测材料硬度 HB>450 时,钢球本身将发生较大变形,甚至破坏,应采用洛氏法测定其硬度。布氏法比较准确,但压痕较大,不适宜用于成品检验,而洛氏法压痕小,它是以压头压入试件的深度来表示硬度值的,常用于判断工件的热处理效果。

材料的硬度是材料弹性、塑性、强度等性能的综合反映。实验证明,碳素钢的 HB 值与其抗拉强度 σ_b 之间存在较好的相关关系:当 HB<175 时,$\sigma_b \approx 3.6HB$;当 HB>175 时,$\sigma_b \approx 3.5HB$。根据这些关系,可在钢结构原位上测出钢材的 HB 值,来估算钢材的抗拉强度。

5.2.2 工艺性能

钢材应具有良好的工艺性能,以满足施工工艺的要求。冷弯、冷拉、冷拔及焊接性能是建筑钢材的重要工艺性能。

1. 冷弯性能

冷弯性能是指钢材在常温下承受弯曲变形的能力。钢材的冷弯性能是以试验时的弯曲角度(α)和弯心直径(d)为指标表示,如图 5-7 所示。

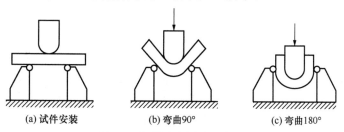

（a）试件安装   （b）弯曲90°   （c）弯曲180°

图 5-7 钢材冷弯试验示意图

钢材冷弯试验时,用直径(或厚度)为 a 的试件,选用弯心直径 $d=na$ 的弯头(n 为自然数,其大小由试验标准来规定),弯曲到规定的角度(90°或180°)后,弯曲处若无裂纹、断裂及起层等现象,即认为冷弯试验合格。钢材的冷弯性能与断裂伸长率一样,也是反映钢材在静荷作用下的塑性,但冷弯试验条件更苛刻,更有助于暴露钢材的内部组织是否均匀,是否存在内应力、微裂纹、表面未熔合及有夹杂物等缺陷。

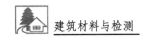

2. 焊接性能

建筑工程中，钢材间的连接90%以上采用焊接方式。因此，要求钢材应有良好的焊接性能。在焊接中，由于高温作用和焊接后急剧冷却作用，焊缝及其附近的过热区将发生晶体组织及结构变化，产生局部变形及内应力，使焊缝周围的钢材产生硬脆倾向，降低焊接的质量。可焊性良好的钢材，焊缝处性质应尽可能与母材相同，焊接才能牢固可靠。

钢材的化学成分、冶炼质量、冷加工、焊接工艺及焊条材料等都会影响焊接性能。含碳量小于0.25%的碳素钢具有良好的可焊性，含碳量大于0.3%时可焊性变差；硫、磷及气体杂质会使可焊性降低；加入过多的合金元素，也会降低可焊性。对于高碳钢和合金钢，为改善焊接质量，一般需要采用预热和焊后处理，以保证质量。

钢材焊接后必须取样进行焊接质量检验，一般包括拉伸试验，有些焊接种类还包括弯曲试验，要求试验时试件的断裂不能发生在焊接处。同时还要检查焊缝处有无裂纹、砂眼、咬肉和焊件变形等缺陷。

3. 冷加工性能及时效处理

（1）钢材冷加工强化与时效处理的概念

将钢材于常温下进行冷拉、冷拔或冷轧，使之产生塑性变形，从而提高强度，但钢材的塑性和韧性会降低，这个过程称为冷加工强化处理。

将经过冷拉的钢筋，于常温下存放15～20d，或加热到100～200℃并保持2～3h后，则钢筋强度将进一步提高，这个过程称为时效处理。前者称为自然时效；后者称为人工时效。通常对强度较低的钢筋可采用自然时效，强度较高的钢筋则须采用人工时效。对钢材进行冷加工强化与时效处理的目的是提高钢材的屈服强度，以便节约钢材。

（2）常见冷加工方法

建筑工地或预制构件厂常用的冷加式方法是冷拉和冷拔。

冷拉是将热轧钢筋用冷拉设备进行张拉，拉伸至产生一定的塑性变形后，卸去荷载。冷拉参数的控制直接关系冷拉效果和钢材质量。一般钢筋冷拉仅控制冷拉率，称为单控，对用作预应力的钢筋，须采用双控，即既控制冷拉应力，又控制冷拉率。冷拉时，对于控制应力已经达到，且冷拉率没有超过允许值的，可以认为合格，反之，若冷拉率已经达到，而冷拉应力还达不到控制应力，则这种钢筋要降低强度使用。反之钢筋则应降级使用。钢筋冷拉后，屈服强度可提高20%～30%，可节约钢材10%～20%，钢材经冷拉后屈服阶段缩短，断裂伸长率降低，材质变硬。

冷拔是将光圆钢筋通过硬质合金拔丝模孔强行拉拔。每次拉拔断面缩小应在10%以内。钢筋在冷拔过程中，不仅受拉，同时还受到挤压作用，因而冷拔的作用比纯冷拉作用强烈。经过一次或多次冷拔后的钢筋，表面光滑，屈服强度可提高40%～60%，但塑性大大降低，具有硬钢的性质。

（3）钢材冷加工强化与时效处理的机理

钢筋经冷拉、时效后的力学性能变化规律，可从其拉伸试验的应力-应变曲线得到反映，如图5-8所示。

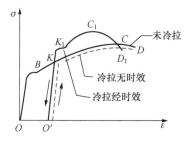

图 5-8　钢材经冷拉时效后应力-应变曲线的变化

图 5-7 中 *OBCD* 曲线为未冷拉的钢材拉伸应力-应变曲线。试验中，钢材一次性被拉断，此时，钢材的屈服点为 *B* 点。

图 5-7 中 *O'KCD* 曲线为钢材经冷拉但无时效的应力-应变曲线。钢材经拉伸至超过屈服点但不超过抗拉强度（使之产生塑性变形）的某一点 *K*，卸去荷载，然后立即再将钢材拉断。卸去荷载后，钢筋的应力-应变曲线沿 *KO'* 恢复部分变形（弹性变形部分），保留 *OO'* 残余变形。通过冷拉无时效处理，钢筋的屈服点升高至 *K* 点，以后的应力-应变关系与原来曲线 *KCD* 相似。这表明钢筋经冷拉后，屈服强度得到提高，抗拉强度和塑性与钢筋原材基本相同。

图 5-7 中 *O'K$_1$C$_1$D$_1$* 曲线为钢材经冷拉时效处理后的应力-应变曲线。钢材经拉伸至超过屈服点但不超过抗拉强度（使之产生塑性变形）的某一点 *K*，卸去荷载，然后进行自然时效或人工时效，再将钢材拉断。通过冷拉时效处理，钢筋的屈服点升高至 *K$_1$* 点，以后的应力-应变关系 *K$_1$C$_1$D$_1$* 比原来曲线 *KCD* 短。这表明钢材经冷拉时效后，屈服强度进一步提高，与钢筋原材相比，抗拉强度亦有所提高，塑性和韧性则相应降低。

钢材冷加工强化的原因是钢材经冷加工产生塑性变形后，塑性变形区域内的晶粒产生相对滑移，导致滑移面下的晶粒破碎，晶格歪曲畸变，滑移面变得凹凸不平，对晶粒进一步滑移起阻碍作用，亦即提高抵抗外力的能力，故屈服强度得以提高。同时，冷加工强化后的钢材，由于塑性变形后滑移面减少，其塑性降低，脆性增大，且变形中产生的内应力，使钢的弹性模量降低。

4. 钢材的热处理

热处理是将钢材在固态范围内按一定规则加热、保温和冷却，以改变其金相组织和显微结构组织，从而获得所需性能的一种工艺过程。土木工程所用钢材一般在生产厂家进行热处理，并以热处理状态供应。在施工现场，有时需对焊接件进行热处理。

钢材热处理的方法有以下几种。

1）退火处理：将钢材加热到一定温度，保温后缓慢冷却（随炉冷却）的一种热处理工艺，有低温退火和完全退火之分。低温退火的加热温度在基本组织转变温度以下；完全退火的加热温度在 800～850℃。其目的是细化晶粒，改善组织，减少加工中产生的缺陷、减轻晶格畸变，降低硬度，提高塑性，消除内应力，防止变形、开裂。

2）正火处理：退火处理的一种特例。正火在空气中冷却，两者仅冷却速度不同。与退火相比，正火后钢材的硬度、强度较高，而塑性减小。其目的是消除组织缺陷等。

3）淬火处理：将钢材加热到基本组织转变温度以上（一般为 900℃以上），保温使组织完全转变，即放入水或油等冷却介质中快速冷却，使之转变为不稳定组织的一种热处理操作。其目的是得到高强度、高硬度的组织。淬火会使钢材的塑性和韧性显著降低。

4）回火处理：将钢材加热到基本组织转变温度以下（150～650℃内选定），保温后在空气中冷却的一种热处理工艺，通常其和淬火是两道相连的热处理过程。其目的是促进不稳定组织转变为需要的组织，消除淬火产生的内应力，改善机械性能等。

5.3　钢筋混凝土结构用钢材的质量标准

5.3.1　碳素结构钢

碳素结构钢是碳素钢中的一类，可加工成各种型钢，钢筋和钢丝，适用于一般结构和工程。

1. 牌号及其表示方法

碳素结构钢有 Q195、Q215、Q235、Q275 四个牌号，其表示方法由屈服强度字母 Q、屈服强度数值、质量等级、脱氧程度四个部分组成。Q 表示屈服点，195、215、235、275 为屈服强度值（MPa）；质量等级：各牌号按冲击韧性至多划分有 A、B、C、D 四个等级；脱氧程度：F（沸腾钢）、b（半镇静钢）、Z（镇静钢）和 TZ（特殊镇静钢），Z 和 TZ 可省略不写。例如，Q235-B•F 表示屈服点为 235MPa 的 A 级沸腾钢。

2. 技术要求

根据《碳素结构钢》（GB 700—2006）的规定，碳素结构钢技术要求包括化学成分、力学性能、冶炼方法、交货状态及表面质量五个方面。其中，碳素结构钢的化学成分、力学性能、冷弯试验指标应符合表 5-1～表 5-3 的要求。碳素结构钢的冶炼方法采用氧气转炉法，一般为热轧状态交货。

表 5-1　碳素结构钢的化学成分

牌号	统一数字代号[a]	等级	厚度（或直径）/mm	脱氧方法	化学成分含量/%				
					C	Si	Mn	P	S
Q195	U11952	—	—	F、Z	0.12	0.30	0.50	0.035	0.010
Q215	U12152	A	—	F、Z	0.15	0.35	1.20	0.045	0.050
	U12155	B							0.045
Q235	U12352	A	—	F、Z	0.22	0.35	1.40	0.045	0.050
	U12355	B			0.20[b]				0.045
	U12358	C		Z	0.17			0.040	0.040
	U12359	D		TZ				0.035	0.035

续表

牌号	统一数字代号[a]	等级	厚度（或直径）/mm	脱氧方法	化学成分含量/%				
					C	Si	Mn	P	S
Q275	U12752	A	—	F、Z	0.24	0.35	1.50	0.045	0.050
	U12755	B	≤40	Z	0.21			0.045	0.045
			>40		0.22				
	U12758	C	—	Z	0.20			0.040	0.040
	U12759	D	—	TZ				0.035	0.035

a 表中为镇静钢、特殊镇静钢牌号的统一数字，沸腾钢版号的统一数字代号如下：
Q195F——U11950；
Q215AF——U12150，Q215BF——U12153；
Q235AF——U12350，Q235BF——U12353；
Q275AF——U12750。

b 经需方同意，Q235B 的碳含量可不大于 0.22%。

表 5-2　碳素结构钢的力学性能

牌号	等级	屈服强度[a] R_{ett}，≥/(N/mm³)						拉伸强度[b] R_m (N/mm³)	断后伸长率 A，≥/%					冲击试验（V 型缺口）	
		厚度（或直径）/mm							厚度（或直径）/mm					温度 /℃	冲周吸收功（纵向）(J)，≥
		≤16	>16~40	>40~60	>60~100	>100~150	>150~200		≤40	>40~60	>60~100	>100~150	>150~200		
Q195	—	195	185	—	—	—	—	315~430	33	—	—	—	—	—	
Q215	A	215	205	195	185	175	165	335~150	31	30	29	27	26	—	
	B													+20	27
[c]Q235	A	235	225	215	215	195	185	370~500	26	25	24	22	21	—	
	B													+20	27
	C													0	
	D													−20	
Q275	A	275	265	255	245	225	215	110~540	22	21	20	18	17	—	
	B													+20	27
	C													0	
	D													−20	

a Q195 的屈服强度值仅供参考，不作为交货条件。

b 厚度大于 10mm 的钢材，拉伸强度下限允许降低 20N/mm²。宽带钢（包括剪切钢板）拉伸强度上限不作为交货条件。

c 厚度小于 25mm 的 Q235B 级钢材，如供方能保证冲击吸收功值合格，经需方同意，可不做检验。

表 5-3 碳素结构钢的冷弯试验

牌 号	试样方向	冷弯试验 180°，$B=2a$ [a]	
		钢材厚度（或直径）[b]/mm	
		≤60	>60~100
		弯心直径 d	
Q195	纵	0	—
	横	0.5a	
Q215	纵	0.5 a	1.5a
	横	a	2a
Q235	纵	a	2a
	横	1.5a	2.5a
Q275	纵	1.5a	2.5a
	横	2a	3a

a B 为试样宽度，a 为试样厚度（或直径）。

b 钢材厚度（或直径）大于 100mm 时，弯曲试验由双方协商确定。

3. 特性及应用

Q195 钢强度不高，塑性、韧性、加工性能与焊接性能较好，主要用于轧制薄板和盘条等。Q215 钢用途与 Q195 钢基本相同，由于其强度稍高，还大量用做管坯和螺栓等。Q235 钢既有较高的强度，又有较好的塑性和韧性，可焊性也好，在土木工程中应用最广泛，大量用于制作钢结构用钢、钢筋和钢板等。其中 Q235-A 级钢，一般仅适用于承受静荷载作用的结构；Q235-C 和 Q235-D 级钢可用于重要的焊接结构。另外，由于 Q235-D 级钢含有足够的形成细晶粒结构的元素，同时对 S、P 有害元素控制严格，故其冲击韧性好，有较强的抵抗振动、冲击荷载能力，尤其适用于负温条件。Q275 钢强度、硬度较高，耐磨性较好，但塑性、冲击韧性和可焊性差，不宜用于建筑结构，主要用于制作机械零件和工具等。

5.3.2 低合金高强度结构钢

低合金高强度结构钢是一种在碳素结构钢的基础上添加总量不小于 5%合金元素的钢材。所加合金元素主要有锰（Mn）、硅（Si）、钒（V）、钛（Ti）、铌（Nb）、铬（Cr）、镍（Ni）及稀土元素。低合金高强度结构钢均为镇静钢。

1. 牌号及其表示方法

低合金高强度结构钢有 Q345、Q390、Q420、Q460、Q500、Q550、Q620 和 Q690 八个牌号，其表示方法由屈服强度字母 Q、屈服强度数值、质量等级（A、B、C、D、E 五个等级）三个部分组成。

2. 力学性能

根据国家标准《低合金高强度结构钢》（GB/T 1591—2008）的规定，低合金高强度结构钢的化学成分、拉伸性能和弯曲试验应符合表 5-4~表 5-6 的规定。

表 5-4　低合金高度结构钢的化学成分

牌号	质量等级	化学成分 [a,b]（质量分数）/%													
		C	Si	Mn	P	S	Nb	V	Ti	Cr	Ni	Cu	N	Mo	B	Ala
							≤									≥
Q345	A	≤0.20	≤0.50	≤1.70	0.035	0.035	0.07	0.15	0.20	0.30	0.50	0.30	0.012	0.10	—	—
	B				0.035	0.035										
	C				0.030	0.030										
	D	≤0.18			0.030	0.025										0.015
	E				0.025	0.020										
Q390	A	≤0.20	≤0.50	≤1.70	0.035	0.035	0.07	0.20	0.20	0.30	0.50	0.30	0.015	0.10	—	—
	B				0.035	0.035										
	C				0.030	0.030										
	D				0.030	0.025										0.015
	E				0.025	0.020										
Q420	A	≤0.20	≤0.50	≤1.70	0.035	0.035	0.07	0.20	0.20	0.30	0.80	0.30	0.015	0.20	—	—
	B				0.035	0.035										
	C				0.030	0.030										
	D				0.030	0.025										0.015
	E				0.025	0.020										
Q460	C	≤0.20	≤0.60	≤1.80	0.030	0.030	0.11	0.20	0.20	0.30	0.80	0.55	0.015	0.20	0.004	0.015
	D				0.030	0.025										
	E				0.025	0.020										
Q500	C	≤0.18	≤0.60	≤1.80	0.030	0.030	0.11	0.12	0.20	0.60	0.80	0.55	0.015	0.20	0.004	0.015
	D				0.030	0.025										
	E				0.025	0.020										
Q550	C	≤0.18	≤0.60	≤2.00	0.030	0.030	0.11	0.12	0.20	0.80	0.80	0.80	0.015	0.30	0.004	0.015
	D				0.030	0.025										
	E				0.025	0.020										
Q620	C	≤0.18	≤0.60	≤2.00	0.030	0.030	0.11	0.12	0.20	1.00	0.80	0.80	0.015	0.30	0.004	0.015
	D				0.030	0.025										
	E				0.025	0.020										
Q690	C	≤0.18	≤0.60	≤2.00	0.030	0.030	0.11	0.12	0.20	1.00	0.80	0.80	0.015	0.30	0.004	0.015
	D				0.030	0.025										
	E				0.025	0.020										

a 型材及棒材 P、S 含量可提高 0.005%，其中 A 级钢上限可为 0.045%。

b 当细化晶粒元素组合加入时，20（Nb+V+Ti）≤0.22%，20（Mo+Cr）≤0.30%。

表5-5 低合金高强度结构钢的拉伸性能 a,b,c

牌号	质量等级	下屈服强度 (R_{eL})/MPa 以下公称厚度（直径，边长）									抗拉强度 (R_m)/MPa 以下公称厚度（直径，边长）							断后伸长率 (A)/% 公称厚度（直径，边长）					
		≤16mm	>16~40mm	>40~63mm	>63~80mm	>80~100mm	>100~150mm	>150~200mm	>200~250mm	>250~400mm	≤40mm	>40~63mm	>63~80mm	>80~100mm	>100~150mm	>150~250mm	>250~400mm	<40mm	>40~63mm	>63~100mm	>100~150mm	>150~250mm	>250~400mm
Q345	A	≥345	≥335	≥325	≥315	≥305	≥285	≥275	≥265	—	470~630	470~630	470~630	470~630	450~600	450~600	—	≥20	≥19	≥19	≥18	≥17	—
	B	≥345	≥335	≥325	≥315	≥305	≥285	≥275	≥265	—	470~630	470~630	470~630	470~630	450~600	450~600	—	≥20	≥19	≥19	≥18	≥17	—
	C	≥345	≥335	≥325	≥315	≥305	≥285	≥275	≥265	—	470~630	470~630	470~630	470~630	450~600	450~600	—	≥21	≥20	≥20	≥19	≥18	—
	D	≥345	≥335	≥325	≥315	≥305	≥285	≥275	≥265	≥265	470~630	470~630	470~630	470~630	450~600	450~600	450~600	≥21	≥20	≥20	≥19	≥18	≥17
	E	≥345	≥335	≥325	≥315	≥305	≥285	≥275	≥265	≥265	470~630	470~630	470~630	470~630	450~600	450~600	450~600	≥21	≥20	≥20	≥19	≥18	≥17
Q390	A	≥390	≥370	≥350	≥330	≥330	≥310	—	—	—	490~650	490~650	490~650	490~650	470~620	—	—	≥20	≥20	≥19	≥18	—	—
	B	≥390	≥370	≥350	≥330	≥330	≥310	—	—	—	490~650	490~650	490~650	490~650	470~620	—	—	≥20	≥20	≥19	≥18	—	—
	C	≥390	≥370	≥350	≥330	≥330	≥310	—	—	—	490~650	490~650	490~650	490~650	470~620	—	—	≥20	≥20	≥19	≥18	—	—
	D	≥390	≥370	≥350	≥330	≥330	≥310	—	—	—	490~650	490~650	490~650	490~650	470~620	—	—	≥20	≥20	≥19	≥18	—	—
	E	≥390	≥370	≥350	≥330	≥330	≥310	—	—	—	490~650	490~650	490~650	490~650	470~620	—	—	≥20	≥20	≥19	≥18	—	—
Q420	A	≥420	≥400	≥380	≥360	≥360	≥340	—	—	—	520~680	520~680	520~680	520~680	500~650	—	—	≥19	≥18	≥18	≥18	—	—
	B	≥420	≥400	≥380	≥360	≥360	≥340	—	—	—	520~680	520~680	520~680	520~680	500~650	—	—	≥19	≥18	≥18	≥18	—	—
	C	≥420	≥400	≥380	≥360	≥360	≥340	—	—	—	520~680	520~680	520~680	520~680	500~650	—	—	≥19	≥18	≥18	≥18	—	—
	D	≥420	≥400	≥380	≥360	≥360	≥340	—	—	—	520~680	520~680	520~680	520~680	500~650	—	—	≥19	≥18	≥18	≥18	—	—
	E	≥420	≥400	≥380	≥360	≥360	≥340	—	—	—	520~680	520~680	520~680	520~680	500~650	—	—	≥19	≥18	≥18	≥18	—	—
Q460	C	≥460	≥440	≥420	≥400	≥400	≥380	—	—	—	550~720	550~720	550~720	550~720	530~700	—	—	≥17	≥16	≥16	≥16	—	—
	D	≥460	≥440	≥420	≥400	≥400	≥380	—	—	—	550~720	550~720	550~720	550~720	530~700	—	—	≥17	≥16	≥16	≥16	—	—
	E	≥460	≥440	≥420	≥400	≥400	≥380	—	—	—	550~720	550~720	550~720	550~720	530~700	—	—	≥17	≥16	≥16	≥16	—	—
Q500	C	≥500	≥480	≥470	≥450	≥440	—	—	—	—	610~770	600~760	590~750	540~730	—	—	—	≥17	≥17	≥17	—	—	—
	D	≥500	≥480	≥470	≥450	≥440	—	—	—	—	610~770	600~760	590~750	540~730	—	—	—	≥17	≥17	≥17	—	—	—
	E	≥500	≥480	≥470	≥450	≥440	—	—	—	—	610~770	600~760	590~750	540~730	—	—	—	≥17	≥17	≥17	—	—	—
Q550	C	≥550	≥530	≥520	≥500	≥490	—	—	—	—	670~830	620~810	600~790	590~780	—	—	—	≥16	≥16	≥16	—	—	—
	D	≥550	≥530	≥520	≥500	≥490	—	—	—	—	670~830	620~810	600~790	590~780	—	—	—	≥16	≥16	≥16	—	—	—
	E	≥550	≥530	≥520	≥500	≥490	—	—	—	—	670~830	620~810	600~790	590~780	—	—	—	≥16	≥16	≥16	—	—	—
Q620	C	≥620	≥600	≥590	≥570	—	—	—	—	—	710~880	690~880	670~860	—	—	—	—	≥15	≥15	≥15	—	—	—
	D	≥620	≥600	≥590	≥570	—	—	—	—	—	710~880	690~880	670~860	—	—	—	—	≥15	≥15	≥15	—	—	—
	E	≥620	≥600	≥590	≥570	—	—	—	—	—	710~880	690~880	670~860	—	—	—	—	≥15	≥15	≥15	—	—	—
Q690	C	≥690	≥670	≥660	≥640	—	—	—	—	—	770~940	750~920	730~900	—	—	—	—	≥14	≥14	≥14	—	—	—
	D	≥690	≥670	≥660	≥640	—	—	—	—	—	770~940	750~920	730~900	—	—	—	—	≥14	≥14	≥14	—	—	—
	E	≥690	≥670	≥660	≥640	—	—	—	—	—	770~940	750~920	730~900	—	—	—	—	≥14	≥14	≥14	—	—	—

a 当屈服不明显时，可测量 $R_{p0.2}$ 代替下屈服强度。
b 宽度不小于600mm扁平材，拉伸试验取横向试样；宽度小于600mm的扁平材，型材及棒材取纵向试样，断后伸长率最小值相应提高1%（绝对值）。
c 厚度>250~400mm的数值适用于扁平材。

表 5-6　低合金高度结构钢的弯曲试验

牌号	试样方向	180°弯曲试验 [d 为弯心直径，a 为试样厚度（直径）]	
		钢材厚度（直径，边长）	
		≤16mm	>16mm～100mm
Q345， Q390， Q420， Q460	宽度不小于 600mm 扁平材，拉伸试验取横向试样；宽度小于 600mm 的扁平材、型材及棒材取纵向试样	2a	3a

3. 特性及应用

由于合金元素的细晶强化作用和固溶强化等作用，低合金高强度结构钢与碳素结构相比，其既具有较高的强度，同时又有良好的塑性、低温冲击韧性、可焊性和耐蚀性等特点，是一种综合性能良好的建筑钢材。低合金高强度结构钢广泛应用于钢结构和钢筋混凝土结构中，特别是大型结构、重型结构、大跨度结构、高层建筑、桥梁工程、承受动荷载和冲击荷载的结构。

5.3.3　热轧光圆钢筋

热轧光圆钢筋是经热轧成型并自然冷却，横截面通常为圆形，表面光滑的成品光圆钢筋。热轧光圆钢筋的公称直径范围为 5.5～20mm。热轧光圆钢筋的牌号由 HPB+屈服强度特征值构成，热轧光圆钢筋的牌号有 HPB325 和 HPB300。HPB 是热轧光圆钢筋的英文（hot rolled plain bars）缩写，325 表面钢筋的屈服强度应不小于 325MPa。

不同牌号的热轧光圆钢筋其拉伸性能和冷弯性能应符合表 5-7 的规定。

表 5-7　热轧光圆钢筋的拉伸性能和冷弯性能

牌号	R_{eL}/MPa	R_m/MPa	A/%	A_{gt}/%	冷弯试验 180° （d 为弯心直径 a 为钢筋公称直径）
	≥				
HPB235	235	370	23	10.0	d=a
HPB300	300	400			

热轧光圆钢筋牌号及化学成分应符合表 5-8 的规定。钢中残余元素铬、镍、铜含量应各不大于 0.30%，供方如能保证可不作分析。

表 5-8　热轧光圆钢筋的化学成分

牌号	化学成分，≤/%				
	C	Si	Mn	P	S
HPB235	0.22	0.30	0.65	0.045	0.045
HPB300	0.25	0.55	1.50		

钢筋应按批进行检查和验收，每批由同一牌号、同一炉罐号、同一规格的钢筋组成。每批重量通常不大于60t。超过60t的部分，每增加40t（或不足40t的余数），增加一个拉伸试验试样和一个弯曲试验试样。

允许由同一牌号、同一冶炼方法、同一浇筑方法的不同炉罐号组成混合批。各炉罐号含碳量之差不大于0.02%，含锰量之差不大于0.15%。混合批的重量不大于60t。

5.3.4　热轧带肋钢筋

热轧带肋钢筋是采用热轧工艺加工制成的钢筋，表面带有横肋和纵肋，又俗称螺纹钢筋。按加工工艺不同，热轧带肋钢筋又有普通热轧钢筋和细晶粒热轧钢筋之分。普通热轧钢筋是按热轧状态交货钢筋；细晶粒热轧钢筋是在热轧过程中，通过控轧和控冷工艺形成的细晶粒钢筋。

钢筋按屈服强度特征值分为335、400、500级，其牌号由HRB+屈服强度特征值构成，HRB是热轧带肋钢筋（hot rolle ribbed bars）的英文缩写。普通热轧钢筋有HRB335、HRB400和HRB500三个牌号；细晶粒热轧钢筋也有单个牌号，分别用HRBF335、HRBF400、HRBF500表示。

在《钢筋混凝土用钢 第2部分：热轧带肋钢筋》（GB/T 1499.2—2007）标准中，对热轧带肋钢筋的分类、牌号、尺寸、外形、重量及允许偏差、技术要求、试验方法、检验规则、包装、标志等做了明确规定。

1. 公称直径范围及推荐直径

钢筋的公称直径范围为6～50mm，常见的钢筋公称直径为6mm、8mm、10mm、12mm、16mm、20mm、25mm、32mm、40mm、50mm。

2. 牌号和化学成分

钢筋牌号及化学成分和碳当量应符合表5-9的规定。根据需要，钢中还可加入V、Nb和Ti等元素。

表5-9　热轧带肋钢筋化学成分

牌号	化学成分（质量分数），≤/%					
	C	Si	Mn	P	S	Ceq
HRB335						0.52
HRBF335						
HRB400	0.25	0.80	1.60	0.045	0.045	0.54
HRBF400						
HRB500						0.55
HRBF500						

3. 力学性能

钢筋的屈服强度 R_{eL}、抗拉强度 R_m、断后伸长率 A、最大力总伸长率 A_{gt} 时等力学性能特征值应符合表 5-10 的规定。表中所列各力学性能特征值，可作为交货检验的最小保证值。

表 5-10　热轧带肋钢筋的力学性能

牌号	R_{eL}/MPa	R_m/MPa	A/%	A_{gt}/%
	≥			
HRB335，HRBF335	335	455	17	7.5
HRB400，HRBF400	400	540	16	
HRB500，HRBF500	500	630	15	

4. 工艺性能

钢筋的弯曲性能，按表 5-11 规定的弯心直径弯曲 180° 后，钢筋受弯曲部位表面不得产生裂纹。

表 5-11　钢筋弯曲性能试验的弯心直径

牌号	公称直径 d	弯心直径
HRB335，HRBF335	6～25	3d
	28～40	4d
	>40～50	5d
HRB400，HRBF400	6～25	4d
	28～40	5d
	>40～50	6d
HRB500，HRBF500	6～25	6d
	28～40	7d
	>40～50	8d

根据需方要求，钢筋可进行反向弯曲性能试验。反向弯曲试验的弯心直径比弯曲试验相应增加一个钢筋公称直径。反向弯曲试验：先正向弯曲 90° 后再反向弯曲 20°。两个弯曲角度均应在去载之前测量。经反向弯曲试验后，钢筋受弯曲部位表面不得产生裂纹。

在热轧钢筋中应用最多的是普通碳钢中的 Q235A，它的强度虽然不高，但塑性、焊接性能都好，便于加工成形。盘圆钢筋不仅用于中型构件的受力筋，而且用于一般构件的构造筋，同时它还是冷拔钢丝的原材料。热轧带肋的钢筋则用于大中型钢筋混凝土结构中的主筋，其强度、塑性、焊接性能都较好。

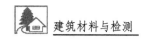

5.3.5　冷轧带肋钢筋

热轧圆盘条经多道冷轧减径后，在其表面带有沿长度方向均匀分布的三面或二面横肋的钢筋。

冷轧带肋钢筋的牌号由 CRB 和钢筋的抗拉强度最小值构成。CRB 是冷轧（cold rolled）、带肋（ribbed）、钢筋（bars）三个词的英文首位字母。冷轧带肋钢筋分为 CRB550、CRB650、CRB800 和 CRB970 四个牌号。其中，CRB550 为普通钢筋混凝土用钢筋，其他牌号为预应力混凝土用钢筋。CRB550 钢筋的公称直径范围为 4～12mm。CRB650 以上的牌号钢筋的公称直径分别为 4mm、5mm、6mm。

冷轧带肋钢筋的力学性能和工艺性能应符合表 5-12 的规定。当进行弯曲试验时，受弯曲部位表面不得产生裂纹。

表 5-12　冷轧带肋钢筋的力学性能和工艺性能

牌号	$R_{p0.2}$, ≥ /MPa	R_m≥/MPa	断裂伸长率≥/%		弯曲试验 180°	反复弯曲 次数	应力松弛 （初始应力应相当于公 称拉伸强度的70%） 1000h 松弛率/% 不大于
			A11.3	A100			
CRB550	500	550	8.0	—	$D=3d$	—	—
CRB650	585	650	—	4.0	—	3	8
CRB800	720	800	—	4.0	—	3	8
CRB970	875	970	—	4.0	—	3	8

注：表中 D 为弯心直径；d 为钢筋公称直径。

5.3.6　冷轧扭钢筋

冷轧扭钢筋（cold-rolled and twisted bars）是采用低碳钢热轧圆盘条经专用钢筋冷轧扭机调直、冷轧并冷扭（或冷滚）一次成型，具有规定截面形式和相应节距的连续螺旋状钢筋。

冷轧扭钢筋按其截面形状不同分为三种类型，即近似矩形截面为Ⅰ型；近似正方形截面为Ⅱ型；近似圆形截面为Ⅲ型，如图 5-9 所示。冷轧扭钢筋按其强度级别不同分为二级，即 550 级和 650 级。

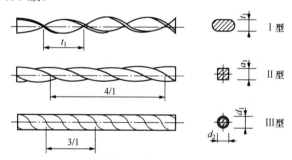

图 5-9　冷轧扭钢筋形状及界面示意图

冷轧扭钢筋力学性能和工艺性能应符合表 5-13 的规定。

表 5-13　冷轧扭钢筋力学性能和工艺性能

强度级别	型号	抗拉强度 σ_b/MPa	断裂伸长率 A/%	180°弯曲试验（弯心直径 =3d）	应力松弛率/%	
					10h	1000h
CTB550	Ⅰ	≥550	$A_{11.3}$≥4.5	受弯曲部位钢筋表面不得产生裂纹	—	—
	Ⅱ	≥550	A≥10		—	—
	Ⅲ	≥550	A≥12		—	—
CTB650	Ⅲ	≥650	A_{100}≥4		≤5	≤8

注：1. d 为冷轧扭钢筋标志直径。

　　2. A、$A_{11.3}$ 分别为以标距 5.65$\sqrt{S_0}$ 或 11.3$\sqrt{S_0}$（S_0 为试样原始截面面积）的试样断裂伸长率，A_{100} 为以标距 100mm 的试样的断裂伸长率。

5.3.7　钢筋混凝土用余热处理钢筋

钢筋经热轧后，利用热处理原理进行表面控制冷却（穿水），并利用芯部余热自身完成回火处理所得成品钢筋。余热处理钢筋的公称直径范围为 8～40mm，标准推荐的钢筋公称直径为 8mm、10mm、12mm、16mm、20mm、25mm、32mm 和 40mm。

1. 牌号及化学成分

余热处理钢筋按屈服强度特征值分为 400 级、500 级，按用途分为可焊和非可焊，其牌号表示采用 RRB+屈服强度特征值构成，RRB 是余热处理钢筋的英文缩写。非可焊余热处理钢筋的牌号用 RRB400、RRB500 表示，可焊余热处理钢筋的牌号用 RRB400W、RRB500W 表示。

余热处理钢筋的化学成分应符合表 5-14 的规定。其中铬（Cr）、镍（Ni）、铜（Cu）的残余含量应各不大于 0.30%，其总量不大于 0.60%。若经需方同意，Cu 的残余含量可不大于 0.35%。供方保证可不作分析。

表 5-14　余热处理钢筋的化学成分

牌号	化学成分，≤/%					
	C	Si	Mn	P	S	Ceq
RRB400, RRB500	0.30	1.00	1.60	0.045	0.045	—
RRB400W, RRB500W	0.25	0.80	1.60	0.045	0.045	0.54 / 0.55

2. 力学性能

余热处理钢筋的力学性能特征值应符合表 5-15 的规定。

表 5-15 余热处理钢筋的力学性能

牌号	R_{eL}/MPa	R_m/MPa	A/%	A_{gt}/%
	≥			
RRB400	400	540	14	
RRB500	500	630	13	50
RRB400W	430	570	14	
RRB500W	530	660	13	

3. 工艺性能

余热处理钢筋按表 5-16 规定的弯心直径进行弯曲试验，要求弯曲 180° 后，钢筋受弯曲部位的表面不得产生裂纹。

表 5-16 余热处理钢筋弯曲试验的弯心直径

牌号	公称直径 a/mm	弯心直径 d/mm
RRB400，RRB400W	8~25	4a
	28~40	5a
RRB500，RRB500W	8~25	6a
	28~40	7a

根据需方要求，钢筋可进行反向弯曲性能试验。反向弯曲试验的弯心直径比弯曲试验相应增加一个钢筋直径。经先正向弯曲 90° 再反向弯曲 20° 后的反向弯曲试验后，钢筋受弯曲部位的表面不得产生裂纹。

5.3.8 预应力混凝土用钢丝

预应力混凝土用钢丝是用优质碳素结构钢，经冷拉或冷拉后消除应力处理制成的，具有较高强度、较好柔软性的钢材。

预应力混凝土用钢丝有冷拉钢丝（WCD）和消除应力钢丝两类。消除应力钢丝按松弛性能又分为低松弛级钢丝（WLR）和普通松弛钢丝（WNR）。按外形分类光圆（P）、螺旋肋钢丝（H）和刻痕钢丝（I）。在国家标准《预应力混凝土用钢丝》（GB/T 5223—2002）中，对预应力混凝土用钢丝的分类、尺寸、外形、质量及允许偏差、技术要求、试验方法、检验规则、包装等做了明确规定。预应力混凝土用钢丝的力学性能应符合表 5-17、表 5-18 和表 5-19 的规定。

表 5-17 冷拉钢丝的力学性能

公称直径 d_a/mm	抗拉强度 σ_b, ≥/MPa	规定非比例伸长应力 $\sigma_{po.2}$, ≥/MPa	最大力下总伸长率 (l_m=200mm) δ_{pt}, ≥/%	弯曲次数（次/180°），≥	弯曲半径 R/mm	断面收缩率 ϕ, ≥/%	每 210mm 扭矩转次 n, ≥	初始应力相当于70%公称抗拉强度时，1000h 后应力松弛率 r, ≤/%
3.00	1470	1100		4	7.5	—	—	
4.00	1570	1180		4	10	35	8	
	1670	1250						
5.00	1770	1330	1.5	4	15		8	8
6.00	1470	1100		5	15		7	
7.00	1570	1180		5	20	30	6	
	1670	1250						
8.00	1770	1330		5	20		5	

表 5-18　消除应力光圆及螺旋肋钢丝的力学性能

公称直径 d_a (mm)	抗拉强度 σ_b, ≥/MPa	规定非比例伸长应力 $\sigma_{p0.2}$, ≥/MPa		最大力下总伸长率 ($I_m=200mm$) δ_{pt}, ≥/%	弯曲次数（次/180°），≥	弯曲半径 R/mm	应力松弛性能		
							初始应力相当于公称抗拉强度的百分数/%	1000h 后应力松弛率 r, ≥/%	
		WLR	WNR					WLR	WNR
							对所有规格		
4.00	1470	1290	1250		3	10			
	1570	1380	1330				60	1.0	4.5
4.80	1670	1470	1410		4	15			
5.00	1770	1560	1500						
	1860	1640	1580	3.5					
6.00	1470	1290	1250		4	15			
6.25	1570	1380	1330		4	20	70	2.0	8
	1670	1470	1410		4	20			
7.00	1770	1560	1500		4	20			
8.00	1470	1290	1250		4	20	80	4.5	12
9.00	1570	1380	1330		4	25			
10.00	1470	1290	1250		4	25			
12.00					4	30			

表 5-19　消除应力的刻痕钢丝的力学性能

公称直径 d_a/mm	抗拉强度 σ_b, ≥/MPa	规定非比例伸长应力 $\sigma_{p0.2}$, ≥/MPa		最大力下总伸长率 ($I_m=200mm$) δ_{pt}, ≥/%	弯曲次数（次/180°），≥	弯曲半径 R/mm	应力松弛性能		
							初始应力相当于公称抗拉强度的百分数/%	1000h 后应力松弛率 r, ≥/%	
		WLR	WNR					WLR	WNR
							对所有规格		
≤5.0	1470	1290	1250						
	1570	1380	1330						
	1670	1470	1410			15	60	1.5	4.5
	1770	1560	1500						
	1860	1640	1580	3.5	3				
>5.0	1470	1290	1250				70	2.5	8
	1570	1380	1330			20			
	1670	1470	1410						
	1770	1560	1500				80	4.5	12

预应力混凝土用钢丝成盘供应，每盘钢丝由一根组成，盘中不小于 500kg。

预应力混凝土用钢丝有强度高，柔性好，无接头，质量稳定可靠，施工方便，不须冷拉、不须焊接等优点。它主要用于大跨度屋架及薄腹梁、大跨度吊车梁、桥梁、电杆和轨枕等的预应力钢筋等。

5.3.9　预应力混凝土用钢绞线

预应力混凝土用钢绞线是以数根优质碳素结构钢钢丝经绞捻和消除内应力的热处理而制成。

根据捻制结构（钢丝的股数），预应力混凝土用钢绞线分为 1×2、1×3、1×3I、1×7 和（1×7）C 五类。

1）1×2：用两根钢丝捻制的钢绞线。

2）1×3：用三根钢丝捻制的钢绞线。

3）1×3I：用三根刻痕钢丝捻制的钢绞线。

4）1×7：用七根钢丝捻制的标准型钢绞线。

5）（1×7）C：用七根钢丝捻制又经模拔的钢绞线。

预应力混凝土用钢绞线的最大负荷随钢丝的根数不同而不同，七根捻制结构的钢绞线，整根钢绞线的最大力达 384kN 以上，规定非比例延伸力可达 346kN 以上，1000h 松弛率≤1.0%～4.5%。在国家标准《预应力混凝土用钢绞线》（GB/T 5224—2003）中，对钢绞线的分类、尺寸、外形、质量及允许偏差、技术要求、试验方法、检验规则、包装、标志等有明确规定。钢绞线的力学性能应符合表 5-20、表 5-21 和表 5-22 的规定。

表 5-20　1×2 结构钢绞线的力学性能

钢绞线结构	钢绞线公称直径 D_n/mm	抗拉强度 R_m, ≥/MPa	结构钢绞线的最大力 F_m, ≥/kN	规定非比例延伸力 $F_{p0.1}$, ≥/kN	最大力总伸长率（$La≥400mm$）A_m, ≥/%	应力松弛性能	
						初始负荷相当于公称最大力的百分数/%	1000h 后应力松弛率 r, ≥/%
1×2	5.00	1570	15.4	13.9	对所有规格	对所有规格	对所有规格
		1720	16.9	15.2			
		1860	18.3	16.5			
		1960	19.2	17.3			
	5.80	1570	20.7	18.6		60	1.0
		1720	22.7	20.4			
		1860	24.6	22.1			
		1960	25.9	23.3	3.5	70	2.5
	8.00	1470	36.9	33.2			
		1570	39.4	35.5			
		1720	43.2	38.9		80	4.5
		1860	46.7	42.0			
		1960	49.2	44.3			
	10.00	1470	57.8	52.0			
		1570	61.7	55.5			
		1720	67.6	60.8			
		1860	73.1	65.8			
		1960	77.0	69.3			
	12.00	1470	83.1	74.8			
		1570	88.7	79.8			
		1720	97.2	87.5			
		1860	105	94.5			

表 5-21　1×3 结构钢绞线的力学性能

钢绞线结构	钢绞线公称直径 D_a/mm	抗拉强度 R_m，≥/MPa	结构钢绞线的最大力 F_m，≥/kN	规定非比例延伸力 $F_{p0.1}$，≥/kN	最大力总伸长率（La≥400mm）A_m，≥/%	应力松弛性能	
						初始负荷相当于公称最大力的百分数/%	1000h 后应力松弛率 r，≥/%
1×2	6.20	1570	31.1	28.0	对所有规格	对所有规格	对所有规格
		1720	34.1	30.7			
		1860	36.8	33.1			
		1960	38.8	34.9			
	6.50	1570	33.3	30.0			
		1720	36.5	32.9			
		1860	39.4	35.5		60	1.0
		1960	41.6	37.4			
	8.60	1470	55.4	49.9			
		1570	59.2	53.3			
		1720	64.8	58.3	3.5	70	2.5
		1860	70.1	63.1			
		1960	73.9	66.5			
	8.74	1570	60.6	54.5			
		1720	64.5	58.1			
		1860	71.8	64.6			
	10.80	1470	86.6	77.9			
		1570	92.5	83.3		80	4.5
		1720	101	90.9			
		1860	110	99.0			
		1960	115	104			
	12.90	1470	125	113			
		1570	133	120			
		1720	146	131			
		1860	158	142			
		1960	166	149			
1×3	8.74	1570	60.6	64.5			
		1670	64.5	58.1			
		1860	71.8	64.6			

表 5-22　1×7 结构钢绞线的力学性能

钢绞线结构	钢绞线公称直径 D_a/mm	抗拉强度 R_m，≥/MPa	结构钢绞线的最大力 F_m，≥/kN	规定非比例延伸力 $F_{p0.1}$，≥/kN	最大力总伸长率（La≥400mm）A_m，≥/%	应力松弛性能	
						初始负荷相当于公称最大力的百分数/%	1000h 后应力松弛率 r，≥/%
1×7	9.50	1720	94.3	84.9	对所有规格	对所有规格	对所有规格
		1860	102	91.8			
		1960	107	96.3			
	11.10	1720	128	115		60	1.0
		1860	138	124			
		1960	145	131			
	12.70	1720	170	153			
		1860	184	166	3.5	70	2.5
		1960	193	174			
	15.20	1470	206	185			
		1570	220	198			
		1670	234	211			
		1720	241	217		80	4.5
		1860	260	234			
		1960	274	247			
	15.70	1770	266	239			
		1860	279	251			
	17.80	1720	327	294			
		1860	353	318			
（1×7）C	12.70	1860	208	187			
	15.20	1820	300	270			
	18.00	1720	384	346			

　　预应力混凝土用钢绞线亦具有强度高、柔韧性好、无接头、质量稳定和施工方便等优点，使用时按要求的长度切割，主要用于大跨度、大负荷的后张法预应力屋架、桥梁和薄腹板等结构的预应力筋。

5.4　钢筋混凝土结构用钢材主要技术性能及检测

5.4.1　拉伸性能及检测

1. 试样形状与尺寸

　　试样的形状与尺寸取决于要被试验的金属产品的形状与尺寸，通常从产品、压制坯或铸锭切取样坯，经机加工制成试样。但具有恒定横截面的产品（型材、棒材、线材等）和铸造试样（铸铁和铸造非铁合金）可不经机加工而进行试验。

试样横截面可为圆形、矩形、多边形、环形，特殊情况下可为某些其他形状。试样原始标距与原始横截面积有 $L_0 = K\sqrt{S_0}$ 关系者称为比例试样。其中，国际上使用的比例系数 K 的值为 5.65。原始标距应不小于 15mm。当试样横截面积太小，以致采用比例系数是为 5.65 的值不能符合这一最小标距要求时，可采用较高的值（优先采用 11.3 的值）或采用非比例试样。非比例试样其原始标距（L_0）与其原始横截面积（S_0）无关。

标记原始标距（L_0）应用小标记、细划线或细墨线标记原始标距，但不得用引起过早断裂的缺口作标记。对于比例试样，应将原始标距的计算值修约至最接近 5 mm 的倍数，中间数值向较大一方修约。原始标距的标记应准确到 ±1%。例如，平行长度比原始标距长许多，如不经机加工的试样，可标记一系列套叠的原始标距。有时，可在试样表面划一条平行于试样纵轴的线，并在此线上标记原始标距。

2. 断后伸长率（A）和断裂总伸长率（A_{gt}）的测定

为了测定断后伸长率，应将试样断裂的部分仔细地配接在一起，并使其轴线处于同一直线上，并采取特别措施确保试样断裂部分适当接触后测量试样断后标距。这对小横截面试样和低伸长率试样尤为重要。

应使用分辨力优于 0.1mm 的量具或测量装置测定断后标距（L_0），准确到 ±0.25mm。例如，规定的最小断后伸长率小于 5%，应用下列方法进行测定。

试验前在平行长度的一端处做一很小的标记。使用调节到标距的分规，以此标记为圆心划一个圆弧。拉断后，将断裂的试样置于一个装置上，最好借助螺丝施加轴向力，以使其在测量时牢固地对接在一起。以原圆心为圆心，以相同的半径划第二个圆弧。用工具显微镜或其他合适的仪器测量两个圆弧之间的距离即为断后伸长，准确到 ±0.02mm。为使划线清晰可见，试验前涂上一层染料。

原则上只有断裂处与最接近的标距标记的距离不小于原始标距的三分之一情况方为有效。但断后伸长率大于或等于规定值，不管断裂位置处于何处测量均为有效。

断后伸长率有两种方法，即直测法和移位法。直测法是拉断处到最邻近标距标记距离大于 $1/3 L_0$ 时，直接用游标卡尺测量拼接后的断后标距 L_1，再进行计算得到。这里主要介绍一下移位法测定断后伸长率。

为了避免由于试样断裂置位不符合所规定的条件而必须报废试样，可使用如下方法：

1）试验前将原始标距（L_0）细分为 N 等分（图 5-10）。

2）试验后，以符号 X 表示断裂后试样短段的标距标记，以符号 Y 表示断裂试样长段的等分标记，此标记与断裂处的距离最接近于断裂处至标距标记 X 的距离。

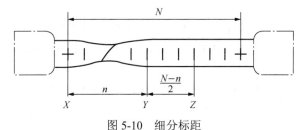

图 5-10　细分标距

如 X 与 Y 之间的分格数为 n，按如下方法测定断后伸长率（图 5-11）。

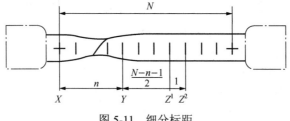

图 5-11　细分标距

如果（$N-n$）为偶数，测量 X 与 Y 之间的距离和测量从 Y 至距离为 $\frac{1}{2}(N-n)$ 个分格的 Z 标记之间的距离，并按照下式计算断后伸长率，即

$$A = \frac{[XY + 2YZ - L_0]}{L_0} \times 100\%$$

如果（$N-n$）为奇数，测量 X 与 Y 之间的距离，以及测量从 Y 至距离分别为 $\frac{1}{2}(N-n-1)$ 和 $\frac{1}{2}(N-n+1)$ 个分格的 Z_1 和 Z_2 标记之间的距离，并按照下式计算断后伸长率，即

$$A = \frac{[XY + YZ_1 + YZ_2 - L_0]}{L_0} \times 100\%$$

3. 性能测定结果数值的修约

试验测定的性能结果数值应按照相关产品标准的要求进行修约。如未规定具体要求，应按照表 5-23 的要求进行修约，修约方法符合《数值修约规则》（GB/T 8170—2008）要求。

表 5-23　性能结构数值的修约间隔

性　　能	范　　围	修约间隔
R_{eH}，R_{eL}，R_t，R_r，R_m	$\leqslant 200 N/mm^2$ $>200 \sim 1000 N/mm^2$ $>100 N/mm^2$	$1 N/mm^2$ $5 N/mm^2$ $10 N/mm^2$
A_e		0.05%
A，A_t，A_{gt}，A_g		0.5%
Z		0.5%

4. 试验结果处理

试验出现下列情况之一其试验结果无效，应重做同样数量试样的试验。

1）试样断在标距外或断在机械刻划的标距标记上，而且断后伸长率小于规定最小值。

2）试验期间设备发生故障，影响试验结果。试验后试样出现两个或两个以上的缩颈以及显示出肉眼可见的冶金缺陷（如分层、气泡、夹渣、缩孔等），应在试验记录和报告中注明。

5.4.2　弯曲性能及检测

根据国家标准《金属材料弯曲性能试验方法标准》（GB/T 232—2010）的规定，弯曲试验是以圆形、方形、矩形或多边形横截面试样在弯曲装置上经受弯曲塑性变形，不改变加力方向，直至达到规定的弯曲角度。

弯曲试验时，试样两臂的轴线保持在垂直于弯曲轴的平面内。如为弯曲 180° 的弯曲试验，按照相关产品标准的要求，可将试样弯曲至两臂直接接触或两臂相互平行且相距规定距离，可使用垫块控制规定距离。

试验使用圆形、方形、矩形或多边形横截面的试样。样坯的切取位置和方向应按照相关产品标准的要求。如未具体规定，钢产品应按照《钢及钢产品力学性能试验取样规定》（GB/T 2975—1998）的要求。试样应去除由于剪切或火焰切割或类似的操作而影响材料性能的部分。如果试验结果不受影响，允许不去除试样受影响的部分。

试验一般在 10~35℃ 的室温范围内进行，对温度要求严格的试验，实验室温度应为（23±5）℃。

弯曲试验时，应将试样放于两支辊上，试样轴线应与弯曲压头轴线垂直，弯曲压头在两支支座之间的中点处，对试样连续缓慢施加力使其弯曲，直到达到规定的弯曲程度，如不能直接达到规定的弯曲程度，应将试样置于两个平行压板之间，连续施加力使其两端进一步弯曲，直到达到规定的弯曲角度。

应按照相关产品标准的要求评定弯曲试验结果。如未规定具体要求，弯曲试验后不使用放大仪器观察，试样弯曲外表面无可见裂纹应评定为合格。以相关产品标准规定的弯曲角度作为最小值；若规定弯曲压头直径，以规定的弯曲压头直径作为最大值。

5.4.3　焊接性能及检测

根据《钢筋焊接及验收规程》（JGJ 18—2012）的规定，焊接连接可分为以下几种：钢筋电阻点焊、钢筋闪光对焊、箍筋闪光对焊、钢筋电弧焊、钢筋二氧化碳气体保护电弧焊、钢筋电渣压力焊、钢筋气压焊、预埋件钢筋埋弧压力焊和预埋件钢筋埋弧螺柱焊。

1. 力学性能判定

钢筋闪光对焊接头、电弧焊接头、电渣压力焊接头、气压焊接头、箍筋闪光对焊接头、预埋件钢筋 T 形接头的拉伸试验结果按如下规定评定。

符合下列条件之一，评定为合格。

1）三个试件均断于钢筋母材，延性断裂，抗拉强度大于等于钢筋母材抗拉强度标准值。

2）两个试件断于钢筋母材，延性断裂，抗拉强度大于等于钢筋母材抗拉强度标准值；一个试件断于焊缝，或热影响区，脆性断裂，或延性断裂，抗拉强度大于等于钢筋母材抗拉强度标准值。

符合下列条件之一，评定为复验。

1）两个试件断于钢筋母材，延性断裂，抗拉强度大于等于钢筋母材抗拉强度标准值；一个试件断于焊缝，或热影响区，呈脆性断裂，或延性断裂，抗拉强度小于钢筋母材抗拉强度标准值。

2）一个试件断于钢筋母材，延性断裂，抗拉强度大于等于钢筋母材抗拉强度标准值；两个试件断于焊缝，或热影响区，呈脆性断裂，抗拉强度大于等于钢筋母材抗拉强度标准值。

3）三个试件全部断于焊缝，或热影响区，呈脆性断裂，抗拉强度均大于等于钢筋母材拉伸强度标准值。

复验时，应再切取六个试件。复验结果，当仍有一个试件的抗拉强度小于钢筋母材的拉伸强度标准值；或有三个试件断于焊缝或热影响区，呈脆性断裂，均应判定该批接头为不合格品。

凡不符合上述复验条件的检验批接头，均评为不合格品。

当拉伸试验中，有试件断于钢筋母材，却呈脆性断裂；或者断于热影响区，呈延性断裂，其抗拉强度却小于钢筋母材抗拉强度标准值。以上两种情况均属异常现象，应视该项试验无效，并检查钢筋的材质性能。

钢筋闪光对焊接头、气压焊接头进行弯曲试验时，焊缝应处于弯曲中心点，弯心直径和弯曲角度应符合表 5-24 的规定。

表 5-24　钢筋接头弯曲试验的弯曲直径和弯曲角度

钢筋牌号	弯曲直径	弯曲角度/°
HPB235，HPB300	2d	90
HPB335，HRBF335	4d	90
HRB400，HRBF400，RRB400	5d	90
HRB500，HRBF500	7d	90

注：1. d 为钢筋直径（mm）。

　　2. 直径大于 25mm 的钢筋焊接接头，弯心直径应增加 1 倍钢筋直径。

当试件弯曲至 90° 时，有两个或三个试件外侧（含焊缝和热影响区）未发生破裂，应评定该批接头弯曲试验合格；当有两个试件发生破裂，应进行复验；当有三个试件发生破裂，则一次判定该批接头为不合格品。

复验时，应再加取六个试件。复验结果，当仅有一个或两个试件发生破裂时，应评定该批接头为合格品。

注：当试件外侧横向裂纹宽度达到 0.5mm 时，应认定已经破裂。

2. 检验批的构成及外观质量判定

（1）闪光对焊接头

闪光对焊接头的质量检验应分批进行外观检查和力学性能检验。

同一台班内、同一焊工完成的 300 个同牌号、同直径钢筋焊接接头应作为一检验批。当同一台班内焊接的接头数量较少，可在一周之内累计计算；累计仍不足 300 个接头时，应按一批计算。力学性能检验时，应从每批接头中随机切取六个接头，其中三个做拉伸试验，三个做弯曲试验。异径接头可只做拉伸试验。

闪光对焊接头外观检查应符合：接头处无横向裂纹；与电极接触处的钢筋表面无明显烧伤；接头处的弯折角度不大于 3°；接头处的轴线偏移不大于钢筋直径的 0.1 倍，且不大于 2mm。

（2）箍筋闪光对焊接头

箍筋闪光对焊接头应分批进行外观质量检查和力学性能检验，要求如下，检验批数量分成两种：当钢筋直径为 10mm 及以下，为 1200 个；钢筋直径为 12mm 及以上，为 600 个。应按同一焊工完成的不超过上述数量同钢筋牌号、同直径的箍筋闪光对焊接头作为一个检验批。当同一台班内焊接的接头数量较少时，可累计计算；当超过规定数量时，其超出部分，亦可累计计算。

每个检验批随机抽取 5%个箍筋闪光对焊接头做外观检查；随机切取三个对焊接头做拉伸试验。

箍筋闪光对焊接头外观质量检查应符合：对焊接头表面应呈圆滑状，无横向裂纹；轴线偏移不大于钢筋直径 0.1 倍；弯折角度不大于 3°；对焊接头所在直线边凹凸不大于 5mm；对焊箍筋内净空尺寸的允许偏差在±5mm 之内，且与电极接触处无明显烧伤。

（3）钢筋电弧焊接头

电弧焊接头的质量检验，应分批进行外观检查和力学性能检验。

在现浇混凝土结构中，以 300 个同牌号钢筋、同型式接头作为一个检验批；在房屋结构中，应在不超过两楼层中 300 个同牌号钢筋、同型式接头作为一个检验批。每批随机切取三个接头，做拉伸试验。

在装配式结构中，可按生产条件制作模拟试件，每批三个，做拉伸试验。

钢筋与钢板电弧搭接焊接头可只进行外观检查。

在同一批中若有几种不同直径的钢筋焊接接头，应在最大直径钢筋接头和最小直径钢筋接头中分别切取三个试件进行拉伸试验。

电弧焊接头外观检查结果应符合：焊缝表面应平整，无凹陷或焊瘤；焊接接头区域无肉眼可见的裂纹；咬边深度、气孔、夹渣等缺陷允许值及接头尺寸的允许偏差符合相关规定；坡口焊、熔槽帮条焊和窄间隙焊接头的焊缝余高为 2～4mm。

当模拟试件试验结果不符合要求时，应进行复验。复验应从现场焊接接头中切取，其数量和要求与初始试验时相同。

（4）钢筋电渣压力焊接头

电渣压力焊接头的质量检验，应分批进行外观检查和力学性能检验。

在现浇钢筋混凝土结构中，应以 300 个同牌号钢筋接头作为一个检验批；在房屋结构中，应在不超过两楼层中 300 个同牌号钢筋接头作为一个检验批；当不足 300 个接头时，仍应作为一批。每批随机切取三个接头试件做拉伸试验。

电渣压力焊接头外观检查结果应符合：四周焊包凸出钢筋表面的高度不小于 4mm（钢筋直径为 25mm 及以下时）、或不小于 6mm（钢筋直径为 28mm 及以上时）；钢筋与电极接触处无烧伤缺陷；接头处的弯折角度不大于 3°；接头处的轴线偏移不大于钢筋直径的 0.1 倍，且不大于 2mm。

（5）钢筋气压焊接头（图 5-12）

气压焊接头的质量检验，应分批进行外观检查和力学性能检验。

在现浇钢筋混凝土结构中，应以 300 个同牌号钢筋接头作为一个检验批；在房屋结构中，应在不超过两楼层中 300 个同牌号钢筋接头作为一个检验批；当不足 300 个接头时，仍应作为一批。

在柱、墙的竖向钢筋连接中，应从每批接头中随机切取三个接头做拉伸试验；在梁、板的水平钢筋连接中，应另切取三个接头做弯曲试验。

异径气压焊接头可只做拉伸试验。在同一批中，若有几种不同直径的钢筋焊接接头，应在最大直径钢筋的焊接接头和最小直径钢筋的焊接接头中分别切取三个接头进行拉伸、弯曲试验。

固态或熔态气压焊接头外观检查结果应符合：接头处的轴线偏移不大于钢筋直径的 0.15 倍，且不大于 4mm；接头处的弯折角度不大于 3°（当大于规定值时，应重新加热矫正）；固态气压焊接头镦粗直径 d_c 不小于钢筋直径的 1.4 倍，熔态气压焊接头镦粗直径 d_c 不小于钢筋直径的 1.2 倍；镦粗长度 L_c 不小于钢筋直径的 1.0 倍，且凸起部分平缓圆滑。

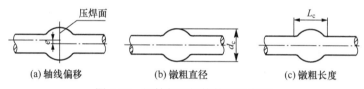

(a) 轴线偏移　　　　(b) 镦粗直径　　　　(c) 镦粗长度

图 5-12　钢筋气压焊接外观示意图

（6）预埋件钢筋 T 形接头

预埋件钢筋 T 形接头的外观检查，应从同一台班内完成的同类型预埋件中抽查 5%，且不得少于 10 件。

当进行力学性能检验时，应以 300 件同类型预埋件作为一批。一周内连续焊接时，可累计计算。当不足 300 件时，亦应按一批计算。

应从每批预埋件中随机切取三个接头做拉伸试验，试件的钢筋长度应大于或等于 200mm，钢板的长度和宽度均应大于或等于 60mm，并视钢筋直径而定，如图 5-13 所示。

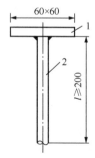

图 5-13　预埋件干净 T 形接头拉伸试件示意图（单位：mm）

1—钢板；2—钢筋

预埋件钢筋焊条电弧焊条接头外观检查结果应符合：焊缝表面无气孔、夹渣和肉眼可见裂纹；钢筋咬边深度不超过 0.5mm；钢筋相对钢板的直角偏差不得大于 3°。

预埋件外观检查结果，当有两个接头不符合上述要求时，应对全数接头的这一项目进行检查，并剔出不合格品，不合格接头经补焊后可提交二次验收。

预埋件钢筋 T 形接头拉伸试验时，三个试件的抗拉强度均应符合下列要求：

1）HPB300 钢筋接头不得小于 400MPa。

2）HRB335，HRBF335 钢筋接头不得小于 435MPa。

3）HRB400，HRBF400 钢筋接头不得小于 520MPa。

4）HRB500，HRBF500 钢筋接头不得小于 610MPa。

当试验结果若有一个试件接头强度小于规定值时，应进行复验。复验时，应再取六个试件。复验拉伸强度均达到上述要求时，该批接头评定为合格品。

5.5　钢结构用钢材

钢结构用钢材主要是热轧成型的钢板和型钢等；薄壁轻型钢结构中主要采用薄壁型钢、圆钢和小角钢；钢材所用的母材主要是普通碳素结构钢和低合金高强度结构钢。

5.5.1　热轧型钢

热轧型钢是指采用加热钢坯轧成的各种几何断面形状的钢材。按照型钢断面尺寸的大小，其有大型型钢、中型型钢和小型型钢之分。根据型钢断面形状不同，分为简单断面、复杂断面或异型断面和周期断面三种型钢。

简单断面型钢主要有圆钢、方钢、六角钢、扁钢、三角钢、弓形钢和椭圆钢等，其特点是过断面周边上任意点作切线一般不交于断面之中。

复杂断面型钢包括角钢、工字钢、槽钢、T 字钢、H 型钢、Z 型钢、钢轨、钢板桩、窗框钢及其他杂形断面型钢。

周期断面型钢沿钢材长度方向断面的形状和尺寸发生周期性改变，例如螺纹钢筋、车轴和犁铧钢等。

建筑用热轧型钢，我国目前主要采用普通碳素钢甲级 3 号钢（碳含量 0.14%～0.22%），其特点是冶炼容易，成本低廉，强度适中，塑性和可焊性较好，适合建筑工程使用。低合金钢热轧型钢多半为热轧螺纹钢筋和以 16Mn 轧成的型钢，异形断面型钢用得较少。

钢结构常用复杂断面型钢。图 5-14 所示为几种常用复杂断面型钢示意图。型钢由于截面形式合理，材料在截面上分布对受力最为有利，且构件间连接方便，它是钢结构中采用的主要钢材。

钢结构用钢的钢种和钢号,主要根据结构与构件的重要性、荷载的性质(静载或动载)、连接方法（焊接、铆接或螺栓连接）、工作条件（环境温度及介质）等因素来选择。我国建筑用热轧型钢主要采用碳素结构钢和低合金钢，其中应用最多是碳素钢 Q235—A，低合金钢 Q345(16Mn) 及 Q390（15MnV），前者适用于一般钢结构工程；后者可用于大

建筑材料与检测

跨度、承受动荷载的钢结构工程。

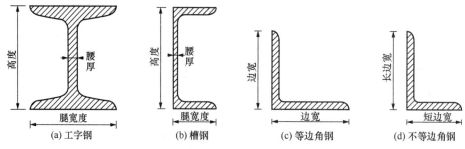

图 5-14　几种常用热轧复杂型钢截面示意图

　　工字钢广泛应用于各种建筑结构和桥梁,主要用于承受横向弯曲(腹板平面内受弯)的杆件,但不宜单独用作轴心受压的构件或双向弯曲的构件。与工字钢相比,H 型钢具有相似的截面,但比普通工字钢性能更优,其优化了截面的分布,有翼缘宽、侧向刚度大、抗弯能力强,翼缘两表面相互平行、连接构造方便、省劳力、重量轻、节省钢材等优点。它常用于承载力大、截面稳定性好的大型建筑,其中宽翼缘和中翼缘 H 型钢适用于钢柱等轴心受压构件,窄翼缘 H 型钢适用于钢梁等受弯构件。槽钢可用作承受轴向力的杆件、承受横向弯曲的梁以及联系杆件,主要用于建筑结构、车辆制造等。

　　角钢主要用作承受轴向力的杆件和支撑杆件,也可作为受力构件之间的连接零件。

　　钢板有热轧钢板和冷扎钢板之分,按厚度可分为厚板(厚度>4mm)和薄板(厚度≤4mm)两种。厚板用热轧方式生产,材质按使用要求相应选取;薄板用热轧或冷扎方式均可生产,冷轧钢板一般质量较好,性能优良,但其成本高,土木工程中使用的薄钢板多为热轧型。

　　钢板的钢种主要是碳素钢,某些重型结构、大跨度桥梁等也采用低合金钢。厚板主要用于结构,薄板主要用于屋面板、楼板和墙板等。在钢结构中,单块钢板不能独立工作,必须用几块板组合成工字形、箱形等结构来承受荷载。

　　按照生产工艺,钢结构所用钢管分为热轧无缝钢管和焊接钢管两大类。热轧无缝钢管是以优质碳素钢和低合金结构钢为原材料,多采用热轧—冷拔联合工艺生产,或冷扎方式生产,其主要用于压力管道和一些特定的钢结构。焊接钢管是采用优质或普通碳素钢钢板卷焊而成,表面镀锌或不镀锌(视使用而定),按其焊缝形式有直缝电焊钢管和螺旋焊钢管,适用于各种结构、输送管道等用途。焊接钢管成本较低,容易加工,但多数情况下抗压性能较差。在土木工程中,钢管多用于制作桁架、塔桅、钢管混凝土等,广泛应用于高层建筑、厂房柱、塔柱、压力管道等工程中。

5.5.2　建筑结构用冷弯矩形钢管

　　建筑结构用冷弯矩形钢管是指采用冷轧或热轧钢带,经连续辊式冷弯及高频直缝焊接生产形成的矩形钢管。成型方式包括直接成方和先圆后方。冷弯矩形钢管以冷加工状态交货。如有特殊要求由供需双方协商确定。

　　按产品截面形状分为冷弯正方形钢管、冷弯长方形钢管;按产品屈服强度等级分为235,345,390;按产品性能和质量要求等级分为较高级Ⅰ级和普通级Ⅱ级。较高级Ⅰ

级在提供原料的化学性能和产品的机械性能的前提下，还必须保证原料的碳当量，产品的低温冲击性能、疲劳性能及焊缝无损检测，即可作为协议条款。普通级Ⅱ级仅提供原料的化学性能和机械性能。

按《建筑结构用冷弯矩形钢管》（JG/T 178—2005）的规定，冷弯矩形钢管的力学性能应符合表 5-25 的规定。

表 5-25　冷弯矩形钢管的力学性能

产品屈服强度等级	壁厚（mm）	屈服强度（MPa）	抗拉强度（MPa）	断裂伸长率（%）	（常温）冲击力（J）
235	4～12	≥235	≥375	≥23	—
	>12～22				≥27
345	4～12	≥345	≥470	≥21	—
	>12～22				≥27
390	4～12	≥390	≥490	≥19	—
	>12～22				≥27

弯矩形钢管具有很多优良的特点，使得它在工程领域中得以推广应用。

1）良好的截面特性。与同重量、同截面高度的宽翼缘 H 型钢和圆钢管相比，方钢管在两个主轴方向的抗弯刚度高，较强的抗弯刚度不仅显著提高了钢材的抗弯承载力，同时非常有利于保证衍架在运输和吊装中的整体稳定性。

2）良好的耐腐蚀性能。与 H 型钢相比，在相同长度下，方钢管的表面积仅为其 67%，而且在使用阶段管端封闭后为单面锈蚀状态，因此，方钢管在使用中，不仅可减少涂装维护工作量约 1/3，而且其耐优秀是的能力可达到 H 型钢的两倍。

但冷弯矩形钢管因采用冷弯加工成型工艺，存在因角部与管壁残余应力与硬化倾向不同，而强度提高延性下降，同时这些部位的焊接性能也降低了。因此，在设计和使用中应加以注意。

【小结】

掌握建筑钢材的分类、主要技术性能以及应用；掌握钢材的加工工艺及防腐措施。了解钢材的冶炼，成分对性能的影响。

【思考与练习】

1. 为何说屈服点、抗拉强度、伸长率是建筑用钢材的重要技术性能指标？

2. 钢材热处理的工艺有哪些？起什么作用？

3. 冷加工和时效对钢材性能有何影响？

4. 钢材的腐蚀与哪些因素有关？如何对钢材进行防腐和防火？

5. 建筑上常用有哪些牌号的低合金钢？

6. 工地上为何常对强度偏低而塑性偏大的低碳盘条钢筋进行冷拉？

第6章

墙 体 材 料

教学目标

1. 掌握烧结普通砖的技术性质及检测方法。
2. 了解非烧结砖、砌块及新型墙板的品种和性质。

6.1 墙体材料概述

墙体材料是指用来砌筑、拼装或用其他方法构成承重墙、非承重墙的材料,如砌墙用的砖、石、砌块,拼墙用的各种墙板,浇筑墙用的混凝土等。

在一般房屋建筑中,墙体占整个建筑物自重的1/2,用工量、造价约各占1/3。因此,墙体材料是建筑工程中的重要建筑材料。根据墙体在房屋建筑中的作用不同,所选用的材料也应有所不同。建筑物的外墙,因其外表面要受外界气温变化的影响及风吹、雨淋、冰雪和大气的侵蚀作用,故对于外墙材料的选择除应满足承重要求外,还要考虑保温、隔热、坚固、耐久、防水、抗冻等方面的要求;对于内墙则应考虑选择防潮、隔声、质轻的材料。

长期以来,我国一直大量生产和使用的墙体材料是普通黏土砖,这种砖具有块体小,需手工操作,劳动强度大,施工效率低,自重大,抗震性能差等缺点。改革墙体材料,使之朝着轻质、高强、空心、大块、多功能的方向发展。充分利用工业废料,生产各种墙体材料,有效地节省农田,也是今后发展墙体材料的方向。目前,我国大量生产和应用的砌墙砖主要包括烧结砖、非烧结砖、中小型砌块。

6.1.1 烧结普通砖

1. 烧结普通砖的品种

国家标准《烧结普通砖》(GB/T 5101—2003)规定:凡以黏土、页岩、煤矸石、粉煤灰等为主要原料,经成型、焙烧而成的实心或孔洞率不大于15%的砖,称为烧结普通砖。烧结普通砖的外形为直角六面体,其公称尺寸为:长240mm、宽115mm、高53mm。

按主要原料分为黏土砖（N）、页岩砖（Y）、煤矸石砖（M）和粉煤灰砖（F）。

根据抗压强度分为 MU30、MU25、MU20、MU15 和 MU10 五个强度等级。

按砖坯在窑内焙烧气氛及黏土铁的氧化物的变化情况，可将砖分为红砖和青砖。

强度、抗风化性能和放射性物质合格的砖，根据尺寸偏差、外观质量、泛霜和石灰爆裂分为优等品（A）、一等品（B）、合格品（C）三个质量等级。优等品适用于清水墙和装饰墙，一等品、合格品可用于混水墙。中等泛霜的砖不能用于潮湿部位。

砖的产品标记按产品名称、类别、强度等级、质量等级和标准编号顺序编写。例如，烧结普通砖，强度等级 MU15，一等品的黏土砖，其标记为：烧结普通砖 N　MU15　B GB 5101。

2. 烧结普通砖的质量标准

（1）尺寸偏差

为保证砌筑质量，砖的尺寸偏差应符合表 6-1 规定。

表 6-1　烧结普通砖尺寸允许偏差（单位：mm）

公称尺寸	优等品		一等品		合格品	
	样本平均偏差	样本极差，≤	样本平均偏差	样本极差，≤	样本平均偏差	样本极差，≤
240	±2.0	6	±2.5	7	±3.0	8
115	±1.5	5	±2.0	5	±2.5	7
53	±1.5	4	±1.6	5	±2.0	6

（2）外观质量

烧结普通砖的外观质量应符合表 6-2 的规定。

表 6-2　烧结普通砖外观质量（单位：mm）

项目	优等品	一等品	合格品
两条面高度差，≤	2	3	5
弯曲，≤	2	5	5
杂质凸出高度，≤	2	3	5
缺棱掉角的三个破坏尺寸，不得同时大于	5	20	30
裂纹长度，≤	30	60	80
1）大面上宽度方向及其延伸至条面的长度； 2）大面上长度方向及其延伸至顶面的长度或条顶面上水平裂纹的长度	50	80	100
完整面不得少于	一条面和一顶面	一条面和一顶面	—
颜色	基本一致	—	—

注：1. 为装饰而施加的色差、凹凸纹、拉毛、压花等不算缺陷。

　　 2. 凡有下列缺陷之一者，不得称为完整面：

　　　　 1）缺损在条面或顶面上造成的破坏面尺寸同时大于 10mm×10mm。

　　　　 2）条面或顶面上裂纹宽度大于 1mm，其长度超过 30mm。

　　　　 3）压陷、黏底、焦花在条面或顶面上的凹陷或凸出超过 2mm，区域尺寸同时大于 10mm×10mm。

（3）强度

按《砌墙砖试验方法》（GB/T 2542—2012）规定的方法进行。其中试样数量为 10 块，加荷速度为（5±0.5）kN/s。试验后按式（6-1）、式（6-2）分别计算出强度变异系数 δ、标准差 s。在评定强度等级时，若强度变异系数 $\delta \leqslant 0.21$，采用平均值-标准值方法；若强度变异系数 $\delta > 0.21$，则采用平均值-最小值方法，各等级的强度标准详见表 6-3。

$$S = \sqrt{\frac{1}{9}\sum_{i=1}^{10}(f_{CU,i} - \overline{f}_{CU})^2} \qquad (6\text{-}1)$$

$$f_K = \overline{f}_{CU} - 1.8s \qquad (6\text{-}2)$$

$$\delta = \frac{s}{f_{CU}} \qquad (6\text{-}3)$$

式中：砖强度变异系数，精确至 0.01；

　　　s——10 块试样的抗压强度标准差（MPa），精确至 0.01；

　　　$\overline{f}$——10 块试样的抗压强度平均值（MPa），精确至 0.01；

　　　f_i——单块试样抗压强度测定值（MPa），精确至 0.01。

表 6-3　烧结普通砖的强度等级（GB 5101—2003）（单位：MPa）

强度等级	抗压强度平均值 $\overline{f}$，≥	变异系数 $\delta \leqslant 0.21$	变异系数 $\delta > 0.21$
		强度标准值 f_k，≥	单块最小抗压强度值 f_{min}，≥
MU30	30.0	22.0	25.0
MU25	25.0	18.0	22.0
MU20	20.0	14.0	16.0
MU15	15.0	10.0	12.0
MU10	10.0	6.5	7.5

（4）抗风化能力

抗风化能力是指砖在干湿变化、温度变化、冻融变化等气候条件作用下抵抗破坏的能力，见表 6-4。

表 6-4　抗风化性能

砖种类	严重风化区				非严重风化区			
	5h 沸煮吸水率，≤/%		饱和系数，≤		5h 沸煮吸水率，≤/%		饱和系数，≤	
	平均值	单块最大值	平均值	单块最大值	平均值	单块最大值	平均值	单块最大值
黏土砖	18	20	0.85	0.87	19	20	0.88	0.90
粉煤灰砖	21	23			23	25		
页岩砖	16	18	0.74	0.77	18	20	0.78	0.80
煤矸石砖								

注：粉煤灰掺入量（体积比）小于 30% 时，按黏土砖规定判定。

冻融试验后，每块砖样不允许出现裂纹、分层、掉皮、缺棱、掉角等冻坏现象；质量损失不得大于 2%。

（5）泛霜

泛霜也称为起霜，是砖在使用过程中的盐析现象。砖内过量的可溶盐受潮吸水而溶解，随水分蒸发而沉积于砖的表面，形成白色粉状附着物，影响建筑美观。如果溶盐为硫酸盐，当水分蒸发呈晶体析出时，产生膨胀，使砖面剥落。国家标准规定：优等品无泛霜，一等品不允许出现中等泛霜，合格品不允许出现严重泛霜。

（6）石灰爆裂

石灰爆裂是指砖坯中夹杂着石灰石，焙烧后转变成生石灰，砖吸水后，由于石灰逐渐熟化而膨胀产生的爆裂现象。这种现象影响砖的质量，并降低砌体强度。

国家标准《烧结普通砖》（GB 5101—2003）规定：优等品不允许出现最大破坏尺寸大于 2mm 的爆裂区域。

（7）一等品

1）最大破坏尺寸大于 2mm 且小于等于 10mm 的爆裂区域，每组砖样不得多于 15 处。

2）不允许出现最大破坏尺寸大于 10mm 的爆裂区域。

（8）合格品

1）最大破坏尺寸大于 2mm 且小于等于 15mm 的爆裂区域，每组砖样不得多于 15 处。其中，大于 10mm 的不得多于七处。

2）不允许出现最大破坏尺寸大于 15mm 的爆裂区域。

（9）放射性物质

砖的放射性物质应符合《建筑材料放射性核素限量》（GB 6566—2010）的规定。

（10）其他

产品中不允许有欠火砖、酥砖、螺纹转；配砖和装饰砖技术要求应符合相应规定。

6.1.2 烧结多孔砖

烧结多孔砖是以黏土、页岩、煤矸石、粉煤灰为主要原料，经焙烧而成主要用于承重部位的多孔砖，其孔洞率在 20% 左右。多孔砖的孔都为竖孔，特点是孔小而多。

多孔砖的外形为直角六面体，其长度、宽度、高度尺寸应符合下列要求：290mm、240mm、190mm、180mm；175mm、140mm、115mm、90mm，其他规格尺寸由供需双方协商确定。根据抗压强度分为 MU30、MU25、MU20、MU15 和 MU10 五个强度等级。

按主要原料砖分为黏土砖（N）、页岩砖（Y），煤矸石砖（M）和粉煤灰砖（F）几种。强度和抗风化性能合格的砖，根据尺寸偏差、外观质量、孔型及孔洞排列、泛霜、石灰爆裂分为优等品（A）、一等品（B）和合格品（C）三个质量等级。

多孔砖的产品标记按产品名称、品种、规格、强度等级、质量等级和标准编号顺序编写。

例如，规格尺寸 290mm×140mm×90mm，强度等级 MU25，优等品的黏土砖，其标记为：烧结多孔砖 N 290×140×90 25A GB 13544。

6.1.3 烧结空心砖和空心砌块

烧结空心砖是以黏土、页岩、煤矸石、粉煤灰为主要原料，经焙烧而成主要用于非承重部位的空心砖和空心砌块。

空心砖和空心砌块的外形为直角六面体（图6-1），其长度、宽度、高度尺寸应符合下列要求：390mm、290mm、240mm、190mm、180mm；175mm、140mm、115mm、90mm；其他规格尺寸由供需双方协商确定。

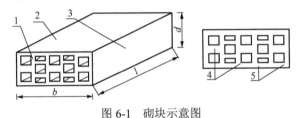

图 6-1 砌块示意图

1—顶面；2—大面；3—条面；4—肋；5—壁；l—长度；b—宽度；d—高度

抗压强度分为 MU10.0，MU7.5，MU5.0，MU3.5 和 MU2.5 五个强度等级。按体积密度分为 800 级、900 级、1000 级和 1100 级四个密度等级。按主要原料分为黏土砖和砌块（N）、页岩砖和砌块（Y）、煤矸石砖和砌块（M）、粉煤灰砖和砌块（F）几种。强度、密度、抗风化性能和放射性物质合格的砖和砌块，根据尺寸偏差、外观质量、孔洞排列及其结构、泛霜、石灰爆裂、吸水率分为优等品（A）、一等品（B）和合格品（C）三个质量等级。

砖和砌块的产品标记按产品名称、类别、规格、密度等级、强度等级、质量等级和标准编号顺序编写。

示例 1：规格尺寸 290mm×190mm×90mm、密度等级 800、强度等级 MU7.5、优等品的页岩空心砖，其标记为：烧结空心砖 Y（290×190×90）800 MU7.5A GB1 3545。

示例 2：规格尺寸 290mm×290mm×190mm，密度等级 1000、强度等级 MU3.5、一等品的黏土空心砌块，其标记为：烧结空心砌块 N（290×290×190）1000 MU3.5B GB1 3545。

（1）尺寸偏差

空心砖和空心砌块的尺寸允许偏差应符合表 6-5 的规定。

表 6-5 尺寸允许偏差（单位：mm）

尺寸（mm）	优等品		一等品		合格品	
	样本平均偏差	样本极差，≤	样本平均偏差	样本极差，≤	样本平均偏差	样本极差，≤
>300	±2.5	6.0	±3.0	7.0	±3.5	8.0
>200~300	±2.0	5.0	±2.5	6.0	±3.0	7.0
100~200	±1.5	4.0	±2.0	5.0	±2.5	6.0
<100	±1.5	3.0	±1.7	4.0	±2.0	5.0

（2）外观质量

空心砖和空心砌块的外观质量应符合表 6-6 的规定。

表 6-6　外观质量（单位：mm）

项　　目	优等品	一等品	合格品
弯曲，≤	3	4	5
缺棱掉角的三个破坏尺寸，不得同时大于	15	30	40
垂直度差，≤	3	4	5
未贯穿裂纹长度，≤	不允许	100	120
1）大面上宽度方向及其延伸至条面的长度； 2）大面上长度方向及其延伸至顶面的长度或条顶面上水平裂纹的长度	不允许	120	140
贯穿裂纹长度，≤	不允许	40	60
1）大面上宽度方向及其延伸至条面的长度； 2）壁、肋沿长度方向、宽度方向及其水平方向的长度	不允许	40	60
肋、壁内残缺长度，≤	不允许	40	60
完整面不得少于	一条面和一大面	一条面或一大面	—

凡有下列缺陷之一者，不能称为完整面：

1）缺损在大面、条面上造成的破坏面尺寸同时大于 20mm×30mm；

2）大面、条面上裂纹宽度大于 1mm，其长度超过 70mm；

3）压陷、黏底、焦花在大面、条面上的凹陷或凸出超过 2mm，区域尺寸同时大于 20mm×30mm

（3）强度等级

空心砖和空心砌块的强度应符合下表 6-7 规定。

表 6-7　强度等级

强度等级	抗压强度/MPa			密度等级范围 /(kg/m³)
	抗压强度平均值 $\bar{f}$，≥	变异系数 $\delta \leq 0.21$ 强度标准值 f_k，≥	变异系数 $\delta > 0.21$ 单块最小抗压强度值 f_{min}，≥	
MU10.0	10.0	7.0	8.0	≤1100
MU7.5	7.5	5.0	5.8	
MU5.0	5.0	3.5	4.0	
MU3.5	3.5	2.5	2.8	
MU2.5	2.5	1.6	1.8	≤800

（4）密度等级

空心砖和空心砌块的密度等级应符合表 6-8 的规定。

表 6-8 密度等级

密度等级	五块密度平均值/(kg/m³)
800	≤800
900	801～900
1000	901～1000
1100	1001～1100

（5）孔洞排列及其结构

空心砖和空心砌块的孔洞率和孔洞排数应符合表 6-9 的规定。

表 6-9 孔洞排列及其结构

等级	孔洞排列	孔洞排数/排		孔洞率/%
		宽度方向	高度方向	
优等品	有序交错排列	$b≥200mm≥7$ $b<200mm≥5$	≥2	≥40
一等品	有序排列	$b≥200mm≥5$ $b<200mm≥4$	≥2	
合格品	有序排列	≥3	—	

注：b 为宽度的尺寸。

（6）泛霜

每块空心砖和空心砌块应符合下列规定：

1）优等品：无泛霜。

2）一等品：不允许出现中等泛霜。

3）合格品：不允许出现严重泛霜。

（7）石灰爆裂

空心砖和空心砌块每组砖和砌块应符合下列规定：

1）优等品：不允许出现最大破坏尺寸大于 2mm 的爆裂区域。

2）一等品：

① 最大破坏尺寸大于 2mm 且小于等于 10mm 的爆裂区域，每组砖和砌块不得多于 15 处。

② 不允许出现最大破坏尺寸大于 10mm 的爆裂区域。

3）合格品：

① 最大破坏尺寸大于 2mm 且小于等于 15mm 的爆裂区域，每组砖和砌块不得多于 15 处。其中大于 10mm 的不得多于七处。

② 不允许出现最大破坏尺寸大于 15mm 的爆裂区域。

（8）吸水率

空心砖和空心砌块的每组砖和砌块的吸水率平均值应符合表 6-10 规定。

表 6-10 空心砖和空心砌块吸水率（单位：%）

等级	吸水率，≤	
	黏土砖和砌块、页岩砖和砌块、煤矸石砖和砌块	粉煤灰砖和砌块
优等品	16.0	20.0
一等品	18.0	22.0
合格品	20.0	24.0

注：粉煤灰掺入量（体积比）小于 30%时，按黏土砖和砌块规定判定。

（9）抗风化性能

风化区的划分见相关资料。严重风化区中的 1，2，3，4，5 地区的砖和砌块必须进行冻融试验，其他地区砖和砌块的抗风化性能符合表 6-11 规定时可不做冻融试验，否则必须进行冻融试验。

表 6-11 抗风化性能

分类	饱和系数≤			
	严重风化区		非严重风化区	
	平均值	单块最大值	平均值	单块最大值
黏土砖和砌块	0.85	0.87	0.88	0.90
粉煤灰砖和砌块				
页岩砖和砌块	0.74	0.77	0.78	0.80
煤矸石砖和砌块				

冻融试验后，每块砖或砌块不允许出现分层、掉皮、缺棱掉角等冻坏现象；冻后裂纹长度不大于表 6-2 中 4、5 项合格品的规定。

另外，产品中不允许有欠火砖、酥砖。原材料中掺入煤矸石、粉煤灰及其他工业废渣的砖和砌块，应进行放射性物质检测，放射性物质应符合《建筑材料放射性核素限量》（GB 6566—2010）的规定。

6.1.4 蒸压灰砂砖

蒸压灰砂砖是以石灰和砂为主要原料，允许掺入颜料和外加剂，经坯料制备、压制成型、蒸压养护而成的实心砖。

根据灰砂砖的颜色分为彩色的（Co）、本色的（N）。砖的外形为直角六面体。蒸压灰砂砖砖的公称尺寸与烧结普通砖相同，分别是长度 240mm，宽度 115mm，高度 53mm，生产其他规格尺寸产品，由用户与生产厂家协商确定。

蒸压灰砂砖根据抗压强度和抗折强度分为 MU25、MU20、MU15 和 MU10 四级。根据尺寸偏差和外观质量、强度及抗冻性分为优等品（A），一等品（B），合格品（C）三个质量等级。

灰砂砖产品标记采用产品名称（LSB），按照颜色、强度级别、产品等级、标准编号的顺序进行，如强度级别为 MU20，优等品的彩色灰砂砖的产品标记为：LSB Co 20 A

 建筑材料与检测

GB 11945。

MU15、MU20、MU25 的砖可用于基础及其他建筑；MU10 的砖仅可用于防潮层以上的建筑。灰砂砖不得用于长期受热 200℃以上、受急冷急热和有酸性介质侵蚀的建筑部位。

6.1.5　砌块主要品种及质量标准

砌块是指用于砌筑的、形体大于砌墙砖的人造块材。利用天然材料或工业废料或以混凝土为主要原料生产的人造块材代替黏土砖，是墙体材料改革的有效途径之一。近年来，全国各地结合自己的资源和需求情况生产了混凝土小型空心砌块、粉煤灰硅酸盐混凝土砌块、加气混凝土砌块、煤矸石空心砌块、矿渣空心砌块和炉渣空心砌块等。

砌块的外形为直角六面体，也有各种异形的。在砌块系列中，主规格的长度、宽度或高度有一项或一项以上分别大于 365mm、240mm 或 115mm，但高度不大于长度或宽度的六倍，长度不超过高度的三倍。系列中主规格的高度大于 115mm 而又小于 380mm 的砌块，简称为小型砌块；系列中主规格的高度为 380～980mm 的砌块，称为中型砌块；系列中主规格的高度大于 980mm 的砌块，称为大型砌块。目前，我国以中小型砌块的生产和应用较多。

1. 普通混凝土小型空心砌块

普通混凝土小型空心砌块应符合《普通混凝土小型空心砌块》（GB 8239—1997）的规定，其按其尺寸偏差，外观质量分为优等品（A），一等品（B）及合格品（C）；按其强度等级分为 MU3.5，MU5.0，MU7.5，MU10.0，MU15.0 和 MU20.0 六个强度等级；按产品名称（代号 NHB）、强度等级、外观质量等级和标准编号的顺序进行标记。例如，强度等级为 MU7.5，外观质量为优等品（A）的砌块，其标记为：NHB MU7.5 A GB 8239。

普通混凝土小型空心砌块的主规格尺寸为 390mm×190mm×190mm，其他规格尺寸可由供需双方协商。最小外壁厚应不小于 30mm，最小肋厚应不小于 25mm，空心率应不小于 25%。

（1）尺寸允许偏差应符合表 6-12 要求

表 6-12　普通混凝土小型空心砌块的尺寸允许偏差（单位：mm）

项目名称	优等品（A）	一等品（B）	合格品（C）
长度	±2	±3	±3
宽度	±2	±3	±3
高度	±2	±3	+3 -4

（2）外观质量应符合表 6-13 规定

表 6-13 普通混凝土小型空心砌块的外观质量要求

项目名称		优等品（A）	一等品（B）	合格品（C）
弯曲（mm），≤		2	2	2
掉角缺棱	个数（个），≤	0	2	2
	三个方向投影尺寸的最小值（mm），≤	0	20	30
裂纹延伸的投影尺寸累计（mm），≤		0	20	30

（3）强度等级应符合表 6-14 的规定

表 6-14 普通混凝土小型空心砌块的强度等级

强度等级	砌块抗压强度/MPa	
	平均值，≥	单块最小值，≥
MU3.5	3.5	2.8
MU5.0	5.0	4.0
MU7.5	7.5	6.0
MU10.0	10.0	8.0
MU15.0	15.0	12.0
MU20.0	20.0	16.0

（4）相对含水率应符合表 6-15 规定

表 6-15 普通混凝土小型空心砌块的相对含水率（单位：%）

使用地区	潮湿	中等	干燥
相对含水率不大于	45	40	35

注：潮湿——年平均相对湿度大于 75% 的地区；

中等——年平均相对湿度 50%～75% 的地区；

干燥——年平均相对湿度小于 50% 的地区。

（5）抗渗性，用于清水墙的砌块，其抗渗性应满足表 6-16 的规定

表 6-16 普通混凝土小型空心砌块的抗渗性

项目名称	指标
水面下降高度	三块中任一块不大于 10mm

（6）抗冻性应符合表 6-17 的规定

表 6-17　普通混凝土小型空心砌块的抗冻性

使用环境条件		抗冻标号	指标
非采暖地区		不规定	—
采暖地区	一般环境	D15	强度损失≤25%
	干湿交替环境	D25	质量损失≤5%

注：非采暖地区是指最冷月份平均气温高于−5℃的地区；

　　采暖地区是指最冷月份平均气温低于或等于−5℃的地区。

普通混凝土小型空心砌块按外观质量等级和强度等级分批验收。它以同一种原材料配制成的相同外观质量等级、强度等级和同一工艺生产的 10000 块砌块为一批，每月生产的块数不足 10000 块者亦按一批。

每批随机抽取 32 块做尺寸偏差和外观质量检验。从尺寸偏差和外观质量检验合格的砌块中抽取如下数量进行其他项目检验。

① 强度等级 5 块。

② 相对含水率 3 块。

③ 抗渗性 3 块。

④ 抗冻性 10 块。

⑤ 空心率 3 块。

判定规则：

若受检砌块的尺寸偏差和外观质量均符合表 6-1 和表 6-2 的相应指标时，则判该砌块符合相应等级。若受检的 32 块砌块中，尺寸偏差和外观质量的不合格数不超过 7 块时，则判该批砌块符合相应等级。

当所有项目的检验结果均符合各项技术要求时，则判该批砌块为相应等级的合格品。

2. 蒸压加气混凝土砌块

蒸压加气混凝土砌块是以水泥、石灰、砂、粉煤灰、矿渣等为原料，经过磨细，并以铝粉为发气剂，按一定比例配合，经过料浆浇筑，再经过发气成型、坯体切割、蒸压养护等工艺制成的一种轻质、多孔的建筑墙体材料，应符合《蒸压加气混凝土砌块》（GB 11968—2006）相关规定。

蒸压加气混凝土砌块的规格尺寸见表 6-18。

表 6-18　蒸压加气混凝土砌块的规格尺寸（单位：mm）

长度 L	宽度 B	高度 H
600	100、120、125 150、180、200 240、250、300	200、240、250、300

注：如需其他规格，可由供需双方协商解决。

强度级别有 A1.0、A2.0、A2.5、A3.5、A5.0、A7.5、A10 等级别。干密度级别有 B03、B04、B05、B06、B07 和 B08 六个级别。砌块按尺寸偏差与外观质量、干密度、抗压强度和抗冻性，分为优等品（A）和合格品（B）两个等级。

砌块产品标记，如强度级别为 A3.5、干密度为 B05、优等品、规格尺寸为 600mm× 200mm×250mm 的蒸压加气混凝土砌块，其标记为 ACB A3.5　805　600×200×250A GB 11968。

砌块的尺寸允许偏差和外观质量，抗压强度，干密度，干燥收缩、抗冻性和导热系数（干态）应符合相应的规定，如表 6-19～表 6-23 所示。

表 6-19　加气混凝土砌块的尺寸偏差和外观

项　　目			指　　标	
			优等品（A）	合格品（B）
尺寸允许偏差	长度	L	±3	±4
	宽度	B	±1	±2
	高度	H	±1	±2
缺棱掉角	最小尺寸，＜/mm		0	30
	最大尺寸，＜/mm		0	70
	大于以上尺寸的缺棱掉角个数，≤/个		0	2
裂纹长度	贯穿一棱二面的裂纹长度不得大于裂纹所在面的裂纹方向的尺寸总和		0	1/3
	任一面上的裂纹长度不得大于裂纹方向尺寸		0	1/2
	大于以上尺寸的裂纹条数，≤/条		0	2
爆裂、黏模和损坏深度，＜/mm			10	30
平面弯曲			不允许	
表面疏松、层裂			不允许	
表面油污			不允许	

表 6-20　加气混凝土砌块的砌块的立方体抗压强度

强度级别	立方体抗压强度/MPa	
	平均值，≥	单组最小值，≥
A1.0	1.0	0.8
A2.0	2.0	1.6
A2.5	2.5	2.0
A3.5	3.5	2.8
A5.0	5.0	4.0
A7.5	7.5	6.0
A10.0	10.0	8.0

表 6-21　加气混凝土砌块的干密度（单位：kg/m^3）

干密度级别		B03	B04	B05	B06	B07	B08
干密度	优等品（A），≤	300	400	500	600	700	800
	合格品（B），≤	325	425	525	625	725	825

表 6-22　加气混凝土砌块的强度级别

干密度级别		B03	B04	B05	B06	B07	B08
强度级别	优等品（A）	A1.0	A2.0	A3.5	A5.0	A7.5	A10.0
	合格品（B）			A2.5	A3.5	A5.0	A7.5

表 6-23　加气混凝土砌块的干燥收缩、抗冻性和导热系数

干密度级别			B03	B04	B05	B06	B07	B08
强度级别	标准法，≤/(mm/m)		0.50					
	快速法，≤/(mm/m)		0.80					
抗冻性	质量损失，≤/%		5.0					
	冻后强度，≥/MPa	优等品（A）	0.8	1.6	2.8	4.0	6.0	8.0
		合格品（B）			2.0	2.8	4.0	6.0
导热系数（干态），≤/[W/(m·K)]			0.10	0.12	0.14	0.16	0.18	0.20

注：《蒸压加气混凝土砌块》（GB 11968—2006）规定采用标准法、快速法测定砌块干燥收缩值，若测定结果发生矛盾时，以标准法为准。

加气混凝土砌块质量轻，其表观密度仅为一般黏土砖的 1/3；保温隔热性能好，导热系数为 0.14～0.28W/(m·K)；隔声性能好，用加气块砌成 150mm 厚的墙体，双面抹灰，对 100～3150Hz 的平均隔量为 43dB。加气混凝土砌块可用于一般建筑物墙体的砌筑。加气混凝土砌块还可用来砌筑框架、框—剪结构的填充墙，也可用来作屋面保温材料。要注意的是，加气混凝土砌块不能用于建筑物的基础，不能用于高温（承重表面温度高于 80℃）、高湿或具有化学侵蚀的建筑部位。

3. 轻集料混凝土小型空心砌块

轻集料混凝土小型空心砌块是指以陶粒、膨胀珍珠岩、浮石、火山渣、煤渣、炉渣等各种轻粗细集料和水泥按一定比例混合，经搅拌成型、养护而成的空心率大于 25%、体积密度不大于 $1400kg/m^3$ 的轻质混凝土小砌块，应符合《轻集料混凝土小型空心砌块》（GB 15229—2011）的相关规定。

轻集料混凝土小型空心砌块按砌块孔的排数分类为单排孔、双排孔、三排孔、四排孔等。主规格尺寸长×宽×高为 390mm×190mm×190mm。其他规格尺寸可由供需双方商定。

轻集料混凝土小型空心砌块密度等级分为八级：700、800，900、1000、1100、1200、1300、1400。强度等级分为五级：MU2.5、MU3.5、MU5.0、MU7.5、MU10.0。

轻集料混凝土小型空心砌块按代号、类别（孔的排数）、密度等级、强度等级、标准编号的顺序进行标记。例如，符合《轻集料混凝土小型空心砌块》（GB/T 15229—2011）规定的双排孔，800 密度等级，3.5 强度等级的轻集料混凝土小型空心砌块，标记为：

LB 2 800 MU3.5 GB 15229—2011。

轻集料混凝土小型空心砌块尺寸偏差和外观质量，密度等级，强度等级，相对含水率，抗冻性应符合表 6-24～表 6-28 的相关要求。

表 6-24 尺寸偏差和外观质量

项　目		指　标
尺寸偏差/mm	长度	±3
	宽度	±3
	高度	±3
最小外壁厚度/mm	用于承重墙体，≥	30
	用于非承重墙体，≥	20
肋厚/mm	用于承重墙体，≥	25
	用于非承重墙体，≥	20
缺棱掉角	个数，≤	2
	3 个方向投影的最大值，≤/mm	20
裂纹延伸的累计尺寸，≤/mm		30

表 6-25 密度等级（单位：kg/m³）

密度等级	干表观密度范围
700	610～700
800	710～800
900	810～900
1000	910～1000
1100	1010～1100
1200	1110～1200
1300	1210～1300
1400	1310～1400

表 6-26 强度等级

强度等级	抗压强度/MPa		密度等级范围，≤/(kg/m³)
	平均值，≥	最小值，≥	
MU2.5	2.5	2.0	800
MU3.5	3.5	2.8	1000
MU5.0	5.0	4.0	1200
MU7.5	7.5	6.0	1200 1300
MU10.0	10.0	8.0	1200 1400

注：当砌块的抗压强度同时满足两个强度等级或两个以上强度等级要求时，应以满足要求的最高强度等级为准。

表 6-27 相对含水率（单位：%）

干燥收缩率/%	相对含水率		
	潮湿地区	中等湿度地区	干燥地区
<0.03	≤45	≤40	≤35
≥0.03，≤0.045	≤40	≤35	≤30
>0.045，≤0.065	≤35	≤30	≤25

注：1. 相对含水率是指砌块含水率与吸水率之比，即

$$W=100\times\omega_1/\omega_2$$

式中：W——砌块的相对含水率，单位为百分比（%）；

ω_1——砌块出厂时的含水率，单位为百分比（%）；

ω_2——砌块的吸水率，单位为百分比（%）。

2. 使用地区的湿度条件：

潮湿——年平均相对湿度大于 75% 的地区；

中等——年平均相对湿度 50%～75% 的地区；

干燥——年平均相对湿度小于 50% 的地区。

表 6-28 抗冻性

环境条件	抗冻标号	质量损失率/%	强度损失率/%
温和与夏热冬暖地区	D15		
夏热冬冷地区	D25	≤5	≤25
寒冷地区	D35		
严寒地区	D50		

注：环境条件应符合《民用建筑热工设计规范》（GB 50176—1993）的规定。

4. 粉煤灰混凝土小型空心砌块

粉煤灰混凝土小型空心砌块是指以粉煤灰、水泥、集料、水为主要组分（也可加入外加剂等）制成的混凝土小型空心砌块，其代号为 FHB，应符合国家标准《粉煤灰混凝土小型空心砌块》（JC/T 862—2008）的相关规定。主规格尺寸为 390mm×190mm×190mm，其他规格尺寸可由供需双方商定。

粉煤灰混凝土小型空心砌块按砌块孔的排数，分为单排孔（1）、双排孔（2）和多排孔（D）三大类；按砌块密度等级分为 600、700、800、900、1000、1200 和 1400 七个等级；按砌块抗压强度分为 MU3.5、MU5、MU7.5、MU10、MU15 和 MU20 六个等级。

产品按下列顺序进行标记：代号（FHB）、分类、规格尺寸、密度等级、强度等级、标准编号。例如，规格尺寸为 390mm×190mm×190mm、密度等级为 800 级、强度等级为 MU5 的双排孔砌块，标记为：FHB2 390×190×190 800 MU 5 JC/T 862—2008。

尺寸偏差和外观质量，密度等级，强度等级，相对含水率，抗冻性应符合表 6-29～表 6-33 的相关规定。另外，干燥收缩率应不大于 0.060%，碳化系数应不小于 0.80；软

化系数应不小于 0.80，放射性应符合《建筑材料放射性核素限量》（GB 6566—2010）的
规定。

表 6-29　尺寸偏差和外观质量（单位：mm）

项　　目		指　　标
尺寸允许偏差	长度	±2
	宽度	±2
	高度	±2
最小外壁厚度，≥	用于承重墙体	30
	用于非承重墙体	20
肋厚，≥	用于承重墙体	25
	用于非承重墙体	15
缺棱掉角	个数（个），≤	2
	3 个方向投影的最小值，≤	20
裂纹延伸投影的累计尺寸，≤		20
弯曲，≤		2

表 6-30　密度等级（单位：kg/m^3）

密度等级	砌块块体密度的范围
600	≤600
700	610～700
800	710～800
900	810～900
1000	910～1000
1200	1010～1200
1400	1210～1400

表 6-31　强度等级

强度等级	砌块抗压强度/MPa	
	平均值，≥	单块最小值，≥
MU3.5	3.5	2.8
MU5.0	5.0	4.0
MU7.5	7.5	6.0
MU10.0	10.0	8.0
MU15.0	15.0	12.0
MU20.0	20.0	16.0

表6-32 相对含水率（单位：%）

使用地区	潮湿	中等	干燥
相对含水率，≤	40	35	30

注：1. 相对含水率是指砌块含水率与b吸水率之比，即

$$W=100\times \omega_1/\omega_2$$

式中：W——砌块的相对含水率，单位为百分比（%）；

ω_1——砌块的含水率，单位为百分比（%）；

ω_2——砌块的吸水率，单位为百分比（%）。

2. 使用地区的湿度条件：

潮湿——年平均相对湿度大于75%的地区；

中等——年平均相对湿度50%～75%的地区；

干燥——年平均相对湿度小于50%的地区。

表6-33 抗冻性

使用条件	抗冻标号	质量损失率/%	强度损失率/%
温和与夏热冬暖地区	F15	≤5	≤25
夏热冬冷地区	F25		
寒冷地区	F35		
严寒地区	F50		

6.2 砌墙砖主要技术性能及检测

砌墙砖产品检验分出厂检验和型式检验。出厂检验项目为尺寸偏差、外观质量和强度等级。每批出厂产品必须进行出厂检验，外观质量检验在生产厂内进行。

型式检验项目包括本标准技术要求的全部项目。有下列之一情况者，应进行型式检验。

1）新厂生产试制定型检验。

2）正式生产后，原材料、工艺等发生较大的改变，可能影响产品性能时。

3）正常生产时，每半年进行一次（放射性物质一年进行一次）。

4）出厂检验结果与上次型式检验结果有较大差异时。

5）国家质量监督机构提出进行型式检验时。

检验批的构成原则和批量大小按《砌墙砖检验规则》[JC/T 466—1992（96）]规定。3.5万～15万块为一批，不足3.5万块按一批计。外观质量检验的试样采用随机抽样法，在每一检验批的产品堆垛中抽取。尺寸偏差检验和其他检验项目的样品用随机抽样法从外观质量检验后的样品中抽取，抽样数量按表6-34进行。

表 6-34　抽样数量

序号	检验项目	抽样数量
1	外观质量	50（$n_1=n_2=50$）
2	尺寸偏差	20
3	强度等级	10
4	泛霜	5
5	石灰爆裂	5
6	吸水率和饱和系数	5
7	冻融	5
8	放射性	4

　　出厂检验质量等级的判定按出厂检验项目和在时效范围内最近一次型式检验中的抗风化性能、石灰爆裂及泛霜项目中的最低质量等级进行判定。其中有一项不合格，则判为不合格。型式检验质量等级的判定中，强度、抗风化性能和放射性物质合格，按尺寸偏差、外观质量、泛霜、石灰爆裂检验中的最低质量等级判定。其中有一项不合格则判该批产品质量不合格。外观检验中有欠火砖、酥砖和螺旋纹砖则判该批产品不合格。

6.2.1　外观质量

1. 尺寸偏差

　　砌墙砖的外观尺寸采用砖用卡尺（图 6-2）测量。抽取试样 20 块，测量时，每一方向以两个测量值的算术平均值表示，尺寸测量不足 0.5mm 时按 0.5mm 计。

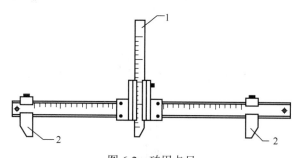

图 6-2　砖用卡尺

1—垂直尺；2—支脚

　　长度应在砖的两个大面的中间处分别测量；宽度应在砖的两个大面的中间处分别测量；高度应在两个条面的中间处分别测量。当被测处有缺损或凸出时，可在其旁边测量。

　　砌墙砖的尺寸偏差应符合相关标准规定（备注：因砌墙砖的品种很多，标准相应也很多，此处不方便一一列举）的尺寸允许偏差。样本平均偏差是指 20 块试样同一方向测量的 40 个尺寸的算术平均值减去工程尺寸的差值；样本极差是指 20 块试样同一方向测量的 40 个尺寸中最大测值与最小测值之差。

2. 外观质量

砌墙砖的外观质量主要包括缺损、裂纹、弯曲、杂质凸出高度等项目。采用砖用卡尺和钢直尺来测量。

缺损主要是指缺棱掉角在砖上造成的破损程度，以破损部分对长、宽、高三个棱边的投影尺寸来度量。缺损尺寸的量法如图6-3所示。

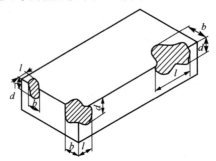

图6-3　缺损尺寸量法

l—长度方向的投影尺寸；*b*—宽度方向的投影尺寸；*d*—高度方向的投影尺寸

裂纹分为长度方向、宽度方向和水平方向三种，以被测方向的投影长度表示。如果裂纹从一个面延伸至其他面上时，则累计其延伸长度投影长度，如图6-4所示。

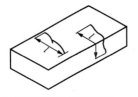 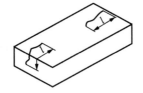 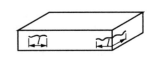

(a) 宽度方向裂纹长度量法　　(b) 长度方向裂纹长度量法　　(c) 水平方向裂纹长度量法

图6-4　裂纹长度量法

弯曲应分别在大面和条面上测量，测量时将砖用卡尺的两个支脚沿棱边两端放置，选择弯曲最大处将垂直尺推至砖面，如图6-5所示。应注意测量弯曲时，不应将杂质或碰伤造成的凹处计算在内。

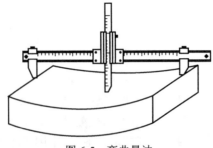

图6-5　弯曲量法

杂质凸出高度是指杂质在砖面上的凸出高度，以杂质距砖面的最大距离表示。测量时，将砖用卡尺的两个支脚置于凸出两边的砖平面上，以垂直尺测量，如图6-6所示。

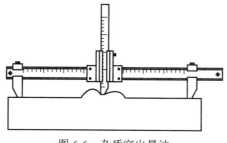

图 6-6　杂质突出量法

6.2.2　外观检测

1. 强度

（1）试样制备

1）普通制样。

① 烧结普通砖。

a. 将试样切断或锯成两个半截砖，断开的半截砖长不得小于 100mm，如图 6-7 所示。如果不足 100mm，应另取备用试样补足。

b. 在试样制备平台上，将已断开的两个半截砖放入室温的净水中浸 10～20min 后取出，并以断口相反方向叠放，两者中间抹以厚度不超过 5mm 的强度等级 32.5 的普通硅酸盐水泥调制成稠度适宜的水泥净浆黏结，上、下两面用厚度不超过 3mm 的同种水泥浆抹平。制成的试件上、下两面须相互平行，并垂直于侧面，如图 6-7 所示。

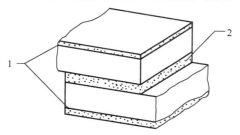

图 6-7　水泥净浆层厚度示意图

1—净浆层厚 3mm；2—净浆层厚 5mm

② 多孔砖、空心砖。试件制作采用坐浆法操作。即将玻璃板置于试件制备平台上，其上铺一张湿的垫纸，纸上铺一层厚度不超过 5mm 的强度等级 32.5 的普通硅酸盐水泥调制成稠度适宜的水泥净浆；再将试件在水中浸泡 10～20min，在钢丝网架上滴水 3～5min 后，将试样受压面平稳地坐放在水泥浆上，在另一受压面上稍加压力，使整个水泥层与砖受压面相互黏结，砖的侧面应垂直于玻璃板；待水泥浆适当凝固后，连同玻璃板翻放在另一铺纸放浆的玻璃板上，再进行坐浆，用水平尺校正好玻璃板的水平。

③ 非烧结砖。同一块试样的两半截砖切断口相反叠放，叠合部分不得小于 100mm，即为抗压强度试件。如果不足 100mm 时，则应剔除，另取备用试样补足。

2）模具制样。将试样（烧结普通砖）切断成两个半截砖，截断面应平整，断开的半截砖长度不得小于 100mm。如果不足 100mm，应另取备用试样补足。

将已断开的半截砖放入室温的净水中浸 20～30min 后取出,在铁丝网架上滴水 20～30min,以断口相反方向装入制样模具中。用插板控制两个半砖间距为 5mm,砖大面与模具间距 3mm,砖断面、顶面与模具间垫以橡胶垫或其他密封材料,模具内表面涂油或脱膜剂。将经过 1mm 筛的干净细砂 2%～5%与强度等级为 32.5 或 42.5 的普通硅酸盐水泥,用砂浆搅拌机调制砂浆,水灰比 0.50～0.55。

将装好砖样的模具置于振动台上,在砖样上加少量水泥砂浆,接通振动台电源,边振动边向砖缝及砖模缝间加入水泥砂浆,加浆及振动过程为 0.5～1min。关闭电源,停止振动,稍事静置,将模具上表面刮平整。

两种制样方法并行使用,仲裁检验采用模具制样。

(2) 试件养护

普通制样法制成的抹面试件应置于不低于 10℃的不通风室内养护 3d;机械制样的试件连同模具在不低于 10℃的不通风室内养护 24h 后脱模,再在相同条件下养护 48h,进行试验。非烧结砖试件不需养护,直接进行试验。

(3) 试验步骤

测量每个试件连接面或受压面的长、宽尺寸各两个,分别取其平均值,精确至 1mm。将试件平放在加压板的中央,垂直于受压面加荷载,应均匀平稳,不得发生冲击或振动。加荷速度以 4kN/s 为宜,直至试件破坏为止,记录最大破坏荷载 P。

试验结果以试样抗压强度的算术平均值和标准值或单块最小值表示,精确至 0.1MPa,强度的试验结果应符合表 6-31 的规定。低于 MU10 判不合格。

2. 抗风化性能

抗风化性能应符合相应的规定。否则,判不合格。

3. 石灰爆裂和泛霜

石灰爆裂和泛霜试验结果应分别符合相应等级的规定。否则,判不合格。

4. 放射性物质

放射性物质应符合相应的规定。否则,判不合格,并停止该产品的生产和销售。

6.3 墙用板材

建筑物使用的轻质墙板分为轻质外墙板和轻质内墙板两种类型。轻质外墙板按其构造和特点分为:单一材料板,如加气混凝土板;多层复合板,如石棉水泥板、矿棉板和石膏板组成的复合板,钢丝网水泥板和加气混凝土组成的复合板,陶粒混凝土矿棉夹心板,预应力肋形薄板内复石膏板等。

轻质内墙板的品种很多,归纳起来大体上可划为三种类型:一是利用各种轻质材料制成的内墙板,如加气混凝土板等;二是用各种轻质材料制成的空心板,如石膏膨胀蛭石空心板、石膏膨胀珍珠岩空心板和碳化石灰空心板等;三是用轻质薄板制成的多层复合板，如石膏复合墙板等。

1. 石膏板

石膏板是以半水石膏、废纸浆纤维加入黏结剂和泡沫剂及适量的水，混合搅拌均匀，然后入模刮平，再辊压上一层面纸，待硬化后脱模而成的。

北京新型建筑材料总厂石膏板分厂生产的纸面石膏板，板厚为 10mm，一块板平均面积为 $2m^2$，质量只有 14～18kg。它靠纸浆和黏结剂的增强作用，具有较高的强度，竖向抗拉强度为 7.5MPa，横向抗拉强度为 8.0MPa，抗弯强度可达 6～10MPa。此外，石膏板的表观密度小，每立方米在 100kg 以内，可隔噪声 60dB，耐火度高，表面平整，施工时可锯、钻、钉，是一种理想的内墙材料，两张石膏板复合起来即是极好的隔墙，表面进行防水处理后的防水石膏板也可用于外墙。

石膏空心条板是以天然石膏为主要原料，掺入适量的石灰或水泥、粉煤灰等辅助胶结材料，经加水拌和，制成料浆，再浇筑成型、抽芯、干燥而成。这种空心条板表面光滑、平整，比强度高（抗折强度为 2～3MPa）、质量轻（表观密度为 600～900kg/m³）、隔热性能好[导热系数为 0.22W/(m·K)]、隔声性能好（隔声指数＞30dB）、防火性能好（耐火极限为 1～2.25h）、加工性能好（可钻、锯、刨），并具有施工简便等优点。

石膏空心条板的一般规格为：长度 2500～3000mm，宽度 500～600mm，厚度 60～90mm。石膏空心板适用于框架轻板建筑、高层建筑以及其他各种建筑的内隔墙（非承重墙）。

2. GRC 空心轻质墙板

GRC 空心轻质墙板用水泥作胶结材料，以玻璃纤维无纺布为增强材料，掺入颗粒状无机绝热材料膨胀珍珠岩或炉渣作骨料，并配入适量的防水剂、发泡剂，经搅拌、浇筑、振动成型和养护而成。

GRC 空心轻质墙板主要技术性能有：

1）质量轻：60mm 厚的板材，每平方米的质量仅为 35kg。

2）强度高：60mm 厚的板材，抗折荷载＞1400N；120mm 厚的板材，抗折荷载＞2500N。

3）隔声性能好：隔声指数＞45dB。

4）隔热性能好：导热系数≤0.2W/(m·K)。

5）阻燃性好：耐火极限 1.3～3h。

6）可加工性好：板材可锯、钻、刨加工。

GRC 板的外形与石膏空心条板相似，规格为：长度 3000mm，宽度 600mm，厚度 60mm、90mm 和 120mm。GRC 空心轻质墙板主要用于工业和民用建筑的内隔墙（非承重墙）。

3. 加气混凝土板

加气混凝土是一种轻质、多功能的新型建筑材料，具有表观密度小，保温及耐热性能好，易于加工，抗震性能好，施工方便等优点。干表观密度为 500kg/m³ 的加气混凝土制品，其质量仅为砖的 1/3、钢筋混凝土的 1/5；导热系数小，仅为普通混凝土的 1/10，用 250mm 厚的加气混凝土砌筑墙体，保温效果相当于二砖墙。配筋的加气混凝土板材，可作墙体材料，但多数充作非承重构件或保温材料，即作为承重构件，其层数一般不超过三层。工业和民用建筑中的屋面板、隔墙板广泛采用配筋的加气混凝土板材，尤其是高层建筑。对于一般建筑物基础及与土和水直接接触的部位，室内相对湿度常处于 80%、受化学侵蚀环境或表面温度高于 80℃的厂房等均不得使用加气混凝土板材。

4. 碳化板

碳化板是以石灰石为主要原料，加入适量的玻璃短纤维，与水一起搅拌、入模、振动成型，经干燥、碳化而制得的一种墙体材料。

北京石灰厂生产的碳化板有两种规格，即（2700～3000）mm×（500～600）mm×120mm 和（2700～3000）mm×（500～600）mm×90mm。空心率为 34%～39%，表观密度为 700～800kg/m³。

碳化板具有质量轻、隔声性好、可加工性好（锯、刨、钻、钉）等优点，适用于高层框架、框-剪结构的内隔墙。

5. 复合墙板

为了提高墙体的综合功能，近年来，工业与民用建筑中采用了多种复合墙板。所谓复合墙板，就是利用两种或两种以上不同性能的材料，一般多用强度高、表观密度大的材料作面层，用强度低、表观密度小、绝热性能好的材料作中间层，经一定的加工工艺而成。常用的复合墙板有以下几种：

（1）混凝土夹心板

混凝土夹心板用 20～30mm 厚的钢筋混凝土作内外表面层，中间填以矿渣棉毡、岩棉毡、泡沫混凝土等保温材料，其厚度视热工计算而定。内、外两表面层以钢筋件连接，用于内外墙。钢丝网水泥复合外墙板以钢丝网水泥（厚约 7mm）作面板（面板可做成内外两层或仅有一层的外面板），用加气混凝土作保温层，可用于外墙或内墙。

（2）木丝石棉水泥板

木丝石棉水泥板采用木丝板作心材，两面粘贴 4～6mm 的石棉水泥板组成，可作外墙板使用。

（3）压型钢板复合板

压型钢板复合板用厚度为 0.5～0.7mm 的钢板作内外表面，内夹保温材料，常用的保温材料有氨脂泡沫塑料、聚氯乙烯泡沫板和超细玻璃棉等。

复合墙板的优点是承重材料和保温材料的功能都得到合理使用，实现物尽其才，材料来源广泛，自重小，保温性能好，工效高，抗震性能好。

【小结】

本章介绍了墙体材料的品种及性质。其中，应重点掌握烧结普通砖的性质及检测方法。目前，国家重视新型墙体材料的发展，对多孔砖、空心砖及充分利用工业废料的非烧结砖、砌块、墙板等要有所了解。

【思考与练习】

1. 为什么要用多孔砖、空心砖等新型墙体材料来替代普通黏土砖？

2. 普通烧结黏土砖分几个强度等级？根据什么划分的？各应用在哪些工程部位？

3. 烧结多孔砖和烧结空心砖的主要性能特点和应用场合如何？

4. 灰砂砖的强度是怎样产生的？为什么说灰砂砖不准用在 200℃ 以上或急冷、急热的建筑部位？

5. 工程上应用的砌块主要有哪些品种？大、中、小型砌块是根据什么划分的？

6. 纸面石膏板、石膏空心条板的性能特点及应用如何？

第7章

建筑节能材料

7.1　建筑节能材料概述

　　建筑节能是指在建筑中合理使用和有效利用能源，不断提高能源利用效率。

　　国外的建筑节能始于 20 世纪 70 年代初。我国政府从 1986 年 8 月 1 日起实施第一阶段节能 30%，从 1996 年 7 月 1 日起实施第二阶段节能 50%。为进一步提高建筑节能水平，北京市与华北、东北、西北地区先后从 2003 年开始编制和实施建筑节能 65% 的目标。国务院颁发了《国务院关于做好建设节约型社会近期重点工作的通知》；建设部于 2005 年颁发了《民用建筑节能管理规定》，2007 年颁发了《建筑节能施工质量验收规范》，并于 2007 年 10 月 1 日开始实施。

　　建筑行业能耗占到全社会总能耗的 40%～50%。节能建筑材料作为节能建筑的重要物质基础，是建筑节能的根本途径。在建筑中使用各种节能建材，一方面可提高建筑物的隔热保温效果，降低采暖空调能源损耗；另一方面又可极大地改善建筑使用者的生活、工作环境。因此，发展新型节能型建筑材料，走环保节能建材之路，大力开发和利用各种高品质的节能建材，是节约能源、降低能耗、保护生态环境的迫切要求，同时对于构建资源节约型社会，实现社会的可持续性发展有着现实和深远的意义。

7.2　建筑节能材料分类及应用

7.2.1　常见节能绝热材料

建筑节能材料的开发及推广具有显著的社会效益、经济效益和环境效益，潜力很大。目前，我国常规的节能绝热材料主要有岩棉、玻璃棉和聚苯乙烯泡沫塑料。

岩棉是以精选的玄武岩或辉绿岩为主要原料，经高温熔制成的无机人造纤维。岩棉制品具有良好的保温、隔热、吸声、耐热、不燃等性能和良好的化学稳定性。岩棉用于建筑外墙，其有三种绝热方式，即内绝热、中间夹芯绝热和外绝热。

玻璃棉是矿物棉的第二大类产品，以硅砂、石灰石、萤石等矿物为主要原料，经熔化，用火焰法、离心法或高压载能气体喷吹法等工艺，将熔融玻璃液制成无机纤维。玻璃棉制品具有良好的保温、隔热、吸声、不燃、耐腐蚀等性能，广泛应用于房屋、管道、贮罐、锅炉、飞机、船舶等有关部位，发挥保温、隔热和吸声功效。

聚苯乙烯泡沫塑料是指以聚苯乙烯树脂为基料，加入发泡剂等辅助材料，经加热发泡而成的轻质材料。它具有质轻、导热系数小、吸水率低、耐水、耐老化、耐低温、易加工、价廉质优等优点，现已在建筑市场上广泛应用。

7.2.2　新型建筑节能材料

在传统建筑材料基础上，大力发展新型建筑材料也是节能建材研究领域一个重要的方面，主要包括新型墙体材料、保温隔热材料、防水密封材料、陶瓷材料、新型化学建材、装饰装修材料，以及各种工业废渣的综合利用等。

1. 新型墙体材料

墙体材料在房屋建材中约占 70%，是建筑材料的重要组成部分，建筑物能量的损耗约 50% 来自墙体。新型墙体材料的发展应有利于生态平衡、环境保护和节约能源，既要符合国家产业政策要求，又要能改善建筑物的使用功能，同时坚持"综合利废、因地制宜、市场引导"的原则。

就其品种而言，新型墙体材料主要包括砖、块、板等，如黏土空心砖、掺废料的黏土砖、非黏土砖、建筑砌块、加气混凝土、轻质板材和复合板材等。

（1）空心黏土砖

在我国开展墙改工作初期，墙体材料主要为实心黏土砖，为了打破这一局面，所以用空心黏土砖逐步替代实心黏土砖的使用，以有效控制实心黏土砖的生产与使用。

（2）混凝土制品

混凝土制品主要有混凝土砖及混凝土砌块。该类产品充分各地现有资源，通过加入较高含量的粉煤灰等工业废渣，或以陶粒做骨料生产非承重墙体制品。

1）普通混凝土小型空心砌块。普通混凝土小型空心砌块属于空心薄壁材料，单排孔密度在 $1200kg/m^3$ 左右，双排孔密度在 $1400kg/m^3$ 左右，传热系数 $2.97W/(m^2 \cdot K)$。

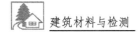

其一般用于承重结构内、外墙体。强度为 MU5～25，相对含水率应控制在 40%左右，干缩率应控制在 0.045%。

2）混凝土多孔砖。混凝土多孔砖是指以水泥为胶结材料，以砂、石等为主要集料（也可利用工业废渣），以水搅拌成型，经养护而制成的多排小孔混凝土砖。其主要规格为 240mm×115mm×90mm，空洞率大于 30%。

3）混凝土空心砖。混凝土空心砖是指水泥为胶结料，砂、石或轻集料为主要集料，粉煤灰为掺和料，加水搅拌成型，自然养护而制成的用于非承重墙体，空洞率不低于 40%的混凝土空心砖。它有二、三、四排孔，密度等级 800～1400kg/m³；相对吸水率不大于 40%；干燥收缩率小于 0.060%。对于利用废渣集料的混凝土空心砖，要求其碳化系数不低于 0.8，软化系数不低于 0.75。

4）轻集料混凝土小型空心砌块。轻集料混凝土小型空心砌块是以人造轻集料（烧结粉煤灰、黏土、页岩陶粒和非烧结粉煤灰轻骨料）或天然轻集料（浮石、火山岩、沸石）或利废材料（炉渣、页岩渣、煤矸石）为轻粗骨料，以砂或轻细材料（陶砂、膨胀珍珠岩、炉渣）为细集料，水泥为胶结料，经加水混合、搅拌、成型、养护而成。其密度小于 1400kg/m³。作为承重构造体系时，其相对含水率应控制在 40%左右，干缩率应控制在 0.045%；非承重时其干缩率可到 0.060%。

（3）煤矸石烧结制品

煤矸石烧结制品是以煤矸石为主要原料，经破碎、均化、搅拌成型，煅烧而成。该产品与普通黏土砖规格相同，性能接近，可按普通黏土砖设计、施工、验收。

（4）粉煤灰制品

粉煤灰是燃煤发电场的废弃物，由于其具有轻质多孔的特点和潜在的水硬性，可作为多种建材的生产原料。开发粉煤灰建材不仅可解决能源和资源问题，同时可解决这种工业废弃物造成的污染问题。今后在粉煤灰综合利用方面，需要重点开发研究的有：掺大量粉煤灰制品；各种免烧结、免蒸养自然养护工艺的粉煤灰砖制品和粉煤灰陶粒等；以粉煤灰、水泥、各种轻重集料、水为主要组分拌和制成混凝土砌块或砖。粉煤灰利用率不低于原材料总量的 20%，水泥掺入量不低于原材料总量的 10%。粉煤灰制品主要用作填充墙体材料，产品干缩率控制在 0.060%，碳化系数不低于 0.7。

（5）自保温砌块

自保温墙体材料可选择导热系数低、热阻值大、密度低、强度合适的材料，如轻质混凝土砌块、加气混凝土。也可利用墙体产品自身空洞，通过对产品保温的二次加工或墙体施工过程的保温处理，达到提高墙体热工性能的目标，如在空洞内置 EPS 块、玻化微珠、蛭石颗粒、膨胀珍珠岩等。

（6）轻质内墙隔条板

轻质多孔隔墙条板以膨胀珍珠岩为主材，低碱或快硬硫酸铝酸盐为胶结材料和低碱玻纤涂塑网格布，经挤压成型、自然养护而成。

石膏条板以石膏为主材，加入普通水泥、膨胀珍珠岩和中碱涂塑网格布挤压成型经自然养护而成。

轻质混凝土条板采用普通硅酸盐水泥为胶结料，工业废渣或陶粒，可掺入粉煤灰，根据需要可加筋增强（低碳冷拔钢丝），经挤压成型养护而成。

植物纤条板（FCC 板）采用轻烧镁粉、秸秆（细度 60～80 目）、玻纤为中碱熟丝或无碱拌和，挤压成型养护而成。

粉煤灰泡沫水泥条板（ASA 板）采用粉煤灰、轻烧镁粉、低碱或快硬硫酸铝酸盐为胶结材料，耐碱玻纤涂塑网格布等，经均化、发泡、成型、养护而成。

硅镁加气水泥隔墙板（GM 板）采用铝酸盐水泥、轻烧镁粉、粉煤灰、维尼纶纤维等材料，均化、发泡、高温、高压养护而成。

（7）复合墙板

复合墙板具有轻质、高强、保温隔热性能优良，集围护、装饰、保温隔热为一体的多功能新型板状墙体材料。它一般有三种形式：保温层在两层中间、保温层设置在复合板两侧、保温层设置在复合板一侧。根据保温隔热层所用的材料，分为有机和无机两大类；按面层所用的材料可分为金属和非金属两大类。

1）聚苯乙烯夹芯复合板：聚苯乙烯夹芯复合板（金属面 EPS 板）具有轻质、高强，集承重、隔热、防水、装饰于一体，耐腐蚀，便于施工。导热系数为 0.034～0.037W/(m·K)。类似的板材有铝塑聚苯乙烯夹芯复合板、塑钢聚苯乙烯夹芯复合板。

2）聚氨酯夹芯复合板：聚氨酯夹芯复合板，一般以彩色镀锌钢板为面材，经辊压成为压型板，然后与液体聚氨酯复合发泡而成。导热系数为 0.017～0.023W/(m·K)。它适用于工业与民用建筑保温外墙和屋面保温。

3）混凝土岩棉复合外墙板：混凝土岩棉复合外墙板是以混凝土饰面层、岩棉保温层和钢筋混凝土结构层三层连成的具有保温、隔热、隔声、防水等多功能的复合外墙板。它有承重和非承重之分。

由 150mm 厚钢筋混凝土结构层、50mm 岩棉保温层和 50mm 混凝土饰面层组成的承重混凝土岩棉复合外墙板，单位面积质量为 500～512kg/m²，平均热阻值为 0.99，传热系数为 1.01。

由 50mm 厚钢筋混凝土结构层、80mm 岩棉保温层和 30mm 混凝土饰面层组成的非承重薄壁混凝土岩棉复合外墙板，单位面积质量为 176～256kg/m²，平均热阻值为 1.70，为传热系数为 0.59。

（8）泡沫混凝土制品

泡沫混凝土通常是指用机械方法将泡沫剂水溶液制备成泡沫，再将泡沫加入含硅质材料、钙质材料、水及各种外加剂等组成的料浆中，经混合搅拌、浇注型、养护而成的一种多孔混凝土材料。泡沫混凝土中含有大量封闭的孔隙，所以具有良好的物理力学性能。泡沫混凝土的基本原料为水泥、石灰、水、泡沫，在此基础上掺加一些填料、骨料及外加剂。常用的填料及骨料为砂、粉煤灰、陶粒、碎石屑、膨胀聚苯乙烯、膨胀珍珠岩、苯脱克细骨料，常用的外加剂与普通混凝土一样，为减水剂、防水剂、缓凝剂、促凝剂等。泡沫混凝土的密度小，密度等级一般为 300～1800kg/m³，常用泡沫混凝土的密度等级为 300～1200kg/m³，近年来，密度为 160kg/m³ 的超轻泡沫混凝土也在建筑工程中获得了应用。由于泡沫混凝土中含有大量封闭的细小孔隙，具有良好的热工性能，即良好的保温隔热性能，这是普通混凝土所不具备的。通常密度等级在 300～1200kg/m³

范围的泡沫混凝土，导热系数在 0.08～0.3W/(m·K)。采用泡沫混凝土作为建筑物墙体及屋面材料，具有良好的节能效果。泡沫混凝土属多孔材料，因此它也是一种良好的隔音材料，在建筑物的楼层和高速公路的隔音板、地下建筑物的顶层等可采用该材料作为隔音层。泡沫混凝土是无机材料，不会燃烧，从而具有良好的耐火性，在建筑物上使用，可提高建筑物的防火性能。泡沫混凝土还具有施工过程中可泵性好，防水能力强，冲击能量吸收性能好，可大量利用工业废渣，价格低廉等优点。

（9）陶粒增强加气砌块

陶粒增强加气砌块是以河道淤泥、粉煤灰、混凝土管桩厂的离心余浆为主要原料，经过轻质陶粒和引气浆体制备、混合、浇模、静养、自动切割、蒸汽养护等工艺制备而成。砌块干体积密度为 450～750kg/m³，导热系数为 0.11～0.18W/(m·K)，是黏土砖的五分之一，是混凝土的八分之一。强度可达 3.5～7.5MPa，可直接用于建筑外围护结构。使用的原材料为不燃无机物，不产生有害气体。且有极强的抗渗性。

（10）免烧砖

1）灰砂砖：以砂、生石灰、少量水泥为主要原料，经成型、蒸汽养护制成。强度高于 MU10，干密度为 1700～1900kg/m³，导热系数为 1.1W/(m²·K)。它主要用于多层承重构造墙体。按制作工艺不同可分为彩色灰砂砖、灰砂空心砖、碳化灰砂砖、免烧灰砂砖。

2）蒸压粉煤灰砖：以粉煤灰为主要原料、水泥（或掺入适量石灰、石膏、外加剂）为胶凝材料，加入部分破碎煤矸石（或石粉、砂）作骨料，经混合、碾压、搅拌、成型，通过高压或常压蒸汽养护而制成。强度等级 MU10～30，碳化系数不小于 0.8。

3）煤矸石自养砖：以煤矸石（或掺炉渣）为主要原料，水泥（或掺入适量石灰、石膏）为胶凝材料，经拌和、搅拌、压制成型，自然养护而制成。一般强度约为 MU10，抗折强度在 2.5MPa 左右。

2. 保温隔热材料

建筑节能以发展新型节能建材为前提，必须有足够的保温隔热材料作基础。

近年来，我国保温隔热材料的产品结构发生有明显的变化：泡沫塑料类保温隔热材料所占比例逐年增长，已由 2001 年的 21%上升到 2005 年的 37%；矿物纤维类保温隔热材料的产量增长较快，但其所占比例基本维持不变；硬质类保温隔热材料制品所占比例逐年下降。

1）保温材料：控制室内热量外流的建筑材料。绝热材料通常导热系数（λ）值应不大于 0.23W/(m·K)，热阻（R）值应不小于 4.35(m²·K)/W。此外，绝热材料尚应满足：表观密度不大于 600kg/m³，压缩强度大于 0.3MPa，构造简单，施工容易，造价低等。

2）隔热材料：控制室外热量进入室内的建筑材料。隔热材料应能阻抗室外热量的传入，以及减小室外空气温度波动对内表面温度影响。材料隔热性能的优劣，不仅与材料的导热系数有关，而且与导温系数、蓄热系数有关。

保温隔热材料主要应用于：

1）建筑物墙体和屋顶的保温绝热。

2）热工设备、热力管道的保温。

3）冷藏室及冷藏设备上也大量使用。

3. 新型保温隔热材料及特点

1）水泥聚苯板是指由聚苯乙烯泡沫塑料下脚料或废聚苯乙烯泡沫塑料经破碎而成的颗粒，加入水泥、水、EC 起泡剂和稳泡剂等材料，经搅拌、成型、养护而成的一种新型保温隔热材料，具有质轻、导热系数小、保温隔热性能好、有一定强度和韧性、耐水、难燃、施工方便、粘贴牢固、便于抹灰、价格较低等优点，适用于建筑物外墙和屋顶的保温隔热层。

2）硅酸盐复合绝热砂浆是一种新型墙体保温材料，是指以精选海泡石、硅酸铝纤维为主原料，附以多种优质轻体无机矿物为填料，在数种外加剂的作用下经细纤化、扩散膨胀、混溶、黏结等多种工艺深度复合而成的灰白色黏稠浆状物。此种材料的显著特点为：保温隔热性能好，施工简便（直接涂抹），有效解决了板材拼接处罩面层开裂现象。硅酸盐复合绝热砂浆已被我国列为新型绝热材料及制品的重点发展对象。

3）保温（隔热、绝热）涂料综合了涂料及保温材料的双重特点，干燥后可形成有一定强度及弹性的保温层。与传统保温材料（制品）相比，其优点在于：

① 导热系数低，保温效果显著。

② 可与基层全面黏结，整体性强，特别适用于其他保温材料难以解决的异型设备保温。

③ 质轻、层薄，建筑内保温用相对提高了住宅的使用面积。

④ 阻燃性好，环保性强。

⑤ 施工相对简单，可采用人工涂抹的方式进行。

⑥ 材料生产工艺简单，能耗低。

阻隔性隔热涂料是 20 世纪 80 年代末发展起来的一类新型隔热材料。我国有上百家研究单位和企业在进行保温涂料的研究工作，有复合硅酸镁铝隔热涂料、稀土保温涂料、涂覆型复合硅酸盐隔热涂料等。涂料配方、施工方法各异；性能，如快干速硬、防水憎水等也各不相同，但均属硅酸盐系涂料。

反射隔热涂料（水性）是在铝基反光隔热涂料的基础上发展而来，通过选择合适的树脂、金属、或金属氧化物颜、填料及生产工艺，制得高反射率涂层，反射太阳光来达到隔热目的。反射隔热涂料采用固体丙烯酸树脂作为基料，利用特种材料，如空心微珠等组合形成高太阳热反射漆膜，不仅具有工业、建筑涂料的防腐装饰功能，同时起到极佳的降温隔热作用。空心微珠填料对近红外光的反射比远远高于普通填料。玻璃微珠与陶瓷微珠的反射比相近，但陶瓷微珠的贮存稳定性差，空心玻璃微珠保温涂料较稳定。太阳的高热辐射会给人类赖以生存的空间带来许多危害，如夏季阳光照在建筑物屋顶上，顶楼房间的室内温度要比楼下房间高出 3～5℃。许多发达国家中，喷淋装置、空调、冷气机和电风扇等降温制冷设备所耗用的能量，占全年总能耗的 20% 以上。在我国，这些设备消耗的能量则更多，故采用太阳热反射涂料则可克服或缓解这些问题。

辐射隔热涂料是指通过辐射的形式把建筑物吸收的日照光线和热量以一定的波长发射到空气中，从而达到良好隔热降温效果的涂料。辐射隔热涂料不同于玻璃棉、泡沫塑料等多孔性低阻隔性隔热材料，因为这些材料只能减慢但不能阻挡热能的传递。白天太阳能经过屋顶和墙壁不断传入室内空间及结构，一旦热能传入，即使室外温度减退，热能还是困陷其中。而辐射隔热涂料却能够以热发射的形式将吸收的热量辐射掉，从而促使室内与室外以同样的速率降温。

复合保温隔热材料有复合硅酸盐保温隔热涂料、胶粉料聚苯乙烯颗粒保温隔热材料等。它具有保温隔热性能较好，热稳定性好，防火性能较好，吸声、隔音性能较好，湿法涂抹施工，整体性好。缺点是施工受气候影响较大，施工周期相对较长。

4. 节能门窗和节能玻璃

建筑门窗和建筑幕墙是建筑围护结构的组成部分，是建筑物热交换、热传导最活跃、最敏感的部位，是墙体失热损失的 5～6 倍。门窗和幕墙的节能约占建筑节能的 40%左右，具有极其重要的地位。

（1）门窗框扇材料

从目前节能门窗的发展来看，门窗的制造材料从单一的木、钢、铝合金等发展到了复合材料，如铝合金—木材复合、铝合金—塑料复合、玻璃钢等。目前我国市场主要的节能门窗有 PVC 门窗、铝—木复合门窗、铝塑复合门窗、玻璃钢门窗等。

1）断热铝合金框：采用非金属材料（如高强度增强尼龙隔热条），对铝合金型材进行有效隔热。普通中空玻璃铝合金窗的导热系数 K 为 $3.9W/m^2 \cdot K$，采用断热铝合金窗后其导热系数降为 $3.4W/m^2 \cdot K$。若断热铝合金框与 Low-E 中空玻璃配合使用，可使铝合金外窗的导热系数降低到 $2.5W/m^2 \cdot K$ 以下，也由于其结构严密，装饰性好，断热铝合金框是非常理想的外窗形式。

2）PVC 塑料框：PVC 塑料型材或断热铝合金型材，由于窗框（扇）的断面形式不同，做成的外窗导热系数差别很大，一般 PVC 塑料框材的导热系数 K 为 $1.9W/m^2 \cdot K$，在选择节能窗框（扇）材料时也应加以重视。若采用中空玻璃塑料窗，其导热系数 K 可达 $2.5～2.8W/m^2 \cdot K$，甚至更小，这是塑料窗作为节能外窗的有利条件之一。

3）铝—木门窗：铝—木门窗最大的特点是保温、节能、抗风沙。它是在实木之外又包裹了一层铝合金，使门窗的密封性更强，可有效地阻隔风沙的侵袭。当酷暑难耐之时，又可阻挡室外燥热，减少室内冷气的散失；在寒冷的冬季也不会结冰、结露，还能将噪音拒之窗外。

（2）玻璃

除结构外，对门窗节能性能影响最大的是玻璃的性能。玻璃是重要的建筑材料，随着对建筑物装饰性要求的不断提高，玻璃在建筑行业中的使用量也不断增大。然而，当今人们在选择建筑物的玻璃门窗时，除了考虑其美学和外观特征，更注重其热量控制、制冷成本和内部阳光投射舒适平衡等问题。

1）中空玻璃：以同尺寸两片或多片平板玻璃、镀膜玻璃、彩色玻璃、压花玻璃、钢化玻璃等，四周用高强、高气密性黏结剂将其与铝合金框或橡皮条、玻璃条胶结密封而成。它具有优良的保温、隔热和降噪性能，是一种很有发展前途的新型节能建筑装饰材料。

2）真空玻璃：应用保温瓶原理，将两片玻璃（其中一片为白玻，另一片为 Low-E 玻璃）四周密封起来，两片玻璃之间用极小的支撑物分隔开，以防排真空时两片玻璃吸合到一起，形成 0.1～0.2mm 的真空层，排气后将排气口封死。

真空玻璃从热传导的三个途径进行了控制：由于真空层的存在，里面没有热的直接传到介质；也不能形成对流；在生产真空玻璃时，其中一片为 Low-E 玻璃减少辐射传热。

真空玻璃具有三大功能特点：保温隔热、降低能耗，保持室内舒适度；隔声抗噪，保持室内宁静空间；防结露，令您的视野清晰开阔。

3）热反射镀膜玻璃：在玻璃表面镀金属或金属化合物膜，使玻璃呈现丰富色彩，并具有新的光、热性能。其主要作用是降低玻璃的遮阳系数 S_c，限制太阳辐射的直接透过。热反射膜层对远红外线没有明显的反射作用，故对改善 U 值没有大的贡献。在夏季光照强的地区，热反射玻璃的隔热作用十分明显，可有效衰减进入室内的太阳热辐射。但在无阳光的环境中，如夜晚或阴雨天气，其隔热作用与白玻璃无异。从节能的角度来看，它不适用于寒冷地区，因为这些地区需要阳光进入室内采暖。

4）镀膜低辐射玻璃：镀膜低辐射玻璃又称为 Low-E 玻璃，是近年来发展起来的新型节能玻璃，采用真空磁控溅射法或高温热解沉积法在玻璃表面镀上多层金属或其他化合物组成的膜。高温热解沉积法是在浮法玻璃冷却工艺过程中完成的。液体金属或金属粉末直接喷射到热玻璃表面上，随着玻璃的冷却，金属膜层成为玻璃的一部分。这种方法生产的 Low-E 玻璃具有许多优点：它可以热弯，钢化，不必在中空状态下使用，可以长期储存。它的缺点是热学性能比较差。溅射法工艺生产 Low-E 玻璃，需一层纯银薄膜作为功能膜，纯银膜在两层金属氧化物膜之间。金属氧化物膜对纯银膜提供保护，且作为膜层之间的中间层增加颜色的纯度及光透射度。由于有多种金属靶材选择及多种金属靶材组合，溅射法生产的 Low-E 玻璃可有多种配置。在颜色及纯度方面，溅射镀也优于热喷镀，而且由于是离线法，在新产品开发方面也较灵活。它的缺点是氧化银膜层非常脆弱，所以它不可能像普通玻璃一样使用。

7.3　膨胀聚苯板薄抹灰外墙外保温系统

7.3.1　抹灰外墙外保温系统的构成

膨胀聚苯板薄抹灰外墙外保温系统（以下简称为薄抹灰外保温系统）是置于建筑物外墙外侧的保温及饰面系统，是由膨胀聚苯板、胶黏剂和必要时使用的锚栓、抹面胶浆和耐碱网布及涂料等组成的系统产品，应符合《膨胀聚苯板薄抹灰外墙外保温系统》（JG 149—2003）的有关规定。薄抹灰增强防护层的厚度宜控制在：普通型 3～5mm，加强型 5～7mm。该系统采用黏结固定方式与基层墙体连接，也可辅有锚栓，其基本构造见表 7-1 和表 7-2。

1. 基层墙体

基层墙体是建筑物中起承重或围护作用的外墙墙体，可以是混凝土墙体或各种砌体墙体。

表 7-1　无锚栓薄抹灰外保温系统基本构造

系统的基本构造					构造示意图
基层墙体 1	黏结层 2	保温层 3	薄抹灰增强防护层 4	饰面层 5	
混凝土墙体,各种砌体墙体	胶黏剂	膨胀聚苯板	抹面胶浆复合耐碱网布	涂料	5 4 3 2 1

表 7-2　辅有锚枪的薄抹灰外保温系统基本构造

系统的基本构造						构造示意图
基层墙体 1	黏结层 2	保温层 3	连接件 4	薄抹灰增强防护层 5	饰面层 6	
混凝土墙体,各种砌体墙体	胶黏剂	膨胀聚苯板	锚栓	抹面胶浆复合耐碱网布	涂料	6 5 4 3 2 1

2. 胶黏剂

胶黏剂是指专用于把膨胀聚苯板黏结到基层墙体上的工业产品。产品形式有两种：一种是在工厂生产的液状胶黏剂，在施工现场按使用说明加入一定比例的水泥或由厂商提供的干粉料，搅拌均匀即可使用；另一种是在工厂里预混合好的干粉状胶黏剂，在施工现场只需按使用说明加入一定比例的搅和用水，搅拌均匀即可使用。

3. 膨胀聚苯板

保温材料专指采用符合《绝热模塑聚苯乙烯泡沫塑料》（GB/T 10801.1—2002）的阻燃型绝热用模塑聚苯乙烯泡沫塑料制作的板材。

4. 锚栓

锚栓是指把膨胀聚苯板固定于基层墙体的专用连接件，通常情况下包括塑料钉或具有防腐性能的金属螺钉和带圆盘的塑料膨胀套管两个部分。

5. 抹面胶浆

聚合物抹面胶浆，由水泥基或其他无机胶凝材料、高分子聚合物和填材等材料组成，薄抹在粘贴好的膨胀聚苯板外表面，用以保证薄抹灰外保温系统的机械强度和耐久性。

6. 耐碱网布

耐碱型玻璃纤维网格布，由表面涂覆耐碱防水材料的玻璃纤维网格布制成，埋入抹面胶浆中，形成薄抹灰增强防护层，用以提高防护层的机械强度和抗裂性。

7.3.2 抹灰外墙外保温系统的分类和标记

1. 分类

薄抹灰外保温系统按抗冲击能力分为普通型（缩写为 P）和加强型（缩写为 Q）两种类型，即 P 型薄抹灰外保温系统用于一般建筑物 2m 以上墙面；Q 型薄抹灰外保温系统主要用于建筑首层或 2m 以下墙面，以及对抗冲击有特殊要求的部位。

2. 标记

薄抹灰外保温系统的标记由代号和类型组成如图 7-1 所示。

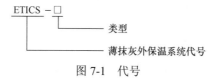

图 7-1　代号

标记示例如下：

示例 1：ETICS-P 普通型薄抹灰外保温系统；

示例 2：ETICS-Q 加强型薄抹灰外保温系统。

7.3.3 抹灰外墙外保温系统的性能要求及检测方法

1. 薄抹灰外保温系统

薄抹灰外保温系统的性能指标应符合表 7-3 的要求。

表 7-3　薄抹灰外保温系统的性能指标

试验项目		性能指标
吸水量(浸水 24h)/(g/m²)		≤500
抗冲击强度（J）	普通型（P 型）	≥3.0
	加强型（Q 型）	≥10.0
抗风压值（kPa）		不小于工程项目的风荷载设计值
耐 冻 融		表面无裂纹、空鼓、起泡、剥离现象
水蒸气湿流密度[g/(m²·h)]		≥0.85
不 透 水 性		试样防护层内侧无水渗透
耐 候 性		表面无裂纹、粉化、剥落现象

2. 胶黏剂

胶黏剂的性能指标应符合表 7-4 的要求。

表 7-4　胶黏剂的性能指标

试验项目		性能指标
拉伸黏结强度/MPa（与水泥砂浆）	原强度	≥0.60
	耐水	≥0.40
拉伸黏结强度/MPa（与膨胀聚苯板）	原强度	≥0.10，破坏界面在膨胀聚苯板上
	耐水	≥0.10，破坏界面在膨胀聚苯板上
可操作时间/h		1.5～4.0

3. 膨胀聚苯板

膨胀聚苯板应为阻燃型。其性能指标除应符合表 7-5 和表 7-6 的要求外，还应符合《绝热用模塑聚苯乙烯泡沫塑料》GB/T 10801.1—2002 第 Ⅱ 类的其他要求。膨胀聚苯板出厂前应在自然条件下陈化 42d 或在 60℃蒸汽中陈化 5d。

表 7-5　膨胀聚苯板主要性能指标

试验项目	性能指标
导热系数[W/(m·K)]	≤0.041
表观密度/(kg/m³)	18.0～22.0
垂直板面方向的抗拉强度/MPa	≥0.10
尺寸稳定性/%	≤0.30

表 7-6　膨胀聚苯板允许偏差

试验项目		允许偏差
厚度/mm	≤50mm	±1.5
	>50mm	±2.0
长度/mm		±2.0
宽度/mm		±1.0
对角线差/mm		±3.0
板边平直/mm		±2.0
板面平整度/mm		±1.0

注：本表的允许偏差值以 1200mm 长×600mm 宽的膨胀聚苯板为基准。

4. 抹面胶浆

抹面胶浆的性能指标应符合表 7-7 的要求。

表 7-7 抹面胶浆的性能指标

试验项目		性能指标
拉伸黏结强度/MPa（与膨胀聚苯板）	原强度	≥0.10，破坏界面在膨胀聚苯板上
	耐水	≥0.10，破坏界面在膨胀聚苯板上
	耐冻融	≥0.10，破坏界面在膨胀聚苯板上
柔韧性	压缩强度/抗折强度（水泥基）	≤3.0
	开裂应变(非水泥基)/%	≥1.5
可操作时间/h		1.5～4.0

5. 耐碱网布

耐碱网布的主要性能指标应符合表 7-8 的要求。

表 7-8 耐碱网布主要性能指标

试验项目	性能指标
单位面积质量/(g/m²)	≥130
耐碱断裂强力（经、纬向）（N/50mm）	≥750
耐碱断裂强力保留率(经、纬向)/%	≥50
断裂应力(经、纬向)/%	≥5.0

6. 锚栓

金属螺钉应采用不锈钢或经过表面防腐处理的金属制成，塑料钉和带圆盘的塑料膨胀套管应采用聚酰胺、聚乙烯制成，制作塑料钉和塑料套管的材料不得使用回收的再生材料。锚栓有效锚固深度不小于 25mm，塑料圆盘直径不小于 50mm。其技术性能指标应符合表 7-9 的要求。

表 7-9 锚栓技术性能指标

试验项目	技术指标
单个锚栓抗拉承载力标准值/kN	≥0.30
单个锚栓对系统传热增加值[W/(m²·K)]	≤0.004

7. 涂料

涂料必须与薄抹灰外保温系统相容，其性能指标应符合外墙建筑涂料的相关标准。

8. 附件

在薄抹灰外保温系统中所采用的附件，包括密封膏、密封条、包角条、包边条、盖口条等，应分别符合相应的产品标准的要求。

7.4 胶粉基本颗粒外墙外保温系统

7.4.1 胶粉基本颗粒外墙外保温系统的构成

胶粉聚苯颗粒外墙外保温系统（简称胶粉聚苯颗粒外保温系统）是指设置在外墙外侧，由界面层、胶粉聚苯颗粒保温层、抗裂防护层和饰面层构成，起保温隔热、防护和装饰作用的构造系统，其性能应满足《胶粉聚苯颗粒外墙外保温系统》（JG 158—2004）的相关规定。

涂料饰面胶粉聚苯颗粒外保温系统基本构造见表7-10；面砖饰面胶粉聚苯颗粒外保温系统基本构造见表7-11。

表7-10 涂料饰面胶粉聚苯颗粒外保温系统基本构造

基层墙体	涂料饰面胶粉聚苯颗粒外保温系统基本构造				构造示意图
	界面层1	保温层2	抗裂防护层3	饰面层4	
混凝土墙及各种砌体墙	界面砂浆	胶粉聚苯颗粒保温浆料	抗裂砂浆+耐碱玻纤网格布+高分子乳液弹性底层涂料	柔性耐水腻子+涂料	1 2 3 4

表7-11 面砖饰面胶粉聚苯颗粒外保温系统基本构造

基层墙体	面砖饰面胶粉聚苯颗粒外保温系统基本构造				构造示意图
	界面层1	保温层2	抗裂防护层3	饰面层4	
混凝土墙及各种砌体墙	界面砂浆	胶粉聚苯颗粒保温浆料	第一遍抗裂砂浆+热镀锌电焊网（用塑料锚栓与基层锚固）+第二遍抗裂砂浆	黏结砂浆+面砖+勾缝料	1 2 3 4

1. 基层墙体

基层墙体是指建筑物中起承重或围护作用的外墙体。

2. 界面砂浆

界面砂浆是指由高分子聚合物乳液与助剂配制成的界面剂与水泥和中砂按一定比

例拌和均匀制成的砂浆。

3. 胶粉聚苯颗粒保温浆料

胶粉聚苯颗粒保温浆料是指由胶粉料和聚苯颗粒组成，且聚苯颗粒体积比不小于80%的保温灰浆。

4. 胶粉料

胶粉料是指由无机胶凝材料与各种外加剂在工厂采用预混合干拌技术制成的专门用于配制胶粉聚苯颗粒保温浆料的复合胶凝材料。

5. 聚苯颗粒

聚苯颗粒是指由聚苯乙烯泡沫塑料经粉碎、混合而制成的，具有一定粒度、级配的专门用于配制胶粉聚苯颗粒保温浆料的轻骨料。

6. 抗裂砂浆

抗裂砂浆是指在聚合物乳液中掺加多种外加剂和抗裂物质制得的抗裂剂，与普通硅酸盐水泥、中砂按一定比例拌和均匀制成的具有一定柔韧性的砂浆。

7. 耐碱涂塑玻璃纤维网格布

耐碱涂塑玻璃纤维网格布是指以耐碱玻璃纤维织成的网格布为基布，表面涂覆高分子耐碱涂层制成的网格布。

8. 高分子乳液弹性底层涂料

高分子乳液弹性底层涂料是指由弹性防水乳液加入多种助剂、颜填料配制而成的具有防水和透气效果的封底涂层。

9. 抗裂柔性耐水腻子

抗裂柔性耐水腻子是指由弹性乳液、助剂和粉料等制成的、具有一定柔韧性和耐水性的腻子。

10. 塑料锚栓

塑料锚栓是指由螺钉（塑料钉或具有防腐性能的金属钉）和带圆盘的塑料膨胀套管两个部分组成的、用于将热镀锌电焊网固定于基层墙体的专用连接件。

11. 面砖黏结砂浆

面砖黏结砂浆是指由聚合物乳液和外加剂制得的面砖专用胶液与强度等级为 42.5 的普通硅酸盐水泥和建筑硅质砂（一级中砂）按一定质量比混合搅拌均匀制成的黏结砂浆。

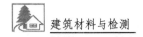

12. 面砖勾缝料

面砖勾缝料是指由高分子材料、水泥、各种填料、助剂复配而成的陶瓷面砖勾缝材料。

7.4.2 胶粉基本颗粒外墙外保温系统的分类和标记

1. 分类

胶粉聚苯颗粒外保温系统分为涂料饰面（缩写为 C）和面砖饰面（缩写为 T）两种类型,即 C 型胶粉聚苯颗粒外保温系统用于饰面为涂料的胶粉聚苯颗粒外保温系统;T 型胶粉聚苯颗粒外保温系统用于饰面为面砖的胶粉聚苯颗粒外保温系统。

2. 标记

胶粉聚苯颗粒外保温系统的标记由代号和类型组成如图 7-2 所示。

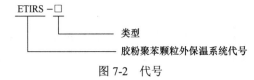

ETIRS-□
类型
胶粉聚苯颗粒外保温系统代号

图 7-2 代号

标记示例如下:
示例 1:ETIRS-C 涂料饰面胶粉聚苯颗粒外保温系统;
示例 2:ETIRS-T 面砖饰面胶粉聚苯颗粒外保温系统。

7.4.3 胶粉基本颗粒外墙外保温系统的技术要求

1. 胶粉聚苯颗粒外保温系统

胶粉聚苯颗粒外保温系统的性能应符合表 7-12 的要求。面砖饰面外保温系统抗震性能应满足相关要求。

表 7-12 胶粉聚苯颗粒外保温系统的性能指标

试 验 项 目		性 能 指 标	
耐候性		经 80 次高温（70℃）—淋水（15℃）循环和 20 次加热（50℃）—冷冻（-20℃）循环后不得出现开裂、空鼓或脱落。抗裂防护层与保温层的拉伸黏结强度不应小于 0.1MPa,破坏界面应位于保温层	
吸水量(浸水 1h)/(g/m²)		$h \leqslant 1000$	
抗冲击强度	C 型	普通型（单网）	3.0J 冲击合格
		加强型（双网）	10.0J 冲击合格
	T 型	3.0 J 冲击合格	
抗风压值		不小于工程项目的风荷载设计值	

续表

试 验 项 目	性 能 指 标
耐冻融	严寒地区 30 次循环、寒冷及夏热冬冷地区 10 次循环，表面无裂纹、空鼓、起泡、剥离现象
水蒸气湿流密度[g/(m²·h)]	≥0.85
不透水性	试样防护层内侧无水渗透
耐磨损（500L 砂）	无开裂，龟裂或表面保护层剥落、损伤
系统抗拉强度(C 型)/MPa	≥0.1，并且破坏部位不得位于各层界面
饰面砖黏结强度(T 型)（现场抽测）/MPa	≥0.4
抗震性能（T 型）	设防烈度等级下外保温系统无脱落

2. 界面砂浆

界面剂及界面砂浆性能应符合表 7-13 的要求。

表 7-13　界面剂性能指标

项　目		单　位	指　标
界面剂	不挥发物含量	%	≥10
界面砂浆压剪胶接强度	原强度	MPa	≥0.7
	耐水	MPa	≥0.5
	耐冻融	MPa	≥0.5

3. 胶粉料

胶粉料的性能应符合表 7-14 的要求。

表 7-14　胶粉料性能指标

项　目	单　位	指　标
初凝时间	h	≥4
终凝时间	h	≤12
安定性（试饼法）	—	合格
拉伸黏结强度	MPa	≥0.6
浸水拉伸黏结强度	MPa	≥0.4

4. 聚苯颗粒轻骨料

聚苯颗粒轻骨料的性能应符合表 7-15 的要求。

表 7-15　聚苯颗粒轻骨料性能指标

项　目	单　位	指　标
堆积密度	kg/m³	8.0～21.0
粒度（5mm 筛孔筛余）	%	≤5

5. 胶粉聚苯颗粒保温浆料

胶粉聚苯颗粒保温浆料的性能应符合表 7-16 的要求。

表 7-16　胶粉聚苯颗粒保温浆料性能指标

项　目	单　位	指　标
湿表观密度	kg/m³	≤420
干表观密度	kg/m³	≤250
导热系数	W/(m·K)	≤0.060
蓄热系数	W/(m²·K)	≥0.95
抗压强度	kPa	≥250
抗拉强度	kPa	≥100
压剪黏结强度	kPa	≥50
线性收缩率	%	≤0.3
软化系数	—	≥0.5
难燃性	—	B1 级

6. 抗裂砂浆

抗裂剂及抗裂砂浆性能应符合表 7-17 的要求。

表 7-17　抗裂剂及抗裂砂浆性能指标

	项　目	单　位	指　标
抗裂剂	不挥发物含量	%	≥20
	贮存稳定性（20±5）℃	—	6 个月，试样无结块凝聚及发霉现象，且拉伸黏结强度满足抗裂砂浆指标要求
抗裂砂浆	可操作时间	h	≥2
	拉伸黏结强度（常温 28d）	MPa	>0.8
	浸水拉伸黏结强度（常温 28d，浸水 7d）	MPa	>0.6
	压折比	—	≤3.0

注：水泥应采用强度等级 42.5 的普通硅酸盐水泥，并应符合《通用硅酸盐水泥》（GB 175—2007）的要求；砂应符合《普通混凝土用砂、石质量及检验方法标准》（JGJ 52—2006）的规定，筛除粒径大于 2.5mm 颗粒，含泥量少于 3%。

7. 耐碱网布

耐碱网布的性能应符合表 7-18 的要求。

表 7-18　耐碱网布性能指标

项　目		单位	指　标
外观		—	合格
长度、宽度		m	100、0.9～1.2
网孔中心距	普通型	mm	4×4
	加强型		6×6
单位面积质量	普通型	g/m²	≥160
	加强型		≥500
断裂强力（经、纬向）	普通型	N/50mm	≥1250
	加强型	N/50mm	≥3000
耐碱强力保留率（经纬向）		%	≥90
断裂伸长率		%	≤5
涂塑量	普通型	g/m²	≥20
	加强型		
玻璃成分		%	符合《耐碱玻璃纤维网格布》（JC 719—1996）的规定，其中 ZrO_2≥14.5%，TiO_2 为（6±0.5）%

8. 高弹底涂

高弹底涂的性能应符合表 7-19 的要求。

表 7-19　高弹底涂性能指标

项　目		单　位	指　标
容器中状态		—	搅拌后无结块，呈均匀状态
施工性		—	刷涂无障碍
干燥时间	表干时间	h	≤4
	实干时间	h	≤8
抗拉强度		MPa	≥1.0
断裂伸长率		%	≥300

9. 柔性耐水腻子

柔性耐水腻子的性能应符合表 7-20 的要求。

表 7-20 柔性耐水腻子性能指标

项 目			单 位	指 标
柔性耐水腻子	施工性		—	刮涂无困难
	干燥时间（表干）		h	
	耐水性（48h）		—	无异常
	耐碱性（24h）		—	无异常
	黏结强度	标准状态	MPa	>0.60
		浸水后	MPa	>0.40
	低温贮存稳定性		—	-5℃冷冻 4h 无变化，刮涂无困难
	打磨性		%	20～80
	柔韧性		—	直径 50mm，无裂纹
	透水性（24h）		ml	≤3.0

10. 外墙外保温饰面涂料

外墙外保温饰面涂料必须与胶粉聚苯颗粒外保温系统相容，其性能除应符合国家及行业相关标准外，还应满足表 7-21 的抗裂性要求。

表 7-21 外墙外保温饰面涂料抗裂性能指标

项 目		指 标
抗裂性	平涂用涂料	断裂伸长率≥200%
	连续性复层建筑涂料	主涂层的断裂伸长率≥100%
	浮雕类非连续性复层建筑涂料	主涂层初期干燥抗裂性满足要求

11. 砖黏结砂浆性能

砖黏结砂浆性能应符合表 7-22 的要求。

表 7-22 面砖黏结砂浆的性能指标

项 目		单 位	指 标
抗拉黏结强度达到 0.17MPa 时间间隔	晾置时间	min	≥10
	调整时间	min	>5
抗拉黏结强度		MPa	≥0.60
压折比		—	≤3.0
压剪胶接强度	原强度	MPa	≥0.6
	耐温 7d	%	≥0.5
	耐水 7d	%	≥0.5
耐冻融 25 次		%	≥0.5
线性收缩率		%	≤0.3

注：水泥应采用强度等级 42.5 的普通硅酸盐水泥，并应符合《通用硅酸盐水泥》（GB 175—2007）的要求；砂应符合《普通混凝土用砂、石质量及检验方法标准》（JGJ 52—2006）的规定，筛除粒径大于 2.5mm 颗粒，含泥量少于 3%。

12. 面砖勾缝料

面砖勾缝料的性能应符合表 7-23 的要求。

表 7-23 面砖勾缝料性能指标

项 目		单 位	指 标
外 观		—	均匀一致
凝结时间		H	大于 2h，小于 24h
颜 色		—	与标准样一致
拉伸黏结强度	常温常态 14d	MPa	≥0.60
	耐水（常温常态 14d，浸水 48h，放置 24h）	MPa	≥0.50
压折比（抗压强度/抗折强度）		—	≤3
透水性（24h）		ml	≤3.0

13. 塑料锚栓

塑料锚栓通常由螺钉和带圆盘的塑料膨胀套管两个部分组成，金属螺钉应采用不锈钢或经过表面防锈蚀处理的金属制成，塑料钉和带圆盘的塑料膨胀套管应采用聚酰胺、聚乙烯或聚丙烯制成，制作塑料钉和塑料套管的材料不得使用回收的再生材料。塑料锚栓有效锚固深度不小于 25mm，塑料圆盘直径不小于 50mm，单个塑料锚栓抗拉承载力标准值（C25 混凝土基层）不小于 0.80kN。

14. 热镀锌电焊网

热镀锌电焊网（俗称四角网）应符合《镀锌电焊网》（QB/T 3897—1999）标准，并满足表 7-24 的要求。

表 7-24 热镀锌电焊网性能指标

项 目	单 位	指 标
工艺	—	热镀锌电焊网
丝径	mm	0.9
网孔大小	mm	12.7×12.7
焊点抗拉力	N	＞65
镀锌层质量	g/m²	≥122

15. 饰面砖

外保温饰面砖应采用黏贴面带有燕尾槽的产品，并不得带有脱模剂。其性能应符合下列现行标准的要求：《陶瓷砖和卫生陶瓷分类及术语》（GB/T 9195—2011），《干

压陶瓷砖》（GB/T 4100—2006），《陶瓷劈离砖》（JC/T 457—2002），《玻璃马赛克》（GB/T 7697—1996），并应同时满足表 7-25 性能指标的要求。

表 7-25　饰面砖性能指标

项　目			单　位	指　标
尺寸	6m 以下墙面	表面面积	cm²	≤410
		厚度	cm	≤1.0
	6m 及以上墙面	表面面积	cm²	≤190
		厚度	cm	≤0.75
单位面积质量			kg/m²	≤20
吸水率	Ⅰ、Ⅵ、Ⅶ气候区		%	≤3
	Ⅱ、Ⅲ、Ⅳ、Ⅴ气候区			≤6
抗冻性	Ⅰ、Ⅵ、Ⅶ气候区		—	50 次冻融循环无破坏
	Ⅱ气候区			40 次冻融循环无破坏
	Ⅲ、Ⅳ、Ⅴ气候区			10 次冻融循环无破坏

注：气候区划分级按《建筑气候区划标准》（GB 50178—1993）中一级区划的Ⅰ～Ⅶ区执行。

16. 附件

在胶粉聚苯颗粒外保温系统中所采用的附件，包括密封膏、密封条、金属护角、盖口条等，应分别符合相应的产品标准的要求。

【小结】

本章以外墙保温系统为基础来讲述建筑保温节能材料。掌握建筑节能材料的分类及应用，了解外墙保温系统的构成，熟悉工程常用建筑节能材料的技术要求。

【思考与练习】

1. 建筑节能的定义是什么？建筑节能有何意义？
2. 简述常规节能材料的种类和各自的特点。
3. 简述各种新型建筑节能材料的种类与特点。
4. 简述膨胀聚苯板薄抹灰外墙外保温系统的组成与性能要求。
5. 简述胶粉基本颗粒外墙外保温系统的组成与性能要求。

第 *8* 章

建筑防水材料

教学目标

1. 掌握防水材料的定义和分类。
2. 学习石油沥青的组成，各组分的特点和石油沥青的技术指标，要求掌握三大指标的检测方法。
3. 学习并掌握屋面防水等级及地下工程防水等级的划分。
4. 学习并掌握防水卷材的分类、各种防水卷材的特点和检测方法。
5. 了解防水涂料的组成、分类和特点。
6. 了解胶黏剂的定义，类型和各自的特点。

8.1 防水材料概述及分类

8.1.1 建筑防水材料概述

防水材料是指能够起到防止雨水渗透、地下水或其他水分侵蚀渗透的一类材料。

防水工程决定了建筑物的使用功能，防水工程质量的好坏，取决于防水材料的性能。因此，建筑物具有防水功能是人们对其主要使用功能要求之一，而防水材料是实现这一功能要求的物质基础。防水材料的主要作用是对建筑物起到防渗漏、防潮作用，保护建筑物内部使用空间免受水的影响等。目前使用的防水材料主要有防水卷材、防水涂料和胶黏黏剂等。

8.1.2 防水材料分类及应用

防水材料种类繁多，主要有两种分类方式：一是按材质可分为沥青类方式防水材料、改性沥青类防水材料和合成高分子材料类防水材料；二是按供货形式可分为防水卷材、防水涂料和密封材料。沥青类防水材料是使用得最早的一类防水材料，但由于其性能较差，使用寿命较短，目前已逐步被改性沥青类防水材料和合成高分子类防水材料所取代。

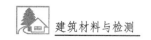

8.2 沥青材料

沥青材料属于有机胶凝材料，是由多种有机化合物构成的复杂混合物。在常温下，它呈固体、半固体或液体的状态，颜色呈辉亮褐色以至黑色。

沥青材料具有高黏滞性能，与混凝土、砂浆、金属、木材、石料等材料可很好地黏结在一起。它具有良好的不透水性、抗腐蚀性和电绝缘性；能溶解于汽油、苯、二硫化碳、四氯化碳、三氯甲烷等有机溶剂。高温时易于进行加工处理，常温下又很快地变硬，并且具有一定的抵抗变形的能力。因此，沥青被广泛地应用于建筑、铁路、道路、桥梁及水利工程中。

沥青按其在自然界中获得的方式，可分为地沥青和焦油沥青两大类。地沥青是在自然界天然出产或石油精制较高得到的沥青材料。按其产源又可分为：天然沥青（是指石油在自然条件下，长时间经受地球物理因素作用而形成的产物）、石油沥青。焦油沥青是指各种有机物（煤、木材、页岩等）干馏加工得到的焦油，再经加工而得到的产品。焦油沥青按其较高的有机物名称而命名，如由煤干馏所得到的煤焦油，再经加工后得到的沥青，即称为煤沥青；除此之外，还有木沥青、页岩沥青等。

沥青种类可按产源分类，见表 8-1 所示。

表 8-1 沥青分类

沥青	地沥青	石油沥青	石油原油经分馏提炼出各种轻质油品后的残留物，再经加工而得到的产物
		天然沥青	存在于自然界中的沥青
	焦油沥青	煤沥青	烟煤干馏得到煤焦油，煤焦油经分馏提炼出油品后的残留物，再经加工制得的产物即煤沥青
		木沥青	木材干馏得到木焦油
		页岩沥青	油页岩干馏得到页岩焦油

在工程中应用最为广泛的是石油沥青，其次是煤沥青，以及以沥青为原料通过加入表面活性物质而得到的乳化沥青，或者以沥青为原料通过加入改性材料而得到的改性沥青。

8.2.1 石油沥青

1. 石油沥青的生产

石油沥青是指由石油或石油衍生物经常压或减压蒸馏，提炼出汽油、煤油、柴油、润滑油等轻油分后的残渣，再经加工而得到的产品，其生产工艺如图 8-1 所示。

2. 石油沥青的分类

石油沥青的种类很多，从图 8-1 中就可看出，石油沥青包括常压渣油、减压渣油、直馏沥青、氧化沥青和溶剂沥青。

常压渣油和减压渣油都属于慢凝液体沥青。一般黏性较差，在常温时呈液体或黏稠膏状，低温时有粒状物质，加热时有熔蜡气味，粘在手上容易擦干净，拉之不易成丝而易中断。目前我国产的渣油，一般含蜡量较高（10%～20%）、稠度低、塑性差、黏结力较弱、热稳定性不好；但渣油也具有一些优点：闪点较高，一般在 200℃以上，施工比较安全；抗老化的性能较好；脆点很低，在-25℃左右，在低温时的塑性与抗裂性也较好。在 20 世纪六七十年代，渣油对改善我国一些交通量较大的公路的使用质量发挥了很大的作用。但是，由于上述渣油的缺点，它不能适应当前主要公路干线（如一、二级公路）和主要街道的交通情况，也不适宜修筑高级沥青面层。

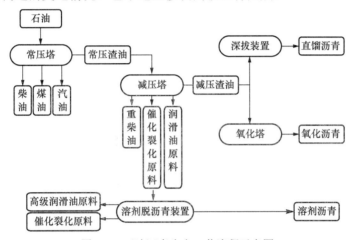

图 8-1　石油沥青生产工艺流程示意图

直馏沥青、氧化沥青和溶剂沥青均为黏稠沥青。氧化沥青与原渣油相比，其中的油分和树脂减少，地沥青质增多，石蜡含量几乎没变。因此，氧化沥青的稠度和软化点增加了，但延伸度没有得到改善。

有时为施工需要，希望在常温下沥青具有较大的施工流动性，且在施工完成后又能快速凝固而具有较高的黏结性能，为此在黏稠沥青中掺入煤油或汽油等挥发速度较快的有机溶剂，从而得到中凝液体沥青和快凝液体沥青。

快凝液体沥青所需有机溶剂成本高，同时要求石料必须是干燥的。为了节约溶剂用量和扩大其使用范围，可以采用将沥青分散在有乳化剂的水中，从而常成为乳化沥青。

为了更好地发挥石油沥青和煤沥青的优点，也可将这两者沥青按一定比例混合成一种稳定的胶体，这种胶体称为混合沥青。

石油沥青的种类繁多，有多种分类方式，见表 8-2。

表 8-2　石油沥青的分类

分类方式	主要品种	主要特点
按获得的方法分	渣油	包括常压渣油、减压渣油
	直馏石油沥青	均为黏稠沥青
	氧化石油沥青	
	溶剂石油沥青	

续表

分类方式	主要品种	主要特点
按用途分	建筑石油沥青	稠度大，塑性小，耐热性好
	道路石油沥青	稠度小，塑性好，耐热度低
	普通石油沥青	含蜡量较高（5%～20%），塑性、耐热性均差，且稠度过小，一般不能直接使用
按稠度大小分	黏稠石油沥青	—
	液体石油沥青	—

8.2.2 石油沥青的组分和结构

1. 石油沥青的组分

石油沥青的化学成分非常复杂，且其化学成分与其技术性质之间没有直接联系，有时虽然化学成分相同，但若原料或生产工艺及生产设备不同时，其技术性质仍然相差很大。因此，为了便于分析和研究，我们将石油沥青分离为化学性质相近，而且与其路用性质有一定联系的几个组，这些组就称为"组分"。

我国现行《公路工程里及沥青混合料试验规程》（JTJ052 T0617—1993）中规定有三组分和四组分两种分析法。三组分分析法将石油沥青分为油分、树脂和沥青质三个组分；四组分分析法将石油沥青分为饱和分、芳香分、胶质和沥青质。石油沥青各组分的情况见表8-3和表8-4。

表8-3 石油沥青三组分分析法的各组分情况

	平均分子量	外观特征	对沥青性质的影响	含量/%
油分	200～700	淡黄色透明液体	使沥青具有流动性，但其含量较多时，沥青的温度稳定性较差	40～60
树脂	800～3000	红褐色黏稠半固体	使沥青具有良好塑性和黏结性能	15～30
沥青质	1000～5000	深褐色固体微末状微粒	决定沥青的温度稳定性粘结性能	10～30

表8-4 石油沥青四组分分析法的各组分情况

	平均分子量	相对密度/(g/cm³)	外观特征	对沥青性质的影响
饱和分	625	0.89	无色液体	使沥青具有流动性，其含量的增加会使沥青的稠度降低
芳香分	730	0.99	黄色至红色液体	使沥青具有良好的塑性
胶质	970	1.09	棕色黏稠液体	具有胶溶作用，使沥青质胶团能分散在饱和分和芳香分组成的分散介质中，形成稳定的胶体结构
沥青质	3400	1.15	深棕色至黑色固体	在有饱和分存在的条件下，其含量的增加可使沥青获得较低的感温性

除了上述组分外，石油沥青中还含有其他化学组分，如石蜡及少量地沥青酸和地沥

青酸酐。我国富产石蜡基和中间基原油，因此我国产的石油沥青中石蜡的含量相对较高。石蜡是固体有害物质，会降低沥青的黏结性能、塑性、温度稳定性和耐热的性能，使得沥青在高温时容易发软，导致沥青路面出现车辙；而在低温时变得脆硬，导致路面出现裂缝；沥青黏结性能的降低，导致沥青与石子产生剥落，破坏沥青路面；更为严重的是，导致沥青路面的抗滑性能降低，影响行车安全。生产中常采用氯盐处理、高温吹氧、溶剂脱蜡等方法，使得多蜡沥青的技术性质得到改善，满足使用要求。

石油沥青的技术性能与各组分之间的比例密切相关。液体沥青中油分和树脂的含量较多，因此其流动性较好，而黏稠沥青中树脂和沥青质的含量相对较多，所以其热稳定性较好，且黏结性能也较好。当然沥青中各组分的比例并不是固定不变的，在大气因素长期作用下，油分会向树脂转变，而树脂会向沥青质转变，于是沥青中的油分、树脂会逐渐减少，沥青质含量会逐渐增多，使得沥青的流动性、塑性逐渐变小，脆性增加，直至断裂，这就是我们所说的老化现象。

2. 石油沥青的结构

沥青为胶体结构。在沥青中分子量很高的沥青质沥青的技术性能不仅取决于它的化学组分，而且也取决于它的胶体结构。

在沥青中，分子量很高的沥青质吸附极性较强的胶质，胶质中极性最强的部分吸附在沥青质的表面，然后逐步向外扩散，极性逐渐减小，直至于芳香分接近，称为分散在饱和分中的胶团，形成稳定的胶体结构。

根据沥青中各组分的相对含量，沥青的胶体结构可分为三种类型，即溶胶型结构、凝胶型结构和溶胶—凝胶型结构。

（1）溶胶型结构

当沥青中沥青质含量较少，同时有一定数量的胶质使得胶团能够完全胶溶而分散在芳香分和饱和分的介质中。此时，沥青质胶团相距较远，它们之间的吸引力很小，胶团在胶体结构中运动较为自由，这种胶体结构的沥青就称为溶胶型沥青。

这种结构沥青的特点是：稠度小，流动性大，塑性好，但温度稳定性较差。通常，大部分直馏沥青都属于溶胶型沥青。这类沥青在路用性能上，具有较好的自愈性，低温时的变形能力较强，但温度感应性较差。

（2）凝胶型结构

当沥青中沥青质含量较高，并有相当数量的胶质来形成胶团，这样，沥青质胶团之间的距离缩短，吸引力增加，胶团移动较为困难，形成空间网格结构，这就是凝胶型沥青。

这种结构的沥青的弹性和黏结性能较好，温度稳定性较好，但其流动性和塑性较差。在路用性能上表现为：虽然具有良好的温度感应性，但其低温变形能力较差。

（3）溶胶—凝胶型结构

当沥青中沥青质含量适当，并且有较多数量的胶质，所形成的胶团数量较多，距离相对靠近，胶团之间有一定的吸引力，这种介于溶胶与凝胶之间的结构就称为溶胶—凝胶型结构。

这类沥青的路用性能较好，高温时具有较低的感温性，低温时又具有较好的变形能

建筑材料与检测

力。大多数优质的石油沥青都属于这种结构类型。

8.2.3 石油沥青的主要技术性质

1. 物理性质

（1）密度

沥青密度是指在规定温度条件下，单位体积的质量，单位为 g/cm³ 或 kg/m³。沥青的密度与其化学组成有着密切的关系，通过对沥青密度的测定，可以大概了解沥青的化学组成。通常黏稠沥青的密度在 0.96～1.04g/cm³ 范围内。

（2）热膨胀系数

沥青在温度上升 1℃时，长度或体积的增长量就称为线膨胀系数或体膨胀系数，通常称为热膨胀系数。沥青路面的开裂与沥青混合料的温缩系数有关，而沥青混合料的温缩系数主要取决于沥青的热膨胀系数。

（3）介电常数

沥青介电常数与沥青的耐久性有关。据英国道路研究所的研究认为，沥青的介电常数与沥青路面的抗滑性有很好的相关性。现代高等级沥青路面要求其具有较高的抗滑性能。

（4）含水量

沥青几乎不溶于水，具有良好的防水性。但沥青并不是绝对不含水，沥青吸收水分取决于所含能溶解于水中的盐，沥青的盐含量越多，水作用时间越长，沥青中的水分含量就越大。

由于沥青中含有一定量的水分，在其加热过程中水分会形成泡沫，泡沫的体积随温度升高而增大，易发生溢锅现象，产生不安全隐患。

2. 黏滞性

沥青黏滞性（简称为黏性或稠度）是指沥青材料在外力作用下其材料内部阻碍（抵抗）产生相对流动（变形）的能力。它是沥青最重要的技术性质，与沥青路面的力学行为密切相关，且随沥青的化学组分和温度的变化而变化。当沥青质数量增加或油分减少，沥青的稠度就增加。在很大的温度范围内，沥青面层，特别是沥青混凝土和沥青碎石混合料面层的性质取决于沥青的稠度。同时，沥青的稠度对沥青和矿料混合料的工艺性质（如拌和及摊铺过程中的和易性以及压实）也有很大的影响。为了要获得耐久的道路面层，就要求沥青的稠度在道路面层工作的温度范围内变化程度要小些。

沥青的黏性通常用黏度表示。测定沥青黏度的方法有两种，即绝对黏度法和相对黏度法（又称为条件黏度法）。绝对黏度法比较复杂，工程实践中，常采用相对黏度测定法。

采用相对黏度测定法测定沥青黏度时，又根据沥青品种不同而不同。测定液体石油沥青、煤沥青和乳化沥青等的黏度，采用道路标准黏度计法；测定黏稠沥青常采用针入度试验法。

（1）标准黏度计法

液体沥青在规定温度（25℃或 60℃）条件下，经规定直径（3mm、4mm、5mm 和 10mm）的孔，漏下 50mL 所需的时间秒数，以符号 $C_{T,d}$ 表示，其中 C 为黏度，d 为孔径，T 为试验时沥青的温度。在相同温度和相同孔径条件下，流出定量沥青所需的时间越长，则沥青的黏度越大，其测定示意图如图 8-2 所示。

（2）针入度试验法

针入度试验是国际上经常用来测定黏稠沥青稠度的一种方法。该方法是黏稠沥青在规定温度（5℃、15℃、25℃和 35℃）条件下，以规定质量的标准针（100g），经规定时间（5s）沉入沥青中的深度，沉入深度 0.1mm 就称为 1 度，用符号 $P_{T,m,t}$ 表示，其中 P 为针入度，T 为试验温度，m 为标准针质量，t 为沉入时间。黏稠沥青的针入度值越大，表示其越软（稠度越小）。针入度试验法的测定示意图如图 8-3 所示。

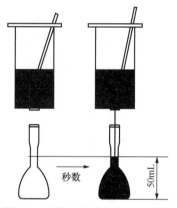

图 8-2 液体沥青黏度检测示意图

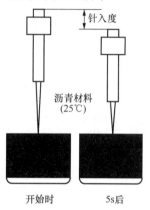

图 8-3 针入度测定示意图

3. 塑性

塑性（又称为延性）是指沥青在外力作用下产生塑性变形而不破坏的性质。塑性表示沥青开裂后自愈的能力以及受机械外力作用产生塑性变形而不破坏的能力。塑性与沥青的化学组分和温度有关。沥青之所以能被加工生产成柔性防水材料，很大程度上就取决于它的这种性质。同时，沥青矿料混合料的一个重要性质——低温变形能力与此时沥青的塑性也紧密相关。

沥青塑性用延度表示。按标准试验方法制作"8"字形标准试件，在规定温度（一般为 25℃）和规定速度（5cm/min）的条件下在延伸仪上进行拉伸，直至试件断裂时伸长的长度即定义为延度（单位：cm）。沥青延度仪示意图如图 8-4 所示。

4. 温度敏感性

沥青在外界温度增高时变软，在外界温度降低时变脆，其黏度和塑性随温度的变化而变化的程度因沥青品种不同而不同，这就是沥青的温度敏感性。对温度变化较敏感的沥青，其黏度和塑性随温度的变化较大。作为屋面柔性防水材料，就有可能由于日照的作用而产生软化和流淌，从而失去防水作用；而对于沥青路面，则有可能产生车辙，降低路面的使用性能。

沥青的温度敏感性又分为高温稳定性和低温脆裂性。高温稳定性用软化点表示；低温脆裂性用脆点表示。

（1）软化点

软化点是沥青材料由固体状态转变为具有一定流动性的黏塑状态的温度。采用"环球法"测定：将沥青试样装入规定尺寸的铜环中，再将规定尺寸和质量的钢球置于其上，再将两者放入有水或甘油的烧杯中，以5℃/min的加热速度至沥青软化下垂达到25.4mm时的温度，就为沥青软化点。沥青软化点的测定示意图如图8-5所示。

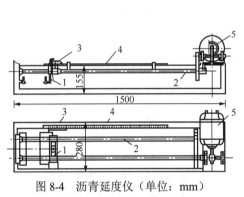

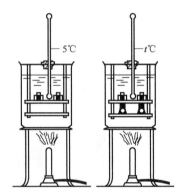

图 8-4　沥青延度仪（单位：mm）　　　　　　图 8-5　软化点测定（单位：mm）

1—滑动器；2—螺旋杆；3—指针；4—标尺；5—电动机

（2）脆点

脆点是沥青材料由黏塑状态转变为固体状态，并产生条件脆裂时的温度。试验方法较多，常采用的试验方法是：将一定量的沥青涂布在 40mm×20mm 的标准金属片上，然后将此片置于脆点仪弯曲器的夹钳上，将置于温度下降速度为 1℃/min 的装置内，启动弯曲器，使得温度每降低 1℃时，涂有沥青的金属片就被弯曲一次，直至弯曲时薄片上的沥青出现裂缝时的温度即为脆点。

5. 耐久性

采用现代技术修筑的高等级沥青路面，都要求具有较长的使用年限。沥青在石油过程中，长期受到环境热、阳光、大气、雨水以及交通等因素作用，各组分会不断递变，低分子的化合物会逐渐转变为高分子的物质，即表现为油分和树脂逐渐减少，地沥青质逐渐增多，从而使得沥青的流动性和塑性逐渐减小，硬度和脆性逐渐增加，直至脆裂，这个过程就称为沥青的老化。沥青的耐久性主要采用质量蒸发损失百分率和蒸发后的针入度表示。质量蒸发损失百分率是将沥青试样在 160℃下加热蒸发 5h，沥青所蒸发的质量与试样总质量的百分率。

6. 黏附性

沥青与集料的黏附性直接影响沥青路面的使用质量和耐久性，不仅与沥青性质有关，而且与集料的性质有关。沥青的黏附性常采用水煮法和水浸法检测（沥青混合料的最大粒径大于 13.2mm 时采用水煮法，小于或等于 13.2mm 时采用水浸法）。

水煮法时选取粒径为 13.2～19mm 形状接近正立方体的规则集料五个，经沥青包裹后，在蒸馏水中沸煮 3min，按沥青剥落的情况来评定沥青与集料的黏附性。水浸法时选取 9.5～13.2mm 的集料，称量规定质量的集料与一定质量的沥青在规定温度条件下拌和，冷却后在 80℃蒸馏水中保持 30min，然后按沥青剥落面积的百分率来评定黏附性。

7. 大气稳定性

大气稳定性是指石油沥青在大气因素的长期作用下抵抗老化的性能。沥青在大气因素如温度、阳光、空气和水的长期作用下，其组分是不稳定的，各组分之间会不断演变，油分和树脂会逐渐减少，沥青质含量会逐渐增加，从而使其物理性质也逐渐产生变化，稠度和脆性增加，这就是我们所说的老化现象。

沥青的老化分为两个阶段：第一阶段的老化可强化沥青的结构，使沥青与矿料颗粒表面的黏结得到加强；然后到达第二阶段——真正的老化阶段，这时沥青的稠度和脆性进一步增加，沥青结构遭到破坏，最终导致道路沥青面层的破坏。

沥青的大气稳定性除了与沥青本身的性能、大气因素作用的强烈程度有关，还与其他一些因素有关，如沥青使用过程中的温度状况、沥青混合料面层的密实程度。沥青在长时间加热或在高温下加热，会产生氧化和聚合反应，使得沥青结构发生变化，从而失去黏结的性能，同时也使得沥青在将来的使用过程中更容易老化。而且沥青混合料面层中存在的孔隙，会促使外界的空气和水的进入，加速沥青的老化过程。

8. 加热稳定性

沥青加热时间过长或过热，其化学组成会发生变化，从而导致沥青的技术性质产生不良变化，这种性质就称为沥青加热稳定性。沥青的加热稳定性通常采用测定沥青加热一定温度、一定时间后，沥青试样的重量损失，以及加热前后针入度和软化点的改变来表示。

9. 施工安全性

施工时，黏稠沥青需要加热使用。在加热至一定温度时，沥青中的部分物质会挥发成为气态，这种气态物质与周围空气混合，遇火焰时会发生闪火现象；若温度继续升高，挥发的有机气体继续增加，在与火焰时会发生燃烧（持续燃烧达 5s 以上）。开始出现闪火现象时的温度，称为闪点或闪火点；沥青产生燃烧时的温度，称为燃点。闪点和燃点的高低表明沥青引起火灾或爆炸的可能性大小，关系着使用、运输、储存等方面的安全。

闪点和燃点是保证沥青加热质量和施工安全的一项重要指标。其试验方法是，将沥青试样盛于试验仪器的标准杯中，按规定加热速度进行加热。当加热达到某一温度时，点火器扫拂过沥青试样任何一部分表面，出现一瞬即灭的蓝色火焰状闪光的温度即为闪点；按规定的加热速度继续加热，至达点火器扫拂过沥青试样表面时发生燃烧火焰，并持续 5s 以上，此时的温度即为燃点。

8.2.4 石油沥青的标号及质量标准

1. 建筑石油沥青、道路石油沥青和普通石油沥青的技术标准与标号

石油沥青按用途可分为建筑石油沥青、道路石油沥青和普通石油沥青。在我国现行的石油沥青技术标准中，建筑石油沥青应符合《建筑石油沥青》（GB/T 494—2010）的要求，道路石油沥青应符合《道路石油沥青》（SH 0522—2000）的要求，普通石油沥青应符合《普通石油沥青》（SYB 1665—62S）的要求，具体技术指标见表 8-5。

表 8-5 道路石油沥青、建筑石油沥青和普通石油沥青技术标准

项　目	道路石油沥青							建筑石油沥青		普通石油沥青		
	200	180	140	100甲	100乙	60甲	60乙	30	10	75	65	55
针入度（25℃，100g），0.1mm	201~300	161~200	121~160	91~120	81~120	51~80	41~80	25~40	10~25	75	65	55
延度（25℃），≥/cm	—	100	100	90	60	70	40	3	1.5	2	1.5	1
软化点（环球法）/℃	30~45	35~45	38~48	42~52	42~52	45~55	45~55	≥70	≥95	≥60	≥80	≥100
溶解度（三氯乙烯，三氯甲烷或苯），≥/%	99.0	99.0	99.0	99.0	99.0	99.0	99.0	99.5	99.5	98	98	98
蒸发损失（163℃，5h），≤/%	1	1	1	1	1	1	1	1	1	—	—	—
蒸发后针入度比，≥/%	50	60	60	65	65	70	70	65	65	—	—	—
闪点（开口），≥/℃	180	200	230	230	230	230	230	230	230	230	230	230

从表 8-6 中可看出，石油沥青的标号主要是根据针入度以及相应延度和软化点来划分的，因此，我们又习惯把针入度、延度、软化点称为"三大指标"。

建筑石油沥青有 10 号、30 号两个标号；道路石油沥青有 200 号、180 号、140 号、100 号和 60 号共五个标号，其中 100 号和 60 号沥青又可根据延度的大小分为甲、乙两个副标号；普通石油沥青有 55 号、65 号和 75 号三个标号。

标号越高，沥青的稠度就越小（即针入度越大），塑性越好（即延度越大），温度敏感性越大（即软化点越低）。

普通石油沥青含蜡量较高，温度稳定性差，在其软化点温度时几乎液化。与软化点大体相同的建筑石油沥青相比较，其针入度较大（稠度较小）、塑性较差，在建筑工程上不宜直接使用，可采用吹气氧化的方法以改善其性能。

2. 黏稠石油沥青和液体石油沥青的技术标准与标号

石油沥青按稠度大小分为黏稠石油沥青和液体石油沥青。而黏稠石油沥青按使用道路的交通量又可分为中、轻交通量道路石油沥青和重交通量大量石油沥青，其技术标准见表 8-6 和表 8-7。

中、轻交通量道路石油沥青的标准相当于石油化工行业标准《道路石油沥青》（SH 0522—2000）规定的标准。该标准是将道路石油沥青按针入度值划分为 A-60、A-100、A-140、A-180 和 A-200 五个标号，其中 A-60 和 A-100 又可按延度指标划分为甲、乙两个副标号。

表 8-6　中、轻交通量道路石油沥青的技术标准（JTJ052 M0671—1993）

标号		A-200	A-180	A-140	A-100 甲	A-100 乙	A-60 甲	A-60 乙
针入度 $P_{25℃, 100g, 5s}$（1/10mm）		200～300	160～200	120～160	90～120	80～120	50～80	40～80
延度（25℃，5cm/min），≥/cm		—	100	100	90	60	70	40
软化点（环球法）/℃		30～45	35～45	38～48	42～52	42～52	45～55	45～55
溶解度（三氯乙烯），≥/%		99.0	99.0	99.0	99.0	99.0	99.0	99.0
蒸发损失试验（163℃，5h）	质量损失/%	1	1	1	1	1	1	1
	针入度比/%	50	60	60	65	65	70	70
闪点，≥/℃		180	200	230	230	230	230	230

按《沥青路面施工及验收规范》（GB 50092—96）规定，重交通量的公路或城市道路路用沥青，应满足重交通量道路沥青技术要求（表 8-8）。该标准按针入度将沥青划分为 AH-50、AH-70、AH-90、AH-110 和 AH-130 五个标号。

表 8-7　重交通量道路石油沥青的技术标准（JTJ052 M0671—1993）

标号		AH-130	AH-110	AH-90	AH-70	AH-50
针入度 $P_{25℃, 100g, 5s}$（1/10mm）		121～140	101～120	81～100	61～80	41～60
延度（25℃，5cm/min），≥/cm		100	100	100	90	60
软化点（环球法），≥/℃		38～48	40～50	42～52	44～54	45～55
溶解度（三氯乙烯），≥/%		99.0	99.0	99.0	99.0	99.0
薄膜烘箱加热试验（163℃，5h）	质量损失，≤/%	1.3	1.2	1.0	0.8	0.6
	针入度比，≥/%	45	48	50	55	58
	延度（25℃），≥/cm	75	75	75	50	40
闪点，≥/℃		230	230	230	230	230

道路液体石油沥青按凝结速度分为快凝 AL（R）、中凝 AL（M）和慢凝 AL（S）三个等级，其中快凝液体石油沥青按黏度分为 AL（R）-1 和 AL（R）-2 两个标号；中凝液体石油沥青按黏度分为 AL（M）-1，…，AL（M）-6 共六个标号；慢凝液体石油沥青按黏度分为 AL（S）-1，…，AL（S）-6 共 6 个标号。道路液体石油沥青的质量标准见表 8-8。

表8-8 道路液体石油沥青的技术标准

标号		快凝		中凝						慢凝					
		AL(R)-1	AL(R)-2	AL(M)-1	AL(M)-2	AL(M)-3	AL(M)-4	AL(M)-5	AL(M)-6	AL(S)-1	AL(S)-1	AL(S)-1	AL(S)-1	AL(S)-1	AL(S)-1
黏度/s	$C_{25,5}$	<20	—	<20	—	—	—	—	—	<20	—	—	—	—	—
	$C_{60,5}$	—	5~15	—	5~15	16~25	26~40	41~100	101~200	—	5~15	16~25	26~40	41~100	101~180
蒸馏试验馏出量≤/%	225℃前	>20	>15	<10	<7	<3	<2	0	0	—	—	—	—	—	—
	315℃前	>35	>30	<35	<25	<17	<14	<8	<5	—	—	—	—	—	—
	360℃前	>45	>34	<50	<35	<30	<25	<20	<15	<40	<35	<25	<20	<15	<5
蒸馏后残留物性质	针入度 $P_{25℃, 100g, 5s}$ (1/10mm)	60~200	60~200	100~300	100~300	100~300	100~300	100~300	100~300	—	—	—	—	—	—
	延度(25℃,5cm/min),≥/cm	60	60	60	60	60	60	60	60	—	—	—	—	—	—
	浮标(50℃)/s	—	—	—	—	—	—	—	—	<50	>20	>30	>40	>45	>45
闪点,≥/℃		30	30	65	65	65	65	65	65	70	70	100	100	120	120
含水量,≤/%		0.2	0.2	0.2	0.2	0.2	0.2	0.2	0.2	0.2	0.2	0.2	0.2	0.2	0.2

3. 石油沥青在工程中的应用

沥青材料最早的应用就与水利工程有关。在 3000 年前，天然沥青与砂石混合就曾应用于底格里斯河石堤的防水中。

建筑石油沥青稠度较大，软化点较高，耐热性能较好，但塑性较差，主要用作于生产柔性防水卷材、防水涂料和沥青嵌缝材料，它们绝大部分用于建筑屋面防水、建筑地下防水，以及沟槽防水和管道防腐等工程部位。常用的柔性防水卷材有：纸胎油毡、石油沥青玻璃布油毡、石油沥青玻璃纤维胎油毡、铝箔面油毡、SBS 改性沥青防水卷材、APP 改性沥青防水卷材，以及各种合成高分子防水卷材；常用的防水涂料有：沥青冷底子油、沥青胶、水乳型沥青防水涂料、改性沥青防水涂料以及有机合成高分子防水涂料；常用的建筑密封材料有：沥青嵌缝油膏、聚氨酯密封膏、聚氯乙稀接缝膏、丙烯酸酯密封膏以及硅酮密封膏。在应用沥青过程中，为了避免夏季流淌，一般屋面选用的沥青材料的软化点应该比该地区屋面最高温度高 20℃。若选择具有较低的软化法的沥青材料，则沥青容易产生夏季流淌；若选择具有过高的软化点的沥青材料，则沥青在冬季低温时易产生硬脆，甚至开裂。

在道路工程中选用沥青材料时，应根据工程的性质、当地的气候条件，以及工作环境来选用沥青。道路石油沥青主要用于道路路面等工程，一般拌制成沥青混合料或沥青砂浆使用。在应用过程中需控制好加热温度和加热时间。沥青在使用过程中若加热温度过高或加热时间过长，都将使沥青的技术性能发生变化；若加热温度过低，则沥青的黏滞度就不会满足施工要求。沥青合适的加热温度和加热时间，应根据达到施工最小黏滞度的要求并保证沥青最小程度地改变原来性能的原则，同时根据当地实际情况来加以确定。同时，在应用过程中还应进行严格的质量控制。其主要内容应包括：在施工现场随机抽取试样，按沥青材料的标准试验方法进行检验，并判断沥青的质量状况；若沥青中含有水分，则应在使用前脱水，脱水时应将含有水分的沥青徐徐倒入锅中，其数量以不超过油锅容积的一半为度，并保持沥青温度为 80～90℃。在脱水过程中应经常搅动，以加速脱水速度，并防止溢锅，待水分脱净后，方可继续加入含水沥青，沥青脱水后方可抽取时试样进行试验。

在道路工程中应用时，沥青材料需要满足以下要求：

1）沥青材料硬具有适当的稠度和黏结性能。这些性能使得沥青能均匀地分布在矿料颗粒之间，并能牢固地吸附在矿料颗粒的表面，在压实后能形成比较均匀、密实的结构层。沥青材料稠度的选择主要根据施工条件、地区气候条件和矿料的质量状况来确定。若当地气候炎热，且施工气温较高，则宜选用稠度较高的沥青；若当地气候较冷，且施工气温较低，则宜选用稠度较低的沥青。一般来说，南方地区选用的稠度要比北方地区高，东北重冰冻地区应选用稠度低的沥青。同一地区，夏季施工选用的沥青稠度应比气温较低的季节施工所用的沥青稠度要高。修筑沥青混凝土面层应比其他层所用的沥青稠度要高一些。重交通道路上应比轻交通道路上所选用的沥青稠度要高一些。

2）沥青材料应具有一定的塑性。道路路面在行车荷载的作用下，允许产生一定的变形而不开裂。

3）沥青材料应具有足够的温度稳定性。当温度变化时，沥青的稠度和塑性也会随之发生变化。若沥青的温度稳定性较差，在夏季沥青就会变得过分软，从而降低沥青混合料的强度，在行车荷载的作用下沥青面层会产生波浪、推挤等损坏现象；而在冬季气温很低，沥青稠度增大，导致沥青变脆，引起道路面层开裂。

4）沥青材料要具有足够的大气稳定性。

5）沥青材料与矿料颗粒表面应具有良好的黏附力。在矿料干燥时，沥青材料能牢固地包覆在矿料颗粒表面，且这种包覆不因水分的作用而遭到破坏，即不易产生剥离现象。

8.3　屋面防水等级及地下工程防水等级

屋面工程根据建筑物的性质、重要程度和使用功能的要求，将建筑屋面防水等级分为Ⅰ级、Ⅱ级、Ⅲ级和Ⅳ级，防水层合理使用年限分别规定为25年、15年、10年和5年，并根据不同的防水等级规定防水层的材料选用及设防要求。

8.3.1　屋面防水等级

屋面防水等级和设防要求见表8-9。一道防水设防是具有单独防水能力的一道防水层。屋面防水层多道设防时，可采用同种卷材叠层或不同卷材复合，也可采用卷材、涂膜复合，刚性防水和卷材或涂膜复合等。

表 8-9　屋面防水等级和设防要求

项目	屋面防水等级			
	Ⅰ	Ⅱ	Ⅲ	Ⅳ
建筑物类别	特别重要或对防水有特殊要求的建筑	重要的建筑和高层建筑	一般的建筑	非永久性的建筑
防水层合理使用年限	25 年	15 年	10 年	5 年
防水层选用材料	宜选用合成高分子防水卷材、高聚物改性沥青防水卷材、金属板材、合成高分子防水涂料、细石混凝土等材料	宜选用高聚物改性沥青防水卷材、合成高分子防水卷材、金属板材、合成高分子防水涂料、高聚物改性沥青防水涂料、细石混凝土、平瓦、油毡瓦等材料	宜选用三毡四油沥青防水卷材、高聚物改性沥青防水卷材、合成高分子防水卷材、金属板材、高聚物改性沥青防水涂料、合成高分子防水涂料、细石混凝土、平瓦、油毡瓦等材料	可选用二毡三油沥青防水卷材、高聚物改性沥青防水涂料等材料
设防要求	三道或三道以上防水设防	二道防水设防	一道防水设防	一道防水设防

8.3.2　地下工程防水等级标准及适用范围

地下工程根据建筑物的性质、重要程度和使用功能的要求，分为Ⅰ级、Ⅱ级、Ⅲ级和Ⅳ级。

1）Ⅰ级：不允许渗水，结构表面无湿渍，人员长期停留的场所；因有少量湿渍会使物品变质、失效的贮物场所及严重影响设备正常运转和危及工程安全运营的部位；极重要的战备工程。

2）Ⅱ级：不允许漏水，结构表面可有少量湿渍；工业与民用建筑：湿渍总面积不大于总防水面积的 1%，单个湿渍面积不大于 $0.1m^2$，任意 $100m^2$ 防水面积不超过一处；

3）Ⅲ级：有少量漏水点，不得有线流和漏泥沙；单个湿渍面积不大于 $0.3m^2$，单个漏水点的漏水量不大于 2.51L/d，任意 $100m^2$ 防水面积不超过七处，人员临时活动的场所；一般战备工程。

4）Ⅳ级：有漏水点，不得有线流和漏泥沙；整个工程平均漏水量不大于 $2L/m^2 \cdot d$，任意 $100m^2$ 防水面积的平均漏水量不大于 $4L/m^2 \cdot d$，对渗漏水无严格要求的工程。

5）其他地下工程：湿渍总面积不大于总防水面积的 6‰，单个湿渍面积不大于 $0.2m^2$，任意 $100m^2$ 防水面积不超过四处，人员经常活动的场所；在有少量湿渍的情况下不会使物品变质、失效的贮物场所及基本不影响设备正常运转和工程安全运营的部位；重要的战备工程。

8.4　防　水　卷　材

8.4.1　防水卷材的品种

1. 石油沥青纸胎油毡

长期以来，沥青油毡一直是我国用作屋面防水的主要材料。普通石油沥青油毡根据原纸每平方米质量的克数划分标号，有 200 号、350 号和 500 号等，在建筑及其他工程中一般使用 350 号和 500 号的石油沥青油毡，而 200 号石油沥青油毡仅用于简单的、临时性的建筑防水、防潮及包装等。

石油沥青纸胎油毡是用低软化点石油沥青浸渍原纸，然后用高软化点石油沥青涂盖油纸两面，再撒以撒布材料（如云母片、滑石粉等）所制成的纸胎防水卷材。

普通油毡原纸是一种以破布、旧棉、麻和废纸等原料制成的板纸。沥青防水卷材质量的好坏在很大程度上取决于原纸的质量，如原纸每平方米的质量、原纸的疏松度（原纸对浸渍材料的吸收能力和吸收速度）、原纸的机械性能（在一定条件下原纸对外力的抵抗程度）、原纸的水分含量及外观质量。

国家标准《石油沥青纸胎油毡》（GB 326—2007）规定的石油沥青纸胎油毡的技术性能指标，见表 8-10。

表 8-10　石油沥青纸胎油毡的技术指标

项　目	标　号					
	200 号		350 号		500 号	
	品　种					
	粉毡	片毡	粉毡	片毡	粉毡	片毡
质量/kg	≥17.5	≥20.5	≥28.5	≥31.5	≥39.5	≥42.5
每卷油毡总面积/m^2	20±0.3					

续表

项　目	标　号					
	200 号		350 号		500 号	
	品　种					
	粉毡	片毡	粉毡	片毡	粉毡	片毡
单位面积近土材料密度/(g/m³)	≥600		≥1000		≥1400	
压力/MPa	≥0.05		≥0.1		≥0.15	
保持时间/min	≥15		≥30		≥30	
吸水性/%	≤1.0	≤3.0	≤1.0	≤3.0	≤1.0	≤3.0
耐热皮	在（85±2）℃温度下受热 5h，涂盖层应无滑动和集中性气泡					
纵向拉力[(25±2)℃]/N	≥240		≥340		≥440	
柔度[(18±2)℃]	绕 φ20mm 圆棒无裂缝				绕 φ25mm 圆棒无裂缝	

由于纸胎油毡的防水性、耐久性较差，施工质量难以保证而造成屋面漏水，有些地区已禁止或限制使用纸胎油毡。

2. 改性沥青油毡

对沥青改性，可改善沥青的性能，而生产成本又不会增加很多，所以改性沥青油毡在各国的防水材料中都占有重要的位置。新型改性沥青油毡的出现，使屋面防水材料的质量大大提高。

（1）SBS 改性沥青油毡

SBS（苯乙烯-丁二烯-苯乙烯共聚物）是对沥青进行改性处理效果最好的高分子材料。

SBS 改性沥青油毡具有优良的力学性能和复原性，故能适应基层较大的变形。除用于一般工业与民用建筑防水外，尤其适用于高级和高层建筑的屋面、地下室、卫生间的防水防潮，以及桥梁、停车场、屋顶花园、游泳池、蓄水池等建筑的防水，也可用于旧建筑物屋面及地下渗漏的修复。由于卷材具有良好的低温柔性和极高的弹性与延伸性，特别适用于北方寒冷地区和结构易变形的建筑物防水。SBS 改性沥青卷材的品种和技术性能见表 8-11 和表 8-12。

表 8-11　SBS 改性沥青卷材品种（GB 18242—2000）

上标面材料　　胎基	聚酯胎	玻纤胎
聚乙烯膜	PY-PE	G-PE
细砂	PY-S	G-S
矿物粒（片）料	PY-M	G-M

表 8-12　SBS 改性沥青卷材的技术性能（GB 18242—2000）

胎基			PY		G	
型号			I	II	I	II
可溶物含量/(g/cm³)		2mm	—		1300	
		3mm	2100			
		4mm	2900			
不透水性	压力，≥/MPa		0.3		0.2	0.3
	保持时间，≥/min		30			
耐热度/℃			90	105	90	105
			无滑动、流淌、滴落			
拉力（N/50mm），≥		纵向	450	800	350	500
		横向			250	300
最大拉力时伸长率		纵向	30	40	—	
		横向				
低温柔度/℃			−18	−25	−18	−25
			无裂纹			
撕裂强度，≥/N		纵向	250	350	250	350
		横向			170	200
人工气候加速老化	外观		1 级			
			无滑动、流淌、滴落			
	拉力保持率，≥/%	纵向	80			
	低温柔度（℃）		−10	−20	−10	−20
			无裂纹			

（2）APP 改性沥青油毡

无规聚丙烯（APP）也是对沥青进行改性处理效果良好的一类高分子材料，它是生产有规聚丙烯（IPP）时的副产品，不结晶，呈蜡状低聚物，无明显熔点。APP 加入量一般为 25%～30%，其优点是可大幅度提高沥青的软化点，并使其低温柔性明显改善。

APP 改性沥青油毡是以优质聚酯毡或玻纤毡为胎体，经氧化沥青轻度浸渍后，两面涂覆 APP 改性沥青，上表面撒布细砂或绿页岩片，下表面覆盖聚乙烯薄膜或撒布细砂而成为沥青类防水卷材。该类卷材抗拉强度大，断裂伸长率高，具有良好的弹塑性、耐高、低温和抗老化性。在−50℃温度下不龟裂，120℃下不变形，150℃下不流淌，老化期可达 20 年以上，而且使用方便，易于修补。聚酯毡为胎基的卷材抗拉性能好，断裂伸长率高，具有很强的抗穿刺和抗撕裂能力。无纺玻纤毡卷材的特点是成本低，耐细菌腐蚀性和尺寸稳定性好，但抗拉强度和断裂伸长率较低。

APP 改性沥青油毡适用于各种屋面、墙体、地下室等一般工业和民用建筑的防水，也可用于水池、桥梁、公路、机场跑道的防水、防护工程，也适用于各种金属容器、管道的防腐保护。由于该类油毡的耐高温性能和耐老化性能都较好，特别适用于炎热地区。

我国目前生产的 APP 改性沥青油毡的规格为幅宽 1m，卷长 10m，厚度分别为 2mm，3mm，4mm，5mm。APP 改性沥青卷材的技术性能指标应符合标准（GB 18243—2008）

要求，见表 8-13。

表 8-13　APP 改性沥青卷材物理力学性能

胎基			PY		G	
型号			I	II	I	II
可溶物含量/(g/cm³)		2mm	—		1300	
		3mm	2100			
		4mm	2900			
不透水性	压力，≥/Mpa		0.3		0.2	0.3
	保持时间，≥/min		30			
耐热度（℃）			100	130	100	130
			无滑动、流淌、滴落			
拉力，≥/(N/50mm)		纵向	450	800	350	500
		横向			250	300
最大拉力时断裂伸长率		纵向	25	40	—	
		横向				
低温柔度（℃）			−5	−15	−5	−15
			无裂纹			
撕裂强度，≥/N		纵向	250	350	250	350
		横向			170	200
人工气候加速老化	外观		1 级			
			无滑动、流淌、滴落			
	拉力保持率，≥/%	纵向	80			
	低温柔度（℃）		3	−10	3	−10
			无裂纹			

APP 改性沥青油毡常用的施工方法为焰炬烘烧法和热油浇注法，油毡边缘也可用热风法黏结。

3. 铝箔塑胶聚酯油毡

铝箔塑胶聚酯油毡是以聚酯毡为胎体，以合成橡胶和树脂等高分子聚合物共混改性沥青作涂盖材料，以铝箔为反光表面保护层，经过配料、浸涂、复合等工序制成的复合型弹塑性防水卷材。

该卷材对阳光的反射率高，能抗老化，延长油毡的使用寿命，并能降低房屋顶层的室内温度。对基层伸缩或开裂变形的适应性强，延伸性、弹塑性较好，冷作业施工时，工序简便，适用于新建和维修的各种屋面防水工程。

保定第二橡胶厂生产的该类产品的技术性能见表 8-14。

表 8-14　铝箔塑胶聚酯油毡的技术性能指标

技 术 性 能	指 标	技 术 性 能	指 标
抗拉强度/MPa	≥2.5	耐热度（℃），加热 2h 涂盖层无滑动和集中气泡	85
断裂伸长率/%	≥50	阳光反射率/%	≥70
脂胶撕裂强度/(kN/m)	≥15	吸水性/%	≤2.0
柔性（−10℃，绕 ϕ20m 棒）	无裂纹	不透水性（0.2MPa 水压，30min）	合格

4. 三元乙丙橡胶（EPDM）防水卷材

三元乙丙橡胶是乙烯、丙烯和少量双环成二烯的共聚物。因为其分子链中的主链为完全饱和结构，当受到外加能量或力的作用时，主链不易发生断裂，所以它有优异的耐气候性、耐老化性，而且抗拉强度高，断裂伸长率大，对基层伸缩或开裂的适应性强。另外，三元乙丙橡胶卷材质量轻，使用温度范围宽（−40～+80℃范围内可长期使用），可冷施工，操作简便，对环境的污染较轻，是一种高效防水材料。它适用于各种建筑物的屋面、地下工程以及桥梁、隧道工程的防水，排灌渠道、水库、蓄水池、污水处理池的防水隔水等。三元乙丙橡胶防水卷材的技术指标见表 8-15。

采用三元乙丙橡胶防水卷材的防水结构一般为单层防水结构，施工所使用的其他原材料主要有：

1）基层处理剂：主要是为了防止基层渗出水分及提高水泥砂浆或混凝土基层的胶黏性能。一般用聚氨酯—煤焦油系的二甲苯稀释溶液，也可用乳化沥青。

2）基层胶黏剂：用于防水卷材与基层的黏结，一般是以氯丁橡胶和丁基酚醛树脂为主的溶剂型橡胶胶黏剂。

3）卷材接缝胶黏剂：主要用于卷材与卷材搭接处的黏结。一般选用以丁基橡胶和硫化剂组成的双组分常温硫化型胶粘剂，分 A、B 液包装，按 1∶1 比例混合使用。

4）表面着色剂：使卷材表面不受阳光直射和降低卷材表面的温度，一般由三元乙丙橡胶的甲苯溶液和铝粉等配制而成。

表 8-15　三元乙丙橡胶防水卷材的技术性能

项目名称		一等品	合格品
抗拉强度(常温)/MPa		≥8	≥7
断裂伸长率/%		≥450	
直角撕裂强度(常温)/(N/cm)		≥280	≥245
脆性温度/℃		≤−45	≤−40
不透水性（30min）/MPa	0.3/MPa，30min	合格	—
	0.1/MPa，30min	—	合格
加热伸缩量/mm	延伸	<2	
	收缩	<4	

续表

项目名称		一等品	合格品
黏合性能（胶与胶）	无处理	合格	
	热空气老化（80℃，168h）	合格	
	耐碱性[10%Ca(OH)₂，168h]	合格	
热空气老化（80℃，168h）	拉伸强度变化率/%	−20～40	−20～50
	断裂伸长率变化率，减少值不超过/%	30	
	撕裂强度变化率/%	−40～40	−50～50
耐碱性[10%Ca(OH)₂，168h，室温]	拉伸强度变化率/%	−20～20	
	扯断伸长率变化率，减少值不超过/%	20	
热老化（80℃，168h），伸长率100%		无裂纹	
臭氧老化	500pphm，168h，40℃，伸长率40%，静态	无裂纹	—
	100pphm，168h，40℃，伸长率40%，静态	—	无裂纹
拉伸强度/MPa	−20℃	≤15	
	60℃	≥25	
断裂伸长率（−20℃）（%）		≥200	
直角形撕裂强度/(N/m)	−20℃	≤490	
	60℃	≥74	

5. 聚氯乙烯（PVC）防水卷材

聚氯乙烯防水卷材是以聚氯乙烯树脂为主要成分，掺入改性材料和增塑剂、填充料等添加剂，以挤出制片法或压延法制成的防水材料。

PVC防水卷材属于高分子材料，具有抗渗性能好、抗撕裂强度较高、低温柔性较好的特点，而且热熔性好，卷材接缝时，既可黏结，又可采用热熔焊接的工艺，采用单层屋面防水构造，可冷粘贴施工，操作较简便，适用于做大型屋面板、空心板的防水层，亦可作刚性层下的防水层及旧建筑物混凝土屋面的修缮，以及地下室或地下工程的防水、防潮，水池、污水处理池的防渗，有一定耐腐蚀要求的地面工程的防水、防渗。

目前，我国聚氯乙烯防水卷材的主要品种有聚氯乙烯柔性卷材、聚氯乙烯复合卷材以及自黏性聚氯乙烯卷材。前者为无增强单层卷材，第二类多以玻璃纤维毡或聚酯网（或毡）增强；后者则是在卷材的一侧涂刷压敏胶，并贴上一层隔离纸，施工时只需将隔离纸撕去，即可进行粘贴。

国家标准《聚氯乙烯防水卷材》（GB 12952—2003）根据其材料分为两大类，即P型卷材和S型卷材。前者以增塑聚氯乙烯为基料；后者以煤焦油与聚氯乙烯树脂混溶料为基料。聚氯乙烯防水卷材的技术性能应符合标准《聚氯乙烯防水卷材》（GB 12952—2003）要求，见表8-16。

表 8-16　聚氯乙烯（PVC）防水卷材性能（GB 12952—2003）

品　种	项　目		指　标		
			优等品	一等品	合格品
无胎增塑卷材	抗拉强度/MPa		≥15.0	≥10.0	≥7.0
	断裂伸长率/%		≥250	≥200	≥150
	热处理尺寸变化率/%		≤2.0	≤2.0	≤3.0
	低温弯折性（不裂）/℃		≤-20	≤-20	≤-20
	抗渗透性（2×10⁵Pa，24h）		无渗漏	无渗漏	无渗漏
	抗穿孔性		无孔洞	无孔洞	无孔洞
	剪切状态下黏合性/(N/mm)		≥2.0	≥2.0	≥2.0
	热老化处理	抗拉强度相对变化率/%	≤±20	≤±20	≤±25
		断裂伸长率相对变化率/%	≤±20	≤±20	≤±25
		低温弯折性（不裂）/℃	≤-20	≤-20	≤-15
	人工老化处理	抗拉强度相对变化率/%	≤±20	≤±20	≤±25
		断裂伸长率相对变化率/%	≤±20	≤±20	≤±25
		低温弯折性（不裂）/℃	≤-20	≤-20	≤-15
煤油性卷材	抗拉强度/MPa		—	≥5.0	≥2.0
	断裂伸长率/%		—	≥200	≥120
	热处理尺寸变化率/%		—	≤5.0	≤7.0
	低温弯折性(不裂)/℃		—	≤-20	≤-20
	抗渗透性（2×10⁵Pa，24h）		—	无渗漏	无渗漏
	抗穿孔性		—	无孔洞	无孔洞
	剪切状态下黏合性/(N/mm)		—	≥2.0	≥2.0
	热老化处理	抗拉强度相对变化率/%	—	≤±25	≤+50 ≤-30
		断裂伸长率相对变化率/%	—	≤±25	≤+50 ≤-30
		低温弯折性(不裂)/℃	—	≤-20	≤-10
	人工老化处理	抗拉强度相对变化率/%	—	≤±25	≤+50 ≤-30
		断裂伸长率相对变化率/%	—	≤±25	≤+50 ≤-30
		低温弯折性(不裂)/℃	—	≤-20	≤-10

6. 氯化聚乙烯橡胶（CPER）防水卷材

氯化聚乙烯橡胶防水卷材是以氯化聚乙烯合成橡胶为基料，使用或不使用玻璃纤维网格布增强，经压延贴合而成的防水材料。由于氯化聚乙烯分子结构的饱和性，主链不易发生断裂，具有优良的性能。其强度高，断裂伸长率大，收缩率低，耐酸、耐碱、耐气候性好，耐燃，使用温度范围宽，可在-50～+80℃气温条件下使用，且质量轻，使用

建筑材料与检测

寿命长。

氯化聚乙烯橡胶防水卷材的综合性能接近三元乙丙橡胶防水卷材,但价格比前者低10%~20%,施工方便,可常温冷操作,一层粘贴,施工周期短,且对环境无污染。

该类卷材适用于各种工业和民用建筑的屋面防水,各类地下工程的防水以及作浴室和蓄水池的防水层。

氯化聚乙烯橡胶防水卷材的技术性能见表8-17。

表8-17 氯化聚乙烯橡胶防水卷材的技术性能

项 目	指 标		
	常熟玻璃钢厂	绍兴市橡胶厂	北京航空材料厂
抗拉强度/MPa	≥9.8	≥9.8	≥10.0
断裂伸长率/%	≥10(布断) ≥100(胶断)	≥100(胶断)	≥10
撕裂强度/(N/cm)	390	—	—
不透水性	0.3MPa,2h 不透水	0.3MPa,2h 不透水	0.3MPa,2h 不透水
脆性温度/℃	−25,绕φ10mm棒弯曲180°不裂	−30,绕φ10mm棒不裂	−30
耐热老化性(80℃,168h变化率)	≤−10	强度不下降	100℃1个月强度不下降
耐臭氧性(1000ppHm,40℃,24h)	无裂纹	无裂纹	无裂纹

8.4.2 防水卷材的检测

防水卷材的检测项目有:卷重、面积、厚度、外观、不透水性、耐热度、拉力、最大拉力时断裂伸长率、低温柔度。

1. 抽样

以同一类型、同一规格10 000m²为一批,不足10 000m²时亦可作为一批,在每批产品中随机抽取五卷进行卷重、面积、厚度与外观检查,然后从卷重、面积、厚度及外观合格的产品中随机抽取一卷进行物理力学性能试验。

2. 卷重、面积、厚度与外观检测

在抽取的五卷样品中各项检查结果均符合规定时,判定其卷重、面积、厚度与外观合格;若其中一项不符合规定时,允许在该批产品中另取五卷样品,对不合格项进行复查,如全部达到标准规定时则判定为合格,若仍不符合标准,则判定该批产品不合格。

检测方法如下:
1)卷重:用最小分度值为0.2kg的磅称称量每卷卷材的质量;
2)面积:用最小分度值为1mm卷尺在卷材两端和中部三处测量宽度、长度;以长度乘以宽度的平均值求得每卷卷材面积;

214

3）厚度：用最小分度值为 0.02mm 的游标卡尺沿卷材宽度方向测量五点，距卷材长度边缘（150±15）mm 向内各取一点，在两点中均分其余三点，计算五点的平均值作为该卷材的厚度，以所抽卷材数量的卷材厚度的总平均值作为该批产品的厚度。

4）外观：

① 沥青防水材料的外观质量要求：不允许有孔洞、硌伤、露胎、涂盖不均，距卷心 1000mm 以外的折纹、皱折，长度不大于 100mm，距卷心 1000mm 以外的裂纹，长度不大于 10mm，边缘裂口小于 20mm，缺边长度小于 50mm，深度小于 20mm，每卷不应超过四处；每卷卷材的接头不超过一处，较短的一段不应小于 2500mm，接头处应加长 150mm。

② 高聚物改性沥青防水卷材外观质量要求：成卷卷材应卷紧、卷齐，端面里进外出不得超过 10mm；成卷卷材在 4～50℃温度下展开，在距卷心 1000mm 长度外不应有 10mm 以上的裂纹或黏结；胎基应浸透，不应有未被浸渍的条纹；卷材表面必须平整，不允许有孔洞、缺边、裂口，矿物粒（片）料粒度应均匀一致，并紧密地黏附于卷材表面；每卷卷材的接头不超过一处，较短的一段不应小于 1000mm，接头应剪切整齐，并加长 150mm。（边缘不整齐不超过 10mm，不允许有胎体露白，未浸透，撒布材料粒度、颜色应均匀）。

3. 物理力学性能的检测

（1）抗拉强度和断裂伸长率

拉伸性能包括抗拉强度（拉力）和断裂伸长率。抗拉强度（拉力）是指单位面积上所能够承受的最大拉力；断裂伸长率指在标距内试样从受拉到最终断裂伸长的长度与原标距的比。这两个指标主要是检测材料抵抗外力破环的能力，其中断裂伸长率是衡量材料韧性好坏即材料变形能力的指标。

按试件 250mm×50mm 尺寸剪裁好试样，用拉力机进行检测。试样纵向和横向各五块，以纵横向各五处试件的抗拉强度的算术平均值作为卷材纵向或横向拉力。

断裂伸长率按断裂伸长率计算公式：

$$E = 100 (L_1 - L_0)/L$$

式中：E——最大抗拉强度时断裂伸长率；

　　　L_1——试件最大抗拉强度时的标距（mm）；

　　　L_0——试件初始标距（mm）；

　　　L——夹具间距离（180mm）。

分别计算纵向或横向五个试件最大抗拉强度时断裂伸长率的算术平均值作为卷材纵向或横向断裂伸长率。达到标准规定的指标判为该项指标合格。

（2）耐热度

耐热度是指用来表征防水材料对高温的承受力或者是抗热的能力。

按试件 100mm×50mm 尺寸剪裁试样三块，放入老化试验箱，试件的位置与箱壁距离不应小于 50mm，试件间应留一定距离（至少 30mm），不致黏结在一起，试件的中心与温度计的水银球应在同一水平位置上，距每块试件下端 10mm 处，各放一个表面皿用以接受淌下的沥青物质。在 90℃时恒温 2h 后观察试件涂盖层有无滑动、流淌、滴落。三个试件分别达到标准规定指标时判为该项指标合格。

（3）不透水性

不透水性是指在特定的仪器上，按标准规定的水压、时间检测试样是否透水。该指标主要是检测材料的密实性及承受水压的能力。

利用透水仪对卷材的不透水性进行检测，首先按试件 150mm×150mm 尺寸剪裁试样三块，然后向透水仪水缸充水，同时将管路中的空气排尽，水缸储水满后，关闭水箱针形阀，向试座充水，将剪裁好的三个试件放入试座并将试件夹紧，针形阀打到测试位置，调整透水仪加压至≥0.3MPa，并让压力保持≥30min，然后夹紧松开阀打到松开位置，升起试座，卸下试件，看试件是否出现破裂现象，以三个试样均无渗漏为合格。

（4）低温柔度

低温柔度是指按标准规定的温度、时间检测材料在低温状态下材料的变形能力。

将试件 150mm×25mm 尺寸剪裁试样六块，2mm、3mm 卷材采用半径（r）15mm 柔度棒（板），4mm 卷材采用半径（r）25mm 柔度棒（板）。六个试件中，三个试件的下表面及另外三个试件的上表面与柔度棒（板）接触。

1）A 法（仲裁法）：在不小于 10L 的容器中放入冷冻液不小于 6L，将容器放入低温制冷仪，冷却至标准规定的温度。然后将试件与柔度棒（板）同时放入液体中，待温度达到标准规定的温度后至少保持 0.5h。在标准规定的温度下，将试件于液体中在 3s 内匀速绕柔度棒（板）弯曲 180°。

2）B 法：将试件和柔度棒（板）同时放入冷却至标准规定温度的低温制冷仪中，待温度达到标准规定温度后保持时间不少于 2h，在标准规定的温度下，在低温制冷仪中将试件于 3s 内匀速绕柔度棒（板）弯曲 180°。

取出试件用肉眼观察，试件涂盖层有无裂纹。六个试件中至少五个试件达到标准判定指标时判为该项指标合格。

8.5　防水涂料

8.5.1　乳化沥青

乳化沥青是一种冷施工的防水涂料，由石油沥青经乳化机强烈搅拌分散在含乳化剂的水中而成。沥青在搅拌机的搅拌下，被分散成 1～6μm 的细颗粒，并由乳化剂包裹形成悬浮在水中的乳化液。将乳化液涂在基层上后，水分逐渐蒸发，沥青颗粒凝聚成膜，形成了均匀、稳定、黏结强度高的防水层。

乳化沥青按使用乳化剂的不同，可分为洗衣粉（肥皂）类乳化沥青、松香皂类乳化沥青、石灰膏乳化沥青、黏土乳化沥青和橡胶乳化沥青等。

8.5.2　溶剂型氯丁橡胶沥青防水涂料

溶剂型氯丁橡胶沥青防水涂料是以氯丁橡胶改性石油沥青为基料，加入高分子填料、无机填料、防老剂、助剂等制成的溶剂型防水涂料。

由于氯丁橡胶是一种性能较好的合成橡胶，用它来改善沥青性能，可使涂料具有氯丁橡胶和沥青的双重优点，其耐候性和耐腐蚀性好，具有较高的弹性、延伸性和黏结性，对基层变形的适应能力强，低温涂膜不脆裂，高温不流淌，成膜速度较快，耐水性好，能在常温及较低温度下进行冷施工。但该涂料属薄形涂料，一次涂刷成膜较薄，而且以有机溶剂为分散剂，施工时溶剂挥发，对环境有污染，在生产、贮运、施工过程中有燃爆危险，必须注意安全。氯丁橡胶沥青防水涂料适用于各种建筑物屋面、地面、地下室、地沟、墙体、水池、涵洞的防水、防渗、防潮；还可用于油毡防水的黏结、旧建筑物的防水维修及管道防腐等。

常见溶剂型氯丁橡胶沥青防水涂料的技术性能见表 8-18。

表 8-18　溶剂型氯丁橡胶沥青防水涂料的技术性能

项　　目	指　　标		
	沈阳防水材料厂	三门峡西涂料厂	上海黄渡防水材料厂
耐热性	（80±2）℃，2h 无变化	（80±2）℃，5h 无变化	>80℃
低温柔性	−10℃绕 ϕ10mm 棒弯曲无裂纹	−15℃，冰冻 2h 绕 ϕ10mm 棒无变化	−20℃，涂料无变化
黏结强度/MPa	（20±2）℃，≥0.2	8 字模法，0.4	0.25
不透水性/（MPa，min）	0.1，30	0.1，30	0.1，30
含固量/%	≥48	≥45	—
耐碱性	饱和 Ca(OH)$_2$ 溶液浸泡 15d，无变化	饱和 Ca(OH)$_2$ 溶液浸泡 15d，无变化	2%NaOH 溶液浸泡 10d，无变化
抗裂性	（20±2）℃，基层裂缝 0.4mm 无裂纹	涂膜厚 1mm，基层裂缝 0.65mm 以下涂膜不开裂	涂膜厚 0.6～0.7mm，基层裂缝宽 2mm 不开裂

8.5.3　丙烯酸系防水涂料

丙烯酸系防水涂料是以纯丙烯酸共聚物、改性丙烯酸或纯丙烯酸酯乳液为主要成分，加入适量的填料和表面活性剂等助剂配制而成的水乳型单组分防水涂料。

聚丙烯防水涂料的耐候性、耐热性和耐紫外线性能优异。另外该涂料具有黏结性强、防水性好、耐老化、断裂伸长率较高、适应基层开裂变形能力较强等特性，可冷施工，无污染中毒等危险。

丙烯酸系防水涂料的技术性能见表 8-19。

表 8-19　丙烯酸系防水涂料的技术性能

SIA 防水涂料[①]		CB 型弹性防水涂料[②]	
项　　目	指　　标	项　　目	指　　标
色泽	白色或各种浅色	外观	各种色彩黏稠液体
含固量/%	68±2	含固量/%	65±2

续表

SIA 防水涂料[1]		CB 型弹性防水涂料[2]	
项　目	指　标	项　目	指　标
抗拉强度/MPa	1	耐热度	80±2
断裂伸长率/%	>250	低温柔性/℃	−40
黏结强度/MPa	>1	断裂伸长率/%	600～800
		断裂强度/MPa	0.4～0.5
老化性能（人工加速老化1000h 以上）	涂膜不起泡、开裂、粉化	抗渗性（1mm 膜不渗水，MPa）	1.0～1.5
抗冻融性（冻融各 4h，50 次循环）	涂膜无异常	与砂浆黏结强度/MPa	1.20～1.52
涂膜厚度/mm	≥1.5	回弹率/%	80～90
低温柔度/℃	−30		

注：1. 苏州混凝土水泥制品研究院。

　　2. 冶金部建筑研究总院新材料试验厂。

8.6　胶　黏　剂

胶黏剂是指能形成薄膜，并能将两种物体的表面通过薄膜紧密连接而达到一定物理化学性能要求的物质。

建筑工程中使用胶黏剂的优点在于：

1）可用胶黏剂来复合薄膜材料、纤维材料、层状材料、碎屑材料，如玻璃棉、玻纤增强材料、纤维板、胶合材、木屑板等。

2）胶黏缝的应力分布面积较之机械连接宽大且均匀，使复合材料避免或可以缓解应力集中现象，有利于制作轻质高强材料。

3）各向异性材料的比强度和尺寸稳定性可获得改善。

4）胶黏缝有气密、水密特点，有利于建筑节能。

5）可胶结两种不同材料甚至热膨胀系数相差很大的材料。

现代建筑业胶黏剂的使用越来越广泛，目前建筑胶黏剂的基料主要有聚醋酸乙烯（PVAC）及其共聚物、丙烯酸酯聚合物、环氧树脂及聚氨酯等。

8.6.1　聚醋酸乙烯胶黏剂

聚醋酸乙烯胶黏剂是由醋酸和乙炔合成醋酸乙烯，再经乳液聚合而成的一种乳白色的具有酯类芳香的乳状液体，又称为白胶。

聚醋酸乙烯胶黏剂可在常温下固化，使用方便，固化较快，黏结强度高，黏聚层有较好的韧性和耐久性，不易老化，无毒，无污染，价低，但耐水性、耐热性较差，只能作室温下非结构胶用。它主要用于非金属材料如墙纸、木材、玻璃、陶瓷、混凝土的黏结。

8.6.2　醋酸乙烯—乙烯共聚乳液

由于在醋酸乙烯—乙烯共聚乳液（VAE）分子长链中引进乙烯基，高分子主链变得柔韧，不会产生由于低分子外加增塑剂引起的迁移、挥发、渗出等问题。其成膜温度和玻璃化温度比聚醋酸乙烯（PVAC）乳液低，它对臭氧、氧、紫外线稳定，耐冻融，抗酸碱性能优良，价格适中。

用醋酸乙烯—乙烯共聚乳液作为胶料配成的聚合物水泥混凝土或砂浆有非常明显的技术经济效益，可广泛用于土木工程中。

8.6.3　丙烯酸系胶黏剂

丙烯酸系胶黏剂是以丙烯酸酯为基料制成的胶黏剂。其原料来源充足，无毒，无污染，附着力高，固化快，用途广泛。这类非乳化剂乳液新产品的开发使该类材料在建筑中得到广泛的应用。

丙烯酸系胶黏剂主要有：

1）聚甲基丙烯酸酯胶：具有室温快速固化、强度高、韧性好、可油面黏结、耐水、耐热、耐老化等特点，但气味较大，储存稳定性较差。牌号有 SA-102、SA-200。

2）α-氰基丙烯酸酯：室温瞬间固化，强度较高，使用方便，无色透明，毒性很小，耐油，脆性大，耐热、耐水、耐溶剂，但耐候性较差，价格较高。牌号有 502、504、508 三种。

8.6.4　环氧树脂胶黏剂

环氧树脂胶黏剂是由环氧树脂、固化剂、填料、增韧剂等组成的胶黏剂。配方不同时，可得到不同品种和用途的胶黏剂。环氧胶黏剂具有黏结强度高、韧性好、耐热、耐酸碱、耐水等特点，适用于金属、塑料、橡胶、陶瓷等多种材料的黏结。

8.6.5　不饱和聚酯树脂胶黏剂

不饱和聚酯树脂（UP）是一种热固性树脂，未固化时为一种高黏度的液体，一般为室温固化，固化时需加固化剂和促进剂。它具有工艺性能好、可室温固化、固化时收缩率较大等特点，主要用于制造玻璃钢，也可黏结陶瓷、金属、木材、混凝土等材料。

【小结】

本章以沥青类防水材料为主，重点讲述沥青类防水卷材和防水涂料。掌握建筑石油沥青的组分及其与技术性能的相互联系，掌握石油沥青主要技术性能及指标，熟悉工程常用防水卷材和防水涂料品种，了解常用防水材料的技术性能要求，了解胶粘剂。

【思考与练习】

1. 防水材料的定义是什么？有哪些分类？

2. 简述石油沥青的组成，各组分的特点。

3. 简述石油沥青的技术指标有哪些？三大指标如何检测？

4. 简述屋面防水等级和地下工程防水等级的划分。

5. 简述几种防水卷材的特点和应用。

6. 简述防水卷材的抽样标准和检测要求。

7. 简述几种防水涂料的特点和应用。

8. 简述胶黏剂的定义，分类和各种类型的特点。

第 9 章
其他材料

教学目标

  1. 了解塑料的组成、特点；掌握常见塑料品种的类型和各自的特点。

  2. 了解建筑涂料的定义，组成，能合理选择各种建筑涂料。

  3. 了解各种建筑玻璃的特点。

  4. 了解建筑陶瓷的分类和各种陶瓷的用途。

  5. 了解木材的组成、技术性质，掌握人造木材的分类和应用。

9.1 建筑塑料及其制品

  塑料是以合成树脂为主要原料，加入填料、增塑剂及其他添加剂后，在一定温度和压力作用下塑化成型，在常温常压下能保持产品形状不变的有机合成高分子材料。

  塑料在一定温度的和压力作用下具有较大塑性，因而能在较短时间内，经吹塑、注射、挤出、冲压等方法加工成型。成型后的制品具有所需的几何外形和一定的强度，不用再进行加工即可使用。建筑塑料制品的成型周期较短，成本较低，是一种理想的，可替代钢材、木材等传统建筑材料的新型建筑材料，具有广阔的发展前景。

9.1.1 塑料的组成

1. 合成树脂

  合成树脂是指由人工合成的高分子化合物或预聚体。它是塑料的主要组成材料，起黏结作用，能将塑料中的其他成分牢固地黏结成为一个整体，同时它决定着塑料的性能和使用范围。在塑料中，合成树脂的含量约占 30%～60%。

2. 填料

  填料又称为填充剂，起着调整塑料性能的作用，是绝大多数塑料不可缺少的组成，通常占塑料的 40%～70%。填料的种类很多，按其化学成分可分为有机填料和无机填料，按其外观可分为粉状、纤维状和片状。常用的填料有滑石粉、硅藻土、石灰石粉、云母、木粉、各类纤维、纸屑等。加入不同的填料可得到性能不同的塑料，这是塑料制品品种繁多性能各异的原因之一。填料的加入还可起到降低塑料成本的作用。

3. 增塑剂

增塑剂是用于提高塑料加工成型时的可塑性、流动性以及塑料制品在使用时的弹性和柔软性，并改善塑料的低温脆性。但增塑剂的使用会降低塑料的强度和耐热性能。常用的增塑剂是分子量较小、难挥发、熔点较低的固态或液态有机物，如邻苯二甲酸酯、磷酸酯等。

4. 固化剂

固化剂又称为交联剂或硬化剂，主要作用是使高分子化合物中的线型分子交联成体型结构的改分子化合物，从而制得坚硬的塑料制品。常用固化剂有胺类、酸酐类等化合物。

5. 稳定剂

塑料在加工成型和使用过程中，因受热、阳光和氧的作用，会出现降解、氧化断裂、交联等现象，造成塑料制品颜色变深、性能下降。加入稳定剂可提高塑料制品的质量和使用寿命。常用的稳定剂有硬脂酸盐、铅白、环氧化物等。

6. 着色剂

着色剂又称为色料，其主要作用是使得塑料制品具有鲜艳的色彩和光泽。按其在介质中或水中的溶解性可分为染料和颜料两大类。

染料是有机物，能溶解于被着色的树脂或水中，其着色力强，透明性好，色泽鲜艳，但耐碱性、耐热性和光稳定性差，主要用于透明的塑料制品。

颜料是基本不溶的微细粉末物质，通过自身分散在塑料制品中，吸收部分光谱并反射特定光谱从而使得塑料制品呈现色彩。同时，颜料还可起到填料和稳定剂的作用。

7. 其他助剂

为改善和调节塑料的某些性能，以适应使用和加工的特殊要求，可在塑料中掺入各种不同助剂，如润滑剂、抗静电剂、发泡剂、防霉剂等。

9.1.2 塑料的特点

与传统材料相比，塑料具有以下特点。

1. 优点

塑料是一种轻质高强材料，其体积密度通常在 $0.9～2.2kg/cm^3$，约为铝的 1/2，钢的 1/5，混凝土的 1/3，而且其比强度却远远超过混凝土。

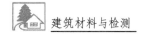
建筑材料与检测

塑料具有优良的加工性能，有利于机械化大规模生产，产生效率高。

塑料的导热系数很小，一般在 0.020～0.046W/（m·K），是金属材料的 1/500～1/600，混凝土的 1/40，砖的 1/20，是一种理想的保温隔热材料。

塑料制品可完全透明，也可色彩鲜艳，可通过照相制版印刷模仿天然材料的纹理，还可电镀、热压、烫金制成各种图案和花纹，具有良好的装饰性能。

塑料建材具有良好的节能效果。塑料生产时的能耗低，一般为 63～188kJ/m³，而钢材为 316kJ/m³，铝材为 617kJ/m³。另外，塑料在使用过程中也具有良好的节能效果，例如塑料管材内壁光滑，其输水能力比白铁管高 30%；塑料门窗隔热性能好，可替代钢铝门窗，减少热量传递，节能降耗。

2. 缺点

塑料耐热性差，受到较高温度作用时会产生变形，甚至分解，一般只能在 100℃ 以下温度范围内使用，只有少数品种可以在 200℃ 下使用。

塑料一般可燃，且燃烧时会产生大量烟雾，甚至有毒气体。掺入阻燃剂，可以在一定程度上提高塑料的耐燃性。在重要的场所或易产生火灾的部位，不宜使用塑料制品。

塑料的热膨胀系数较大，在温差变化较大的环境中使用或与其他建筑材料结合使用时，会因热胀冷缩产生开裂现象。

塑料在热、空气、阳光及环境直接中的酸碱盐作用下，会产生老化现象，如变色、开裂、强度下降等。掺入添加剂，可以在很大程度上提高塑料的耐老化性能，使得塑料制品的使用寿命增加，可达到 50 年或者更长。

塑料与钢材等金属材料相比较，其刚度差，且在荷载长期作用下也会产生变形。

综合考虑，塑料的优点多于缺点，且塑料的缺点可通过相应措施加以改善。

9.1.3 常见塑料品种

塑料按受热所表现的特点分为热塑性塑料和热固性塑料两大类。热塑性塑料加热时软化并逐渐熔融，冷却后能固结成型，并且这一过程可以反复进行；属于这类塑料的有聚氯乙烯、聚乙烯、聚丙烯、聚苯乙烯、聚甲基丙烯酸甲酯和聚酰胺等。热固性塑料在受热后先软化并有部分熔融，然后变成不溶性固体，这种塑料成型后，不会因再度受热而软化，常用的有酚醛塑料、脲醛塑料、环氧树脂等。

1. 聚氯乙烯

聚氯乙烯（PVC）是建筑中使用量最大的一种塑料。通过调整增塑剂的掺量可制成硬质和软质两种塑料。硬质聚氯乙烯（UPVC）不含或仅含有少量增塑剂，强度较高，耐油性和抗老化性较好。软质聚氯乙烯（PVC）中增塑剂含量较多，因此质地柔软，具有一定弹性，耐摩擦，冲击韧性较硬质聚氯乙烯高，但机械强度较硬质聚氯乙烯低。

聚氯乙烯具有良好的化学稳定性和耐燃性，且易熔接和黏结，但耐热性较差，其使用温度范围较窄，一般在-15℃～+55℃。建筑工程中，聚氯乙烯可制成管材、薄膜、门窗框、泡沫塑料等，软质聚氯乙烯与纸、织物及金属等材料复合使用，还可制成壁纸、壁布和塑料复合金属板等。

2. 聚乙烯

聚乙烯（PV）按加工方法分为高压、中压和低压三种。高压聚乙烯又称为低密度聚乙烯，分子量较低，质地柔软。中、低密度聚乙烯又称为高密度聚乙烯，分子量较高，质地坚硬。

聚乙烯塑料具有良好的化学稳定性、机械强度及低温性能，且吸水性和透气性很低，无毒，但易燃烧。聚乙烯塑料主要用来生产给排水管、卫生洁具和防水材料。

3. 聚丙烯

聚丙烯（PP）塑料体积密度较小（约为 $900kg/m^3$），耐热性较高（100℃～120℃），刚性、延伸性和化学稳定性均较好，但其低温脆性较大，抗大气稳定性差，故一般适宜于室内。

4. 聚苯乙烯

聚苯乙烯（PS）是一种无色透明、类似玻璃的塑料，其透光率达 90%。它具有一定的机械强度，且耐火、耐光和耐化学腐蚀性能好，易于加工和着色，但脆性大，耐热性差（耐热温度不超过 80℃）。聚苯乙烯在建筑中主要制成泡沫塑料，用作绝热材料。

5. ABS 塑料

ABS 塑料是改性聚苯乙烯塑料，以丙烯腈（A）、丁二烯（B）、苯乙烯（S）为基础的三组分组成，兼具有这三者的优点，即具有良好的工艺性能、韧性和弹性，又具有较高的化学稳定性和表面硬度。

ABS 塑料是不透明塑料，可制成塑料管材和装饰板材。

6. 聚甲基丙烯酸甲酯

聚甲基丙烯酸甲酯（PMMA）即有机玻璃，具有很好的透光性，其透光率可达 99%，并具有较高的机械强度、耐热耐寒性能、耐腐蚀性能及电绝缘性能，易于加工成型，但质地较脆，易溶于有机溶剂，易擦毛，易燃烧。PMMA 在建筑中主要用作装饰板材、屋面透光材料以及卫生洁具和灯具等。

7. 酚醛塑料（PF）

酚醛塑料（PF）是以酚醛树脂为基础的最古老的一类塑料，属热塑性塑料。它具有较高的机械强度、化学稳定性和电绝缘性，兼具自熄性，但易脆，颜色较深。它主要用作以纸、棉布、木片、玻璃布等为填料的强度较高的层压塑料板材和玻璃钢制品等。

8. 环氧树脂

环氧树脂（EP）黏结性和力学性能优良，化学稳定性好，电绝缘性好，固化时收缩率低，可在常温和接触压力作用下固化成型。它主要用于生产玻璃钢、胶黏剂和涂料等

制品。

9. 脲醛塑料

脲醛塑料（UF）具有良好的电绝缘性、化学稳定性，无色、无味、无毒，且不易燃烧，着色力好，但耐热性和耐水性较差，不利于复杂造型。它主要用以生产胶合板、纤维板以及电绝缘材料等制品。

10. 玻璃纤维增强塑料

玻璃纤维增强塑料（GRP）又称为玻璃钢，是以合成树脂为基体，以玻璃纤维或其他材料为增强材料，经成型、固化而成的固体塑料。玻璃钢制品具有良好的透光性、化学稳定性、电绝缘性和良好的装饰性，其机械强度高，比强度超过一般钢材，属典型的轻质高强材料。它在建筑中主要作用屋面和墙体维护材料以及卫生洁具等。

9.1.4 塑料制品

建筑工程中塑料制品主要用作水暖材料、装饰材料、防水材料及其他材料等，如表 9-1 所示。

表 9-1　建筑工程中的塑料制品

分　类	主要塑料制品
水暖材料	塑料管材：给水管材、排水管材、管件、水落管
	卫生洁具：玻璃钢浴缸、洗脸盆、水箱等
装饰材料	塑料门窗
	塑料地面装饰材料：塑料地砖、塑料涂布地板、塑料地毯
	塑料墙面装饰材料：塑料壁纸、铝塑板、三聚氰胺装饰层压板
	建筑涂料
防水材料	防水卷材、防水涂料、密封材料、止水带
其他材料	保温隔热材料：泡沫塑料
	塑料模板、塑料护墙板、塑料屋面板（塑料天窗、顶棚、瓦等）

1. UPVC 塑料排水管

室内排水用 UPVC 塑料排水管是以聚氯乙烯为主要原料，加入稳定剂、改性剂、填料等添加剂，经加热、塑化、挤出成型、冷却定型、锯切等工序加工而成。其质量要求主要包括外观质量、尺寸规格偏差、同一截面偏差、管材弯曲度以及物理力学性能等。

1）外观质量：管材内外壁应光滑、平整，不允许有气泡、裂口和明显的痕纹、凹陷、色泽不均及分解变色线，颜色应均匀一致。

2）尺寸规格偏差：管材的公称外径（d_e）、壁厚（e）和长度（L）均应符合表 9-2 的规定。

3）管材同一截面偏差：管材同一截面的壁厚偏差不得超过 14%。

4）管材弯曲度：管材的弯曲度应小于 1%。

5）物理力学性能：管材的物理及力学性能应符合表 9-3 的规定。

表 9-2　硬质聚氯乙烯塑料排水管的规格（单位：mm）

公称外径（d_e）	平均外径 极限偏差	壁厚（e）		长度（L）	
		基本尺寸	极限偏差	基本尺寸	极限偏差
40	+0.3～0	2.0	+0.4～0	4000 或 6000 注：长度也可由供需双方协商确定	10
50	+0.3～0	2.0	+0.4～0		
75	+0.3～0	2.3	+0.4～0		
90	+0.3～0	3.2	+0.6～0		
110	+0.4～0	3.2	+0.6～0		
125	+0.4～0	3.2	+0.6～0		
160	+0.5～0	4.0	+0.6～0		

表 9-3　UPVC 塑料排水管的物理力学性能

项目		优等品	合格品
拉伸屈服强度，≥/MPa		43	40
断裂伸长率，≥/%		80	—
维卡软化温度，≥/℃		79	79
扁平试验		无破裂	无破裂
真实冲击率（落锤冲击试验）	20℃	≤10%	9/10 通过
	0℃	≤5%	9/10 通过
纵向回缩率，≤/%		5.0	9.0

2. UPVC 塑料给水管

UPVC 塑料给水管是以卫生级 PVC 树脂和无毒的添加剂为原料，采用挤出成型的方法加工而成。它具有轻质、强度高、内表面光滑、不结垢、水阻小、输水节能、安装方便等优点。在输送不同压力液体时，UPVC 塑料给水管的壁厚应符合表 9-4 的规定。

表 9-4　管材的尺寸规格（单位：mm）

公称外径（d_e）	不同公称压力下管材的壁厚（e）					公称外径（d_e）	不同公称压力下管材的壁厚（e）				
	0.6 /MPa	0.8 /MPa	1.0 /MPa	1.25 /MPa	1.6 /MPa		0.6 /MPa	0.8 /MPa	1.0 /MPa	1.25 /MPa	1.6 /MPa
40	—	—	—	—	2.0	125	3.7	4.4	4.8	5.4	5.6
50	—	2.0	2.0	2.0	2.0	140	4.1	4.9	5.4	5.7	6.7
63	2.0	2.5	2.4	2.4	2.4	160	4.7	5.6	6.1	6.0	7.2
75	2.2	2.9	3.0	3.0	3.0	180	5.3	6.3	7.0	6.7	7.4
90	2.7	3.5	3.6	3.8	3.7	200	5.9	7.3	7.8	7.7	8.3
110	3.2	3.9	4.3	4.5	4.7	225	6.6	7.9	8.7	8.6	9.5

公称外径 (d_e)	不同公称压力下管材的壁厚（e）					公称外径 (d_e)	不同公称压力下管材的壁厚（e）				
	0.6 /Mpa	0.8 /Mpa	1.0 /Mpa	1.25 /Mpa	1.6 /Mpa		0.6 /Mpa/	0.8 /Mpa	1.0 /Mpa	1.25 /Mpa	1.6 /Mpa
250	7.3	8.8	9.8	9.5	10.7	560	14.9	17.2	19.1	21.5	23.7
280	8.2	9.8	10.9	10.8	11.9	630	16.7	19.3	21.4	23.9	26.7
315	9.2	11.0	12.2	11.9	13.4	710	18.9	22.0	24.1	26.7	29.7
355	9.4	12.5	13.7	13.4	14.8	800	21.2	24.8	27.2	30.0	—
400	10.6	14.0	14.8	15.0	16.6	900	23.9	27.9	30.6	—	—
450	12.0	15.8	15.3	16.9	18.7	1000	26.6	31.0	—	—	—
500	13.3	16.8	17.2	19.1	21.1	—					

注：公称压力是指管材在 20℃ 条件下输送水的工作压力。

　　UPVC 塑料给水管的质量要求包括外观质量、尺寸规格偏差、物理力学性能和卫生性能等。

　　1）外观质量：管材内壁应光滑、清洁、没有划伤及其他缺陷，不允许由气泡、裂口及明显的凹陷、杂质、颜色不均、分解变色等。管端头应切割平整，并与管材轴线垂直。

　　2）尺寸偏差：管材长度（不包括承口深度）一般为 4mm、6mm、8mm、12mm，也可由供需双方协商确定。管材的尺寸允许偏差和不圆度应符合表 9-5 的规定；管材的弯曲度应符合表 9-6 的规定。

表 9-5　UPVC 塑料给水管的平均外径允许偏差、不圆度（单位：mm）

平均外径		不圆度	平均外径		不圆度
公称外径	允许偏差		公称外径	允许偏差	
20	+0.3～0	1.2	225	+0.7～0	4.5
25	+0.3～0	1.2	250	+0.8～0	5.0
32	+0.3～0	1.3	280	+0.9～0	6.8
40	+0.3～0	1.4	315	+1.0～0	7.6
50	+0.3～0	1.4	355	+1.1～0	8.6
63	+0.3～0	1.5	400	+1.2～0	9.6
75	+0.3～0	1.6	450	+1.4～0	10.8
90	+0.3～0	1.8	500	+1.6～0	12.0
110	+0.4～0	2.2	560	+1.7～0	13.5
125	+0.4～0	2.5	630	+1.9～0	15.2
140	+0.5～0	2.8	710	+2.0～0	17.1
160	+0.5～0	3.2	800	+2.0～0	19.2
180	+0.6～0	3.6	900	+2.0～0	21.6
200	+0.6～0	4.0	1000	+2.0～0	24.0

注：管材的不圆度是指管材同一截面上最大直径与最小直径之差。公称压力为 0.6MPa 的管材，不要求不圆度。

表 9-6 UPVC 塑料给水管的弯曲度

管材外径 d_e/mm	不大于 32	40～200	不小于 225
弯曲度/%	—	≤1.0	≤0.5

3）卫生性能：饮用水管材的卫生性能应符合表 9-7 的规定。

表 9-7 饮用水管材的卫生性能

性能指标	具体规定
铅的萃取值	第一次小于 1.0mg/L，第三次小于 0.3 mg/L
锡的萃取值	第三次小于 0.02 mg/L
镉的萃取值	三次萃取液中的每次不大于 0.01 mg/L
汞的萃取值	三次萃取液中的每次不大于 0.001 mg/L
氯乙烯单体含量	不大于 1.0mg/kg

3. 塑料门窗

塑料门窗主要以聚氯乙烯（PVC）为原材料，加入其他添加剂，经挤出加工成为型材，然后通过切割、焊接等方法制作成为门窗框、扇，再装配上密封胶条和五金配件等附件而成。为增加型材的刚度，在其空腔内一般要添加钢衬，又戏称为塑钢门窗。它具有外形美观、尺寸偏差小、耐老化性能好、化学稳定性好、气密性和水密性好、耐冲击性能好，以及节能降耗等优点，是目前金属门窗的替代产品。

9.2 建 筑 涂 料

涂料是指涂刷与基层表面，能与基层表面牢固黏结，并形成连续完整保护膜的材料，主要起保护和装饰的作用。涂料具有施工方法简单、施工效率高、自重轻、便于维护更新等优点，因此，在建筑工程中得到广泛应用。

9.2.1 涂料的组成

涂料由不同的物质组成。按涂料中各种物质所起的作用的不同，可分为主要成膜物质、次要成膜物质、溶剂和助剂四类。各类组成物质的常用原料见表 9-8。

表 9-8 涂料各类组成物质的常用原料

组 成		原 料
主要成膜物质	树脂	天然树脂：松香、虫胶、大漆等
		合成树脂：酚醛树脂、醇酸树脂、聚氨酯树脂、环氧树脂等
	油料	植物油料：桐油、亚麻子油、豆油、蓖麻油等
		动物油料：鲨鱼肝油、牛油等

续表

组　成		原　料
次要成膜物质	颜料	无机颜料：铅铬黄、铁红、铬绿、钛白、炭黑等
		有机颜料：耐晒黄、甲苯胺红、酞青蓝、苯胺黑、酞青绿等
		防锈颜料：红丹、锌铬黄等
	填料	滑石粉、碳酸钙、硫酸钡等
辅助成膜物质	溶剂	有机溶剂：乙醇、汽油、苯、松香水、二甲苯、丙酮等
		无机溶剂：水
	助剂	增塑剂、固化剂、分散剂、消泡剂、防冻剂、抗氧化剂、阻燃剂等

1. 主要成膜物质

主要成膜物质起将涂料中其他组分黏结在一起的作用，并能在基层表面形成连续均匀的保护膜。主要成膜物质具有独立成膜的能力，它决定着涂料的使用和所形成涂膜的主要性能。

2. 次要成膜物质

次要成膜物质是以微细粉状颗粒均匀分散于涂料介质中的物质，包括颜料和填料两大类。次要成膜物质不能独立成膜。它们赋予涂膜颜色，并表现出特定的质感，使得涂膜具有一定的厚度和遮盖力，能减少涂料固化时的收缩，增加涂膜的机械强度，防止紫外线穿透，并提高涂膜的抗老化性和耐候性。

3. 溶剂

溶剂又称为稀释剂，起溶解、分散、乳化成膜物质的作用，同时在施工过程中使得涂料具有一定的稠度和流动性，便于涂布和黏结。在涂膜形成过程中，绝大部分溶剂挥发到大气中，不保留在涂膜中。溶剂主要有有机溶剂和水两种。有机溶剂挥发到大气中一般都会形成污染，水是最环保的溶剂。

4. 助剂

助剂具有改善涂料性能、提高涂膜质量的作用。助剂种类很多，用量很少，但其作用显著。

9.2.2　涂料的分类

涂料品种繁多，主要有两种分类方式：一是按涂料的组成及在建筑中的使用功能分，见表 9-9；二是按主要成膜物质的化学成分分，见表 9-10。

表 9-9　涂料按其组成及在建筑中的使用功能分类

建筑涂料	外墙涂料	应用于室外。应具有良好的耐水性、耐候性和化学稳定性
	内墙涂料	应用于室内。应无毒无味,光洁美观,具有良好装饰性能
	地面涂料	应用于地面。应具有良好的遮盖力、强度和耐磨性
	防水涂料	应用于屋面、厕浴间和地下工程。应具有良好的防水效果
油漆涂料	天然漆	采用天然油料为主要成膜物质,溶于有机溶剂中而成
	清漆	不含颜料的透明涂料,由成膜物质本身或成膜物质溶液和其他助剂组成
	色漆	因加入颜料而呈现某种颜色,具有遮盖力的涂料,主要有磁漆、调和漆、底漆和防锈漆等

表 9-10　涂料按其主要成膜物质的化学成分分类

有机涂料	溶剂型涂料	以有机溶剂为稀释剂。所成涂膜细腻光洁而坚韧,具有良好的耐水性、耐候性和气密性,但易燃,且溶剂挥发对人体有害,施工时要求基层干燥,价格较贵
	水溶性涂料	以水为稀释剂。无毒无害,环保无污染,但所成涂膜耐水性和耐候性较差。一般只用于内墙涂料
	乳液型涂料	又称为乳胶漆,是将合成树脂以极细微粒形式分散于水中而形成 无毒无害,环保无污染,不燃烧,所成涂膜具有一定透气性,且耐水性和耐候性良好。是涂料的发展方向
无机涂料	A 类无机涂料	以碱金属硅酸盐及其混合物为主要成膜物质
	B 类无机涂料	以硅溶胶为主要成膜物质
复合涂料	有机—无机复合涂料	取长补短,充分发挥有机涂料和无机涂料各自的优点

9.2.3　常用涂料品种

1. 外墙涂料

外墙涂料主要起装饰和保护建筑物外墙的作用,使得建筑物外观整洁美观、使用寿命较长。为了达到装饰和保护的作用,外墙涂料一般应具有良好的装饰性、良好的耐候性能、耐水性能和耐污染性能,此外,作为涂料还应具有施工方便、维修方便、价格合理等特点。外墙涂料的主要品种见表 9-11。

表 9-11　外墙涂料主要品种及特点

种类	主要组成及特点
聚氨酯系外墙涂料	以聚氨酯树脂或聚氨酯与其他树脂复合物为主要成膜物质，加入填料、助剂组成的优质外墙涂料。具有近似于橡胶的弹性，极好的耐水性、耐碱性、耐酸性，表面光洁度极好，呈瓷状质感，且具有良好的耐候性能和耐玷污染性。但价格较贵
丙烯酸系列外墙涂料	以改性丙烯酸共聚物为主要成膜物质，掺入紫外线吸收剂，填料，有机溶剂，助剂等，经研磨而制成。具有良好的耐碱性，耐候性，且对墙面有较好的渗透作用
无机外墙涂料	以硅酸钾或硅酸溶胶为主要胶黏剂，加入填料、颜料及其他助剂，经混合、搅拌、研磨而成。具有良好的耐老化性能，耐紫外线辐射，成膜温度低，色泽丰富，施工安全，无毒，不燃，施工效率高，遮盖力强等优点
彩色砂壁状外墙涂料	以合成树脂乳液和着色骨料为主要成分，加入增稠剂及各种助剂配制而成。由于采用高温烧结的彩色砂粒、彩色陶瓷或天然有色石屑料作为集料，涂膜具有丰富的色彩和质感，其保色性、耐碱性较好，具有良好的耐久性

2. 地面涂料

地面涂料主要起装饰和保护地面的作用，使得地面清洁美观。为了获得良好装饰效果，地面涂料应具备良好的耐碱性、耐水性、耐磨性、黏结性能、抗冲击性能，且涂刷方便，价格合格。地面涂料的主要品种见表 9-12。

表 9-12　地面涂料主要品种及特点

种类	主要组成及特点
过氯乙烯水泥地面涂料	以过氯乙烯树脂为主要成膜物质，掺入少量的其他树脂，并掺入增塑剂、填料、颜料、稳定剂等，配制而成。具有干燥快，施工方便，耐水性好，耐磨性好，耐腐蚀性强的特点，施工中因溶剂挥发，应注意防火，防毒
聚氨酯地面涂料	与水泥、木材、金属、陶瓷等地面黏结力强，整体性好，涂膜弹性好，色彩丰富，装饰效果好。具有耐油、耐水、耐酸碱等特点。但施工较复杂，溶剂挥发有毒性，所以施工中应注意通风和防火
聚醋酸乙烯水泥地面涂料	以醋酸乙烯水乳液、普通水泥、颜料、填料配制而成。无毒，与基层黏结力强，涂膜具有优良的耐磨性，抗冲击性
环氧树脂厚质地面涂料	以环氧树脂为主要成膜物质，双组分常温下固化结膜。具有优良的黏结性能、耐老化性能和耐候性能，涂膜坚韧、耐磨，并具有良好的耐化学腐蚀性能、耐油、耐水等性能

3. 内墙涂料

内墙涂料主要起装饰和保护内墙墙面及顶棚的作用，使其美观，达到良好的装饰效果。内墙涂料一般应具有丰富的色彩、细腻的质感，良好的耐碱性、耐水性和耐粉化的性能，且透气性良好，涂刷方便，价格合理。内墙涂料的主要品种见表 9-13。

表 9-13　内墙涂料主要品种及特点

种类	主要组成及特点
乳胶漆	以合成树脂乳液为主要成膜物质的内墙涂料。是目前室内墙面最常用的装饰材料，但不宜用于厨房、卫生间、浴室等潮湿墙面
溶剂型内墙涂料	以各种聚合物为主要成膜物质，溶于有机溶剂中而成。具有涂膜光洁度高、耐久性好等优点，但透气性较差，易结露，且施工中因有溶剂挥发，应注意通风和防火
多彩内墙涂料	将带色的溶剂型涂料掺入甲基纤维素和水组成的溶液中，经搅拌、分散成为细小的溶剂型油漆涂料滴，形成不同颜色油滴的混合悬浊液。具有色彩鲜艳，装饰效果好，耐久性好，涂膜具有弹性，耐磨性好，耐洗刷性好，耐污染等优点

9.3　建　筑　玻　璃

　　玻璃是建筑中常用的一种重要材料，既能透光、透视，又能围护与分割空间，同时兼有装饰作用，是现代建筑中不可缺少的建材。随着玻璃制造和加工技术的迅速发展，建筑玻璃已从单一的窗用采光材料发展成具有控光、保温隔热、隔音及内外装饰作用的多功能材料。其品种有普通平板玻璃、特种玻璃（吸热玻璃、热反射玻璃、光致变色玻璃、中空玻璃等）、安全玻璃（钢化玻璃、夹层玻璃、夹丝玻璃等）及其他玻璃（玻璃砖、玻璃马赛克、艺术玻璃等）。

9.3.1　平板玻璃

　　平板玻璃是建筑上使用最多的一种玻璃。

　　平板玻璃是以石英砂、纯碱、长石与石灰石等为原材料，在 1550～1600℃高温下熔融成玻璃液，再经不同方法成型及退火处理而成。

　　按成型方法不同，平板玻璃可分为普通平板玻璃和浮法玻璃两种。

　　普通平板玻璃采用垂直引拉法和平拉法成型，即将玻璃液垂直向上引拉或平拉，经快冷后切割而成。浮法玻璃是将熔化的玻璃液流到锡槽内的锡液面上，在玻璃液、锡液及周围气体之间的界面平衡作用下，使玻璃液在锡液面上均匀地、自由地平摊，经冷却退火后，形成表面平整度极好的玻璃。与普通玻璃相比，浮法玻璃的光学成像质量及平整度、平行度均优于普通平板玻璃，强度稍低于普通平板玻璃。

　　普通平板玻璃的规格按厚度分有 2mm、3mm、4mm、5mm、6mm 五种，主要质量指标见表 9-14。

　　浮法玻璃的规格按厚度分为 3mm、4mm、5mm、6mm、8mm、10mm、12mm 七种，主要质量指标见表 9-15。

　　普通平板玻璃按其外观质量及光学性质分为优等品、一等品、二等品三个等级。浮法玻璃分为优等品、一等品与合格品。

　　普通平板玻璃透光性好，强度较高，且价格低，可用作一般工业与民用建筑的门窗玻璃。浮法玻璃宜用于高级宾馆、多功能商住楼、商场等现代建筑的门窗，还可加工成其他玻璃制品。

表 9-14　普通平板玻璃的主要质量指标

项　目		容许偏差范围指标
厚度偏差	2mm	±0.15mm
	3mm，4mm	±0.20mm
	5mm	±0.25mm
	6mm	±0.30mm
矩形尺寸	长宽比最小尺寸[(2，3)mm×400mm×300mm、(4，5，6)mm×600mm×400mm]的尺寸偏差（包括偏斜）	不得大于 2.5mm 不得超过±3mm
弯曲度		不得超过 0.3%
边部凸出或残缺部分		不得超过 3mm
缺角		一块玻璃只许有一个，沿原角等分线测量不得超过 5mm
透光率（玻璃表面不许有擦不掉的白雾状或棕黄色的附着物）	2mm 厚	不小于 88%
	3mm 厚	不小于 86%
	4mm 厚	不小于 86%
	5mm 厚	不小于 82%
	6mm 厚	不小于 82%

表 9-15　浮法玻璃的主要质量指标

项　目		指标要求
厚度允许偏差/mm	3mm、4mm 厚度	±0.20
	5mm、6mm 厚度	±0.20
	7mm 厚度	±0.30
	8mm、10mm 厚度	±0.35
	12mm 厚度	±0.40
尺寸允许偏差/mm	3mm、4mm、5mm、6mm 厚度	（≤1500mm）±3
		（>1500mm）±4
	8mm、10mm、12mm 厚度	（≤1500mm）±4
		（>1500mm）±5
弯曲度		不得超过 0.3%
边部凸出残缺不超过/mm	3mm、4mm、5mm、6mm 厚度	3
	8mm、10mm、12mm 厚度	4
边部缺角深度不超过/mm	3mm、4mm、5mm、6mm 厚度	5
	8mm、10mm、12mm 厚度	6

项　目		指标要求
透光率（%）	3mm 厚度	87
	4mm 厚度	86
	5mm 厚度	84
	6mm 厚度	83
	8mm 厚度	80
	10mm 厚度	78
	12mm 厚度	75

9.3.2　中空玻璃

中空玻璃是用两片平板玻璃，中间隔开，四周密封，形成空腔，空腔内填充干燥的空气而成，是理想的环保型节能产品。玻璃原片可采用浮法玻璃、吸热玻璃、钢化玻璃、热反射玻璃等。

中空玻璃隔热性好，导热系数小，如（3+A6+3）的中空玻璃，A 表示空气层，隔热性相当于 100mm 厚的混凝土墙，而且隔音性好、防结露性好，中空玻璃结露的室外温度为–9℃，而 5mm 厚的浮法玻璃则为 5℃。

中空玻璃适用于既需要采光，又要求隔热保温或隔音的门窗、幕墙、隔断等，是建筑工程推广使用的玻璃品种。

9.3.3　热反射玻璃

普通平板玻璃在阳光照射下，能透过约 87%的辐射能。对夏季通过空调系统来调节温度的建筑，无疑要增加制冷系统的负荷而使能耗增加。而采用热反射玻璃，则能反射太阳光约 60%～70%的辐射能，从而降低能耗。

热反射玻璃是在平板玻璃上镀以金属或金属氧化物膜，如金、银、铝、铁等及氧化物，使之具有镜面效应，反射大量的辐射能，从而起到节能的作用。

热反射玻璃主要用于装备有空调系统的办公大楼、宾馆、体育馆等现代建筑，或用作建筑的幕墙玻璃。幕墙内看窗外景象清晰，而室外却看不清室内。

9.3.4　安全玻璃

1. 钢化玻璃

钢化玻璃是采用普通平板玻璃、浮法玻璃、吸热玻璃或压花玻璃等经加热、淬火增强处理而成。根据外观质量，钢化玻璃划分为优等品和合格品两个等级。它适用于无框玻璃门、隔断、商场橱窗玻璃、车间控制室及制作家具等。

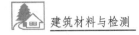

钢化玻璃的特点是：

1）强度高抗弯强度和抗冲击强度是普通平板玻璃的3～5倍。

2）抗急冷急热性好抵抗剧变温差能力比普通玻璃提高3倍。

3）破坏时碎片无棱角，能减小对人体的伤害。

4）光学性能不变，如透光度、折射率、玻璃颜色均不产生变化；基本物理性质如密度、比热容、导热系数均不产生变化。

5）不可切割性钢化玻璃制品不能再进行任何切裁、打孔、磨槽等加工，否则将导致钢化玻璃破坏。

2. 夹层玻璃

夹层玻璃是由两片或多片玻璃与透明有机材料聚乙烯醇缩丁醛塑料薄膜经热压黏合在一起的一种层合玻璃。它适用于建筑物门窗及隔断、幕墙、观光电梯、陈列架、水池等处。

夹层玻璃的特点是：

1）安全性好：夹层玻璃的中间层有机材料具有良好的抗拉强度和伸长率，能吸收大量的冲击能，抗冲击性好，即使玻璃破坏也不会造成碎片四散。

2）抗紫外线性能好：中间层材料具有吸收紫外线的能力，遮蔽性能好。

3）隔热、隔音性好。

4）具有防弹性和防盗性：改变夹层玻璃的结构可制成防弹及防盗玻璃。

5）透光率及阳光辐射透过率与原片玻璃及中间层材料有关。

3. 夹丝玻璃

夹丝玻璃是将预热的金属丝网压入加热软化的两片平板玻璃中间所制得的一种安全玻璃。它具有与平板玻璃相同的基本物理化学性能，强度略低，防火性能好（能防止火灾时玻璃受热冲击而碎裂）。它适用于作公共设施、工业与民用建筑的天窗玻璃、顶棚采光玻璃及防火规范规定部位的门窗玻璃。

按外观质量，夹丝玻璃分为优等品、一等品和合格品三个等级。

4. 彩釉钢化玻璃

彩釉钢化玻璃是将玻璃釉料通过特殊工艺印制在玻璃表面，然后经烘干、钢化处理，将釉料永久性地烧结于玻璃表面而得到的一种抗酸碱和安全性较高的玻璃产品，应用于建筑门厅、天篷、隔断的各种装饰部位。

9.3.5 空心玻璃砖

空心玻璃砖是由两块分开压制的玻璃在高温下封接所制成的一种新型玻璃制品。它具有良好的保温、隔音、耐磨、透光、折光等性能，抗压强度较高，图案丰富多样。它既可全部装饰，又可局部点缀，适用于宾馆、酒楼、商场、体育馆、车站、展厅及民用住宅的外墙、内墙及隔断等。

9.4 建 筑 陶 瓷

建筑陶瓷是指用于建筑物室内、外装饰用的较高级的烧土制品。陶瓷可分为陶器、炻器和瓷器三种。

陶器吸水率较大，一般为 9%～22%，断面粗糙无光，不透明，敲击声粗哑，有挂釉和不挂釉之分。陶器可分为粗陶和精陶两种，工程中用的釉面砖及部分外墙砖属于精陶。

瓷器质地致密，基本上不吸水，有一定的透明性，通常都上釉。

炻器是介于陶器和瓷器之间的一类产品（又称半瓷），材质较密实，吸水率小，一般为 4%～10%。炻器按坯体的细密性、均匀性分粗、细两类。建筑上所用的地面砖及部分外墙砖为炻质制品。

我国目前建筑装饰工程中所用的陶瓷制品主要是陶与炻。其制品有建筑用墙地砖（釉面砖、地砖、外墙砖的总称）、卫生陶瓷、玻璃陶瓷制品及园林陶瓷等。

9.4.1　釉面砖

釉面砖系采用瓷土压制成坯，干燥后上釉焙烧而成。它具有高强、耐酸、耐碱、耐磨、抗急冷急热、表面光滑、色彩丰富、易于清洗等特点。其吸水率小于 18%，品种有彩色釉面砖、装饰釉面砖、图案釉面砖等。依据外观质量，釉面砖分为优等品、一等品、合格品三个等级。常用的规格尺寸为：300mm×200mm×（4～5）mm、200mm×200mm×（4～5）mm。釉面砖适用于作为浴室、厨房、厕所、走廊、实验室等内墙面的饰面及粘贴台面等。釉面砖为多孔的精陶制品，长期在空气中吸湿会产生湿胀现象，使釉面产生开裂。如用于室外，处于冻融循环交替作用下，易产生釉面剥落等现象，所以釉面砖以室内应用为主。

9.4.2　外墙面砖

外墙面砖采用陶土经压制成型后，经 1100℃左右的高温焙烧而成，多属陶质和炻质，分有釉和无釉两种。

外墙面砖的坯体质地密实，釉质耐磨，具有高强、坚固耐用、耐磨、耐蚀、防火、防水、抗冻、易清洗、装饰效果好等特点。挂釉外墙面砖的吸水率小于 8%，无釉外墙面砖的吸水率小于 15%。

外墙面砖通常分为彩釉砖、墙面砖（无釉）、立体彩釉砖、线砖。常用规格有 195mm×45mm×5mm、95mm×45mm×51mm、152mm×75mm×10mm、200mm×100mm×10mm 等。

外墙面砖适用于建筑物外墙饰面。

9.4.3　地砖及梯沿砖

地砖属粗炻器，有上釉和不上釉两种。其特点是：强度较高，耐磨，耐蚀，抗冻，易清洗，施工方便，吸水率小；品种有：红缸砖，各种地砖，瓷质砖，劈离砖等。

常用的地砖规格有 300mm×300mm、400mm×400mm、450mm×450mm、500mm×1500mm、600mm×600mm 等，厚 6～8mm。

地砖适用于室内地坪、门厅、厨房、浴厕地坪等处。

梯沿砖的材质与地砖相同，质地坚固，表面有凸起条纹，能起防滑作用，主要用于楼梯、站台等处作防滑用。

9.4.4 陶瓷锦砖

陶瓷锦砖旧称马赛克，属粗瓷，系采用优质瓷土烧制而成，有挂釉及不挂釉两种，一般为无釉。它具有质地坚硬、美观、耐磨、不变形、不褪色、耐污染、防滑、吸水率小及价廉等特点。

陶瓷锦砖有正方形、矩形、六边形、五角形等多种形状，一般出厂前都已按设计好的图案粘贴在牛皮纸上（又称纸皮砖），每张约 30cm 见方，每 40 张为一箱。根据外观质量分为优等品、合格品两个等级。它适用于作为浴室、厕所的地面饰面。

9.5 天然木材及其制品

木材是具有悠久使用历史的传统建筑材料。尽管现代建筑材料迅速发展，人们研究和生产了很多新型建筑材料来取代木材，但由于木材有其独特的性质，在建筑工程上仍占有一定的地位。

木材的特点是：

1）轻质高强：木材的表观密度小但强度高（顺纹抗拉强度可达 50～150MPa），比强度大。

2）具有良好的弹性和韧性，抵抗冲击和振动荷载作用的能力比较强。

3）加工方便，可锯、刨、钉、钻。

4）在干燥环境或水中有良好的耐久性。

5）绝缘性能好。

6）保温性能好。

7）有美丽的天然纹理。

但是，木材有各向异性、易燃易腐、湿胀干缩变形大等缺点。这些缺点在采取一些措施后能有所改善。

木材是一种天然资源，其生长受环境等多种因素的影响，过度采伐树木，会直接破坏生态及环境。因此，应尽量节约木材的使用并注意综合利用。木材由树木砍伐后加工而成，树木可分为针叶树和阔叶树两大类。

针叶树，叶形成针状，树干通直部分较长，材质较软，胀缩变形小，耐腐蚀性较好，强度较高。工程上主要用作结构材料，如梁、柱、桩、屋架、门窗等。属此类树种的有杉木、松木、柏木等。

阔叶树，叶脉呈网状，树干通直部分较短，材质较硬，胀缩翘曲变形较大，强度高，加工较困难，有美丽的纹理。工程上主要用于装饰或制作家具等。属此类树种的有樟木、榉木、柚木、水曲柳、柞木、桦木等。

9.5.1 木材的构造

木材的构造可从宏观和微观两个方面研究。由于树木的生长受自然环境的影响，木材的构造差异很大，从而对木材的性质影响也很大。因此，对木材的构造进行研究是掌握材性的主要依据。

1. 宏观构造

宏观构造是用眼睛和放大镜观察到的木材的构造。

通常通过三个不同的锯切面来进行分析，即横切面、径切面和弦切面。

从横切面上观察，木材由树皮、木质部和髓心三个部分组成（图 9-1），其中木质部又分为边材和心材（靠近树皮的色浅部分为边材；靠近髓心的色深部分为心材），是木材的主要取材部分。

从横切面上可看到木质部有深浅相间的同心圆，称为年轮，即树木一年中生长的部分。在同一年轮中，春季生长的部分，色较浅，材质较软，称为春材（或早材）；夏秋季生长的部分，色较深，材质较硬，称为夏材（或晚材）。

从横切面上还可看到从髓心向四周辐射的线条，称为髓线。树种不同，髓线宽细不同，髓线宽大的树种易沿髓线产生干裂。

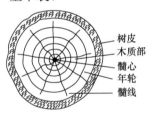

图 9-1　木材横切面图

2. 微观构造

微观构造是指在显微镜下观察到的木材的构造。

在显微镜下观察，可看到木材是由无数的管状细胞组成，大多数细胞之间横向连接，极少数为纵向连接。细胞分为细胞壁和细胞腔两个部分。细胞壁由细纤维组成，细胞壁的厚薄对木材的表观密度、强度、变形都有影响。细胞壁越厚，木材的表观密度越大、强度越高，湿胀干缩变形也越大。

木材细胞的种类有管胞、导管、树脂道、木纤维等。髓线由联系很弱的薄壁细胞组成。针叶树主要由管胞和木纤维组成，阔叶树主要由导管、木纤维及髓线组成。

9.5.2 木材的主要性质

1. 含水率

木材中的水分有吸附水、自由水和化学水三种。吸附水存在于细胞壁中，自由水存在于细胞腔和细胞间隙中，化学水存在于化学成分中。当细胞壁中的吸附水达到饱和，而细胞腔和细胞间隙中无自由水时，木材的含水率称为纤维饱和点。它是木材物理力学性质变化的转折点，一般在 25%～35%。

木材具有很强的吸湿性，随环境中温度、湿度的变化，木材的含水率也会随之而变化。当木材中的水分与环境湿度相平衡时，木材的含水率称为平衡含水率，是选用木材的一个重要指标。

2. 干湿变形

木材的干湿变形较大，木材的细胞壁吸收或蒸发水分使木材产生湿胀或干缩。木材的湿胀干缩与纤维饱和点有关，当木材中的含水率大于纤维饱和点、只是自由水增减变化时，木材的体积无变化；当含水率小于纤维饱和点时，含水率降低，木材体积收缩；含水率提高，木材体积膨胀。因此，从微观上讲，木材的胀缩实际上是细胞壁的胀缩。

木材的干湿变形是各向异性的，顺纹方向胀缩最小，约为 0.1%～0.2%；径向次之，约为 3%～6%；弦向最大，约为 6%～12%，木材弦向变形最大，是管胞横向排列而成的髓线与周围连接较差所致；径向因受髓线制约而变形较小。一般阔叶树变形大于针叶树；夏季木材因细胞壁较厚，故胀缩变形比春季木材大。

3. 强度

木材的强度可分为抗压、抗拉、抗剪、抗弯强度等，木材强度具有明显的方向性。

抗压强度、抗拉强度、抗剪强度有顺纹、横纹之分，而抗弯强度无顺纹、横纹之分。其中顺纹抗拉强度最大，可达 50～150MPa，横纹抗拉强度最小。若以顺纹抗压强度为 1，则木材各强度之间的关系见表 9-16。

表 9-16　木材各强度之间关系

抗压强度		抗拉强度		抗弯强度	抗剪切强度	
顺纹	横纹	顺纹	横纹		顺纹	横纹切断
1	1/10～1/3	2～3	1/20～1/3	1.5～2.0	1/7～1/3	0.5～1

注：以顺纹抗压强度为 1。

木材的强度除取决于本身的组织构造外，还与下列因素有关。

（1）含水率

当含水率在纤维饱和点以上变化时，木材的强度基本不变；当含水率在纤维饱和点以下变化时，木材的强度随含水率降低而提高。含水率大小对木材的各种强度影响不同，如含水率对顺纹抗压及抗弯强度影响较大，而对顺纹抗拉和顺纹抗剪强度影响较小。

根据现行标准《木材顺纹抗拉强度试验方法》（GB 1938—1991）规定，木材的强度以含水率为 12% 时的测定值 f_{12} 为标准值，其他含水率为 w% 时测得的强度 f_w，可按下式换算成 f_{12}。

$$f_{12} = f_w \cdot [1 + \alpha(\omega - 12)] \tag{9-1}$$

式中：f_{12}——含水率为 12% 时的强度值；

f_w——含水率为 $w\%$ 时的实测强度值；

ω——含水率；

α——含水率校正系数：顺纹抗压，$\alpha=0.05$，横纹抗压，$\alpha=0.045$，顺纹抗拉，$\alpha=0.015$，其中针叶树 $\alpha=0$，顺纹抗剪切，$\alpha=0.03$，抗弯，$\alpha=0.04$。

（2）荷载作用时间

荷载作用持续时间越长，木材抵抗破坏的强度越低。木材的持久强度（长期荷载作用下不引起破坏的最大强度）一般仅为短期极限强度的 50%～60%。

（3）疵病

木材中存在的缺陷，如腐朽、木节（死节、漏节、活节）、斜纹、乱纹、干裂、虫蛀等都会导致木材的强度降低。

（4）温度

木材不宜用于长期受较高温度作用的环境中，因为随温度升高，木材中的有机胶质会软化。若长期处于 40～60℃的环境中，会引起木材缓慢碳化；若超过 100℃，则导致木质分解，使木材强度降低。

9.5.3 木材的分等和人造木材

1. 木材的分等

建筑用木材根据材种（按制材规定可提供的木材商品种类及加工程度）可分为原木和锯材两种。原木是指去除根、皮、梢，并按一定尺寸规格和直径要求锯切和分类的圆木段，可分为加工用原木、直接用原木和特级原木。锯材是指原木经纵向锯解加工而成的材种，可分为普通锯材和特等锯材。

根据现行标准规定：加工用原木与普通锯材根据各种缺陷的容许限度分为一等、二等、三等。建筑上承重结构用木材，按受力要求分成Ⅰ级、Ⅱ级、Ⅲ级三级。Ⅰ级用于受拉或受弯构件，Ⅱ级用于受弯或受压弯的构件，Ⅲ级用于受压构件及次要受弯构件。木材在建筑上可用于结构工程中作桁架、屋顶、梁、柱、门窗、楼梯、地板及施工中所用的模板等。

2. 人造木材

天然木材的生长受到自然条件的制约，木材的物理力学性质也受到很多因素的影响。与天然木材相同，人造木材具有很多特点：可节约优质木材，消除木材各向异性的缺点，能消除木材疵病对木材的影响，不易变形，小直径原木可制得宽幅板材等。因此，人造木材在建筑工程中（尤其是装饰工程中）得到广泛的应用。

（1）胶合板

胶合板是将原木蒸煮软化后经旋切机切成薄木单片，经干燥、上胶、按纹理互相垂直叠加再经热压而成。层数由 3～13 层（均为单数）不等。其特点是：面积大，可弯曲，轻而薄，变形小，纹理美丽，强度高，不易翘曲等。依胶合质量和使用胶料不同，分为四类，其名称、特性和用途见表 9-17。

表 9-17　胶合板分类、特性及适用范围

种类	分类	名称	胶种	特性	适用范围
阔叶材普通胶合板	Ⅰ类	NFQ（耐气候、耐沸水胶合板）	酚醛树脂胶或其他性能相当的胶	耐久、耐煮沸或蒸汽处理、耐干热、抗菌	室外工程
	Ⅱ类	NS（耐水胶合板）	脲醛树脂或其他性能相当的胶	耐冷水浸泡及短时间热水浸泡、抗菌、不耐煮沸	室外工程
	Ⅲ类	NC（耐潮胶合板）	血胶、带有多量填料的脲醛树脂胶或其他性能相当的胶	耐短期冷水浸泡	室内工程（一般常态下使用）
	Ⅳ类	BNS（不耐水胶合板）	豆胶或其他性能相当的胶	有一定胶合强度但不耐水	室内工程（一般常态下使用）
松木普通胶合板	Ⅰ类	Ⅰ类胶合板	酚醛树脂胶或其他性能相当的合成树脂胶	耐水、耐热、抗真菌	室外工程
	Ⅱ类	Ⅱ类胶合板	脱水脲醛树脂胶，改性脲醛树脂胶或其他性能相当的胶	耐水、抗真菌	潮湿环境下使用的工程
	Ⅲ类	Ⅲ类胶合板	血胶和加少量填料的脲醛树脂胶	耐湿	室外工程
	Ⅳ类	Ⅳ类胶合板	豆胶和加多量填料的脲醛树脂胶	不耐水湿	室内工程（干燥环境下使用）

胶合板的尺寸规格：阔叶树材胶合板的厚度分别为 2.5mm、2.7mm、3.0mm、3.5mm、4mm、5mm、6mm、…、24mm、自 4mm 起，按 1mm 递增；针叶树材胶合板的厚度分别为：3mm、3.5mm、4mm、5mm、6mm、…，自 4mm 起，按 1mm 递增。宽度有 915mm、1220mm、1525mm 三种规格。长度有 915mm、1525mm、1830mm、2135mm、2440mm 五种规格。常用的尺寸规格为：1220mm×2440mm×（3～3.5）mm。

（2）纤维板

纤维板是将树皮、刨花、树枝干及边角料等经破碎浸泡、研磨成木浆，使其植物纤维重新交织，再经湿压成型、干燥处理而成。根据成型时温度与压力不同，可分为硬质纤维板、半硬质纤维板和软质纤维板三种。

纤维板具有构造均匀，含水率低，不易翘曲变形，力学性质均匀，隔声、隔热、电绝缘性能较好，无疵病，加工性能好等特点。常用规格见表 9-18。

表 9-18　纤维板常用规格（单位：mm）

	硬质纤维板	软质纤维板
长	1830、2000、2135、2440、3050、5490	1220、1835、2130、2330
宽	610、915、1000、1220	610、915
厚	3、4、5、8、10、12、16、20	10、12、13、15、19、25

硬质纤维板密度大，强度高，可用于建筑物的室内装修、车船装修和制作家具，也可用于制造活动房屋及包装箱。半硬质纤维板可作为其他复合板材的基材及复合地板。软质纤维板密度低，吸湿性大，但其保温、吸声、绝缘性能好，因此可用于建筑物的吸声、保温及装修。

（3）细木工板

细木工板上下二层为夹板、中间为小块木条压挤连接作芯材复合而成的一种板材。

细木工板按制作方法可分为热压和冷压两种。冷压是芯材和夹板胶合，只经过重压，所以表面夹板易翘起；热压是芯材和夹板经过高温、重压、胶合等工序制作而成，板材不易脱胶，比较牢固。

细木工板按面板材质和加工工艺质量，分为一、二、三三个等级，其常用尺寸为2440mm×1220mm×16mm。

细木工板具有较大的硬度和强度，质轻，耐久且易加工，适用于制作家具底材或饰面板，也是装修木作工程的主要材料。但若采用质量较差的细木工板，则空隙太大，费工较多，容易变形。因此，使用时应谨慎选用。

（4）刨花板

刨花板是将木材加工后的剩余物、木屑等，经切碎、筛选后拌入胶料、硬化剂、防水剂等经成型、热压而成的一种人造板材。刨花板具有板面平整挺实，强度高，板幅大，质轻，保温，较经济，加工性能好等特点。如经过特殊处理后，还可制得防火、防霉、隔声等不同性能的板材。

刨花板常用规格为2440mm×1220mm×（6，8，10，13，16，19，22，25，30，…）mm等。它适用于制作各种木器或家具，制作时不宜用钉子钉，因其中木屑、木片、木块结合疏松，易使钉孔松动。因此，在通常情况下，应采用木螺丝或小螺栓固定。

（5）木丝板

木丝板是将木材碎料刨锯成木丝，经化学处理，用水泥、水玻璃胶结压制而成，表面木丝纤维清晰，有凹凸，呈灰色。

木丝板具有质轻，隔热，吸声，隔音，韧性强，美观，可任意粉刷、喷漆、调配色彩，耐用度高，不易变质腐烂，防火性能好，施工简便，价低等特点。

木丝板规格尺寸为：长1800～3600mm，宽600～1200mm，厚4mm、6mm、8mm、10mm、12mm、16mm、…、自12mm起，按4 mm递增。主要用于天花板，壁板，隔断，门板内材，家具装饰侧板，广告或浮雕底板等。

（6）中密度纤维板

中密度纤维板（MDF）是以木质粒片在高温蒸汽热力下研化为木纤维，再加入合成树脂，经加压、表面砂光而制得的一种人造板材。

中密度纤维板具有密度均匀、结构强、耐水性高等特点，其规格尺寸有：2440mm×1220mm、1830mm×1220mm、2135mm×1220mm、2135mm×915mm、1830mm×915mm等；厚度有3.6mm、6mm、9mm、10mm、12mm、15mm、16mm、18mm、19mm、25mm。

中密度纤维板主要用于隔断、天花板、门扇、浮雕板、踢脚板、家具、壁板等，还可用作复合木地板的基材。

【小结】

本章主要讲述了建筑塑料及其制品、建筑玻璃及陶瓷、建筑涂料、以及木材制品。掌握塑料组成、涂料组成、陶瓷分类，熟悉工程中常用塑料制品、常用涂料品种、常用玻璃品种、常用陶瓷品种。了解工程中常用木材制品及其特性，了解常用材料的技术要求。

【思考与练习】

1. 简述塑料的组成和特点。
2. 简述常见塑料品种的类型和各自的特点。
3. 简述建筑涂料的定义和组成。
4. 简述各种建筑涂料的特点和应用范围。
5. 简述各种建筑玻璃的特点。
6. 简述建筑陶瓷的分类和各种陶瓷的用途。
7. 简述木材的组成、技术性质。
8. 简述各种人造木材的特点和应用。

参 考 文 献

李江华，郭玉珍，李柱凯. 2013. 建筑材料项目化教程[M]. 武汉：华中科技大学出版社.

魏鸿汉. 2012. 建筑材料[M]. 4版. 北京：中国建筑工业出版社.

(TU-1262.0107)

高职高专建筑工程技术专业精品课程系列教材

建筑制图

建筑构造

建筑识图与构造

建筑力学

建筑结构

建筑力学与结构

地基与基础

建设施工测量

● 建筑材料与检测

建筑设备

建筑施工组织

建筑工程法规

建筑施工技术（第二版）

建筑识图实训

招投标与合同管理

施工技术资料管理

建筑工程计量与计价

建筑工程质量与安全管理

扫一扫

科学出版社 技术分社
http://www.abook.cn

www.sciencep.com

ISBN 978-7-03-043284-1

9 787030 432841

02>

定 价：45.00 元